暖通空调安装工程

何海峰　蔡芳芳　伍海军　著

化学工业出版社
·北京·

内容简介

本书先阐述暖通空调的基本原理、冷热源及施工安装基础，再详解供暖系统（热负荷、系统分类、辐射供暖等）、防排烟系统（分区划分、设施设置等）、空调系统（分类选择、集中式/分散式等）、通风系统（设计规范、设备选型等）的设计与应用，最后介绍系统节能技术及太阳能空调、空气源热泵三联供等可再生能源应用。本书兼具理论性与实用性，既夯实基础，又聚焦实操，融入前沿技术。

本书适合建筑环境与能源应用工程等相关专业的学生阅读，也可供建筑暖通空调领域的施工、设计、运维技术人员参考。

图书在版编目（CIP）数据

暖通空调安装工程 / 何海峰，蔡芳芳，伍海军著.
北京 ：化学工业出版社，2025. 10. -- ISBN 978-7-122-48992-0

Ⅰ. TU83

中国国家版本馆CIP数据核字第2025MW3526号

责任编辑：连思佳　吕梦瑶　　　文字编辑：冯国庆
责任校对：杜杏然　　　装帧设计：刘丽华

出版发行：化学工业出版社(北京市东城区青年湖南街13号　邮政编码100011)
印　　装：北京科印技术咨询服务有限公司数码印刷分部
710mm×1000mm　1/16　印张18¾　字数309千字　2026年1月北京第1版第1次印刷

购书咨询：010-64518888　　　售后服务：010-64518899
网　　址：http://www.cip.com.cn
凡购买本书，如有缺损质量问题，本社销售中心负责调换。

定　　价：98.00元

前言

随着全球城镇化进程的加速和低碳发展理念的深入人心，建筑行业作为能源消耗与碳排放的重点领域，正经历着从传统建造向绿色低碳转型的深刻变革。暖通空调系统作为建筑功能的核心组成部分，其性能直接关系到室内环境品质、能源利用效率及生态可持续发展。近年来，我国相继出台一系列法规标准，推动暖通空调技术向高效化、智能化、低碳化方向升级。在“双碳”目标指引下，如何通过科学的系统设计、规范的安装工艺与创新的节能技术，实现暖通空调系统的能效提升与碳排放削减，已成为行业亟待解决的关键课题。同时，随着人们对室内热舒适、空气品质要求的提高，以及智慧建筑、健康建筑等新理念的兴起，传统暖通空调技术面临着适应多元场景需求的新挑战，这也为相关技术的整合与创新提供了广阔空间。

本书立足暖通空调系统安装工程的实践需求，系统梳理了从基础理论到工程应用的全链条知识体系。第一章从暖通空调基本原理与施工安装基础知识入手，为读者构建扎实的理论框架；第二章至第五章分别聚焦供暖系统、防排烟系统、空调系统及通风系统的分类，设计与关键技术，涵盖热负荷计算、辐射供冷暖、系统选型等核心内容；第六章重点阐述热源、空调及通风系统的节能技术，回应行业低碳发展需求；第七章则前瞻性地介绍太阳能、空气源热泵等可再生能源在暖通空调领域的创新应用，展现技术融合趋势。全书力求兼顾理论深度与实践指导性，既包含经典技术的规范解读，也融入前沿技术的应用案例，为工程技术人员、科研工作者及相关专业师生提供全面的参考资料。

本书的完成离不开众多同行专家的悉心指导与团队成员的协作支持，在此表示诚挚的谢意。限于作者水平，书中难免存在疏漏，恳请读者批评指正。

著者

目 录

第一章　建筑暖通空调系统基础知识

第一节　暖通空调基本原理

一、暖通空调系统的功能与组成

（一）暖通空调系统的功能

暖通空调系统的核心功能是通过对建筑室内环境参数的综合调控，创造满足使用需求的热湿环境、空气品质和气流状态。温度调节是系统最基础的功能，通过热量的供给或移除，使室内温度维持在设计范围内，适应不同季节的气候条件和人体舒适需求。湿度控制同样重要，系统需根据环境要求将室内湿度保持在适宜区间，避免湿度过高导致的霉菌滋生或过低引起的人体不适与设备故障。空气品质保障功能体现在对空气中悬浮颗粒物、有害气体及微生物的过滤与净化，同时通过引入室外新风补充室内氧气并稀释污染物，确保室内空气符合健康标准。气流组织功能则通过合理设计送回风方式与风速，使空气在室内均匀分布，避免局部区域出现温度梯度或气流死角，提升整体环境的舒适性与稳定性。

（二）暖通空调系统的主要组成部分

暖通空调系统由多个功能协同的子系统构成，各组成部分通过介质传输与能量转换实现环境调控目标。

1. 冷热源设备

冷热源设备是系统的能量供给核心，负责提供调控过程所需的冷量或热量。供热设备常见类型包括燃气锅炉、电锅炉、空气源热泵等，通过燃料燃烧、电能转换或热泵循环产生热水或蒸汽；制冷设备主要有冷水机组、溴化锂吸收式制冷机等，利用蒸气压缩循环或吸收式循环制取冷水，为空调系统提供冷量。这些设备的性能直接影响系统的运行效率与能源消耗，是系统设计的关键环节。

2. 输送管网系统

输送管网系统承担能量介质的传输任务，将冷热源产生的冷量或热量输送至末端设备。按介质类型可分为风管系统和水管系统，风管系统主要用于输送处理后的空气，由风道、风阀、风口等部件组成；水管系统则通过循环水泵驱动冷水或热水在管道内流动，包括供回水管、阀门、过滤器等组件。管网的布置需考虑阻力平衡与输送效率，避免因管径不合理或局部阻力过大导致的能源浪费。

3. 末端处理设备

末端处理设备是实现室内环境参数调节的直接执行部件，通过与室内空气进行热湿交换达到调控目标。供暖系统末端设备有散热器、地暖盘管等，通过对流或辐射方式向室内散热；空调系统末端设备包括风机盘管、组合式空调箱、散流器等，可对空气进行冷却、加热、加湿或除湿处理。末端设备的选型需匹配室内负荷特性，确保其容量与调节性能满足设计要求。

4. 控制与调节装置

控制与调节装置通过监测与反馈室内外环境参数，实现系统的自动运行与优化控制。主要包括温度传感器、湿度传感器、压力控制器等检测元件，以及电动调节阀、风阀执行器、变频控制器等执行元件。控制系统根据设定参数与实际检测值的偏差，调节冷热源出力、介质流量或末端设备运行状态，使系统在满足环境要求的同时降低能耗，提升运行的稳定性与经济性。

（三）暖通空调系统的分类概述

暖通空调系统可依据不同的分类标准划分为多种类型，各类系统在组成形式、适用场景与运行特性上存在差异。暖通空调系统分类及特点如表 1-1 所示。

表 1-1 暖通空调系统分类及特点

分类标准	系统类型	核心特点	典型应用场景
按服务功能	舒适性空调系统	以人体热舒适为核心目标，参数控制精度适中	住宅、办公楼、商场
	工艺性空调系统	满足特定工艺要求，对温湿度、洁净度等参数控制精度高	电子厂房、医院手术室
按空气处理设备集中程度	集中式空调系统	空气处理设备集中设置，通过风管统一送风，便于管理	大型体育馆、酒店
	半集中式空调系统	集中处理新风，末端设备局部处理回风，兼顾灵活性与节能性	写字楼、高级公寓
	分散式空调系统	处理设备分散于各房间，安装便捷，适合小面积区域	家庭住宅、小型商铺
按空气来源	封闭式空调系统	无室外新风，仅循环处理室内空气，能耗低但空气品质差	地下防空洞等特殊场所
	直流式空调系统	全部采用室外新风，空气品质优但能耗高	产生有害物的实验室
	混合式空调系统	混合新风与回风，平衡能耗与空气品质，应用广泛	多数公共建筑与民用建筑

按服务功能可分为舒适性空调系统和工艺性空调系统，舒适性空调系统以满足人体热舒适需求为主要目标，广泛应用于住宅、办公建筑等场所；工艺性空调系统则针对特定生产工艺或设备运行要求，如电子厂房的恒温恒湿空调、医院手

术室的洁净空调，对环境参数的控制精度要求更高。按空气处理设备的集中程度可分为集中式空调系统、半集中式空调系统和分散式空调系统，集中式空调系统将空气处理设备集中设置在机房内，通过风管向多个房间送风；半集中式空调系统结合集中处理与局部处理，如风机盘管加新风系统；分散式空调系统则将处理设备分散设置在各房间，如分体式空调器。按系统所用的空气来源可分为封闭式空调系统、直流式空调系统和混合式空调系统，封闭式空调系统不引入室外新风，仅对室内空气进行循环处理，能耗较低但空气品质较差；直流式空调系统全部采用室外新风，空气品质好但能耗较高；混合式空调系统结合两者特点，通过新风与回风的混合处理平衡能耗与空气品质，是目前应用最广泛的类型。

二、传热与传湿基本原理

（一）传热的基本方式

传热是建筑暖通空调系统中热量传递的核心过程，其基本方式主要包括导热、对流和辐射三种类型。

1. 导热

导热是指物体内部或相互接触的物体之间，由于分子、原子或自由电子的热运动而产生的热量传递过程。在导热过程中，物体各部分之间不发生宏观的相对位移，热量通过微观粒子的动能传递实现。建筑物墙体、楼板等围护结构的热量传递主要依靠导热，材料的导热性能用热导率表示，热导率越大，材料的导热能力越强，如金属材料的热导率通常远大于保温材料。

2. 对流

对流是指由于流体各部分之间发生相对位移而引起的热量传递过程，它只能发生在流体中。根据引起流体运动的原因，对流可分为自然对流和强制对流。自然对流是由于流体内部温度差异导致密度变化，在重力作用下产生的流动；强制对流则是通过泵、风机等外力驱动流体流动。在空调系统中，空气在风管内的流动换热和水在管道内的流动换热都属于强制对流，而室内空气与墙面之间的换热则包含自然对流成分。

3. 辐射

辐射是物体通过电磁波传递能量的过程，这种能量传递方式不需要任何介质，可以在真空中进行。物体的温度越高，辐射能力越强，辐射传递的热量与物体温度的四次方成正比。在建筑环境中，太阳辐射是室外热量进入室内的重要途径，而室内人体与周围墙面、家具之间也会通过热辐射进行热量交换，这种辐射换热对人体热舒适感受有直接影响。

（二）传热过程的数学描述

传热过程的数学描述是通过建立热量传递与相关物理量之间的定量关系，实现对传热现象的分析和计算。

1. 导热过程的数学描述

导热过程遵循傅里叶定律，该定律指出在稳态导热条件下，通过均质物体的热流密度与温度梯度成正比，方向与温度梯度方向相反，其数学表达式为

$$q = -\lambda \frac{dt}{dx} \tag{1-1}$$

式中，q 表示热流密度，W/m^2；λ 为材料的热导率，W/（m·K）；dt/dx 为温度梯度，K/m；负号表示热流方向与温度升高的方向相反，该定律是分析墙体、管道等固体导热问题的理论基础。

2. 对流换热的数学描述

对流换热过程常用牛顿冷却公式进行描述，表达式为

$$q = h(t_w - t_f) \tag{1-2}$$

式中，h 为表面传热系数，W/（m^2·K），其大小与流体的种类、流动状态、壁面几何形状等因素有关；t_w 为固体壁面温度，K 或℃；t_f 为流体温度，K 或℃。

该公式将复杂的对流换热过程简化为热流密度与温差之间的线性关系，通过实验或经验公式确定表面传热系数 h 后，即可计算对流换热量。

3. 辐射换热的数学描述

黑体的辐射换热遵循斯蒂芬-玻尔兹曼定律，该定律表明黑体单位面积在单位时间内辐射的能量与热力学温度的四次方成正比，数学表达式为

$$E_b = \sigma T^4 \tag{1-3}$$

式中，E_b 为黑体辐射力，W/m^2；σ 为斯蒂芬-玻尔兹曼常数，其值为 $5.67\times10^{-8}W/(m^2 \cdot K^4)$；$T$ 为黑体的热力学温度，K。

对于实际物体，其辐射力 E 可表示为 $E=\varepsilon E_b=\varepsilon\sigma T^4$，其中 ε 为物体的发射率，取值范围为 0~1，发射率越大，物体的辐射能力越接近黑体。

（三）湿空气的性质与焓湿图应用

湿空气是建筑暖通空调系统中处理和输送的主要介质，其性质参数及焓湿图的应用是系统设计和运行的基础。

1. 湿空气的基本性质参数

湿空气的性质参数主要包括温度、湿度、含湿量和焓等。温度通常指干球温度，是用普通温度计测得的湿空气温度；湿度分为绝对湿度和相对湿度，绝对湿度是指单位体积湿空气中所含水蒸气的质量，相对湿度是指湿空气中水蒸气分压与同温度下饱和水蒸气分压的比值，反映了湿空气接近饱和的程度；含湿量是指单位质量干空气中所含有的水蒸气质量，单位为 kg/kg（干空气）；焓是湿空气的总能量，等于单位质量干空气的焓与单位质量干空气中水蒸气的焓之和，其计算式为

$$h = 1.01t + d(2501 + 1.85t) \tag{1-4}$$

式中，h 为湿空气的焓，kJ/kg（干空气）；t 为干球温度，℃；d 为含湿量，kg/kg（干空气）。

2. 焓湿图的构成与应用

焓湿图是以含湿量 d 为横坐标、焓 h 为纵坐标，在一定大气压力下绘制的湿空气状态参数图，图中通常包含等焓线、等含湿量线、等干球温度线、等相对湿度线和水蒸气分压线等。焓湿图的主要应用包括确定湿空气的状态参数，通过已

知的两个独立参数可在图上确定湿空气的状态点，并查取其他参数；分析空气处理过程，如加热、冷却、加湿、除湿等过程在焓湿图上表现为不同的状态变化曲线，通过曲线可直观判断过程的方向和特点；计算空气处理所需的热量或冷量，根据处理前后湿空气的焓差和质量流量，可计算出加热或冷却过程所需的能量。

（四）传湿过程的基本原理

传湿过程是指湿空气中水蒸气从一个区域向另一个区域转移的过程，其驱动力和传递方式是理解湿空气处理的关键。

1. 传湿过程的驱动力

传湿过程的根本驱动力是水蒸气分压力差。在湿空气中，水蒸气分子处于不停的热运动中，当不同区域的水蒸气分压力存在差异时，水蒸气分子会从分压力高的区域向分压力低的区域迁移，直到各区域的水蒸气分压力达到平衡。在空调系统的除湿过程中，湿空气与低于其露点温度的冷却表面接触，表面附近的水蒸气分压力降低，湿空气中的水蒸气便向冷却表面转移并凝结，从而实现除湿；而加湿过程则是通过提高局部水蒸气分压力，使水蒸气向湿空气转移。

2. 传湿的基本方式

传湿的基本方式主要包括扩散传湿和对流传湿。扩散传湿是由于水蒸气分子的热运动引起的质量传递过程，类似于导热，其传递速率与水蒸气分压力梯度成正比，符合斐克定律；对流传湿是指水蒸气随着流体的宏观流动而进行的传递过程，类似于对流换热，此时传湿速率不仅与分压力梯度有关，还与流体的流动速度和流动状态密切相关。在实际建筑环境中，传湿过程往往是扩散传湿和对流传湿共同作用的结果，例如围护结构的湿传递中，既有水蒸气在材料孔隙中的扩散，也可能有空气渗透带来的对流传湿，这两种方式共同影响围护结构的受潮情况。

三、空气调节的基本原理

（一）空调房间的热湿负荷来源

空调房间的热湿负荷是指为维持室内设定的空气温度和相对湿度，空调系统需要从房间内移除或向房间内加入的热量和湿量总和。热湿负荷的计算是空调系统设计的基础，直接关系到空调设备的选型、系统运行的经济性以及室内环境的舒适性。热湿负荷的来源主要包括室内自身产生的热湿量和室外环境通过各种途径传入室内的热湿量。

1. 室内热源与湿源产生的负荷

室内热源产生的热量包括显热和潜热两部分。显热负荷主要来自人员散热、照明设备散热和电动设备散热。人员散热与人员的年龄、性别、活动强度以及环境温度有关，当人员处于静坐状态时散热较少，而在剧烈活动时散热会显著增加。照明设备在工作过程中，无论其发光效率如何，输入的电能最终大部分会转化为热能释放到室内，例如荧光灯和LED灯在照明时都会产生一定的热量。电动设备如计算机、打印机、空调室内机等，在运行时会消耗电能并产生热量，这些热量直接成为室内显热负荷的一部分。室内湿源产生的湿量主要来自人员散湿、食物或物料的水分蒸发。人员散湿量与人员的呼吸和皮肤蒸发有关，环境温度和相对湿度越高，人员的散湿量通常越大；食物在烹饪过程中会蒸发水分，物料如潮湿的衣物或植物也会向空气中释放水分，这些都会增加室内的潜热负荷。

2. 室外环境通过围护结构传递的负荷

室外环境通过围护结构向室内传递的热量主要包括通过墙体、屋顶、楼板、窗户等围护结构的传热以及透过窗户的太阳辐射得热。当室外空气温度高于室内设计温度时，热量会通过围护结构的传导、对流和辐射从室外传入室内；当室外温度低于室内设计温度时，室内热量会通过围护结构向外传递，此时空调系统需要向室内补充热量以维持设定温度。太阳辐射得热是夏季空调负荷的重要组成部分，太阳光线中的可见光和红外线部分透过窗户直接进入室内，被室内物体吸收后转化为热能，或者被围护结构表面吸收后通过导热向室内传递热量。此外，室外空气还会通过门窗缝隙、未封闭的孔洞等渗透进入室内，渗透空气的温度和含湿量与室外空气相同，会直接增加室内的热湿负荷，渗透风量的大小与门窗的密封性、室内外压力差以及建筑高度等因素有关。

（二）空气调节的基本过程

空气调节的基本过程是指将空气从初始状态处理到满足室内设计要求的送风状态，然后将处理后的空气送入空调房间，同时排出室内部分空气，以维持室内空气参数稳定的过程。这个过程涉及空气的采集、混合、净化、热湿处理、输送和分配等多个环节，各环节相互配合，共同实现对室内环境的调节。

1. 空气的采集与混合处理

空调系统需要采集一定量的室外新风和室内回风。室外新风的引入是为了保证室内空气品质，满足室内人员对氧气的需求并稀释室内污染物浓度；室内回风的利用则可以减少空调系统的处理负荷，提高能源利用效率。室外新风和室内回风在空气处理设备的混合段进行混合，混合后的空气状态参数由新风和回风的比例决定，通常新风比例根据室内人员数量、卫生标准等因素确定。混合后的空气首先进入过滤段，通过过滤器去除空气中的灰尘、花粉、颗粒物等杂质，过滤后的空气进入后续处理环节，以避免杂质对设备造成损坏或影响室内空气洁净度。

2. 空气的热湿处理过程

热湿处理是空气调节过程的核心，其目的是将混合并过滤后的空气处理到设计的送风状态参数。热湿处理过程主要包括加热、冷却、加湿和除湿等操作，具体采用哪些操作取决于空气的初始状态和目标状态。当需要提高空气温度时，可采用表面式换热器通入热水或蒸汽进行加热，也可采用电加热方式直接加热空气；当需要降低空气温度时，通常使用表面式换热器通入冷水或制冷剂，通过空气与冷介质的热交换实现降温。加湿处理可通过向空气中喷入蒸汽、水雾或使空气流经湿膜等方式增加空气的含湿量；除湿处理则可通过冷却空气至露点温度以下使其凝结析水，或利用吸附剂吸收空气中的水分来降低含湿量。在实际应用中，空气的热湿处理往往是多种操作的组合，例如夏季空调系统通常需要对空气进行冷却减湿处理，而冬季则可能需要加热加湿处理，以达到室内设计的温度和相对湿度要求。

3. 空气的输送与分配环节

经过热湿处理后的空气达到送风状态参数，需要通过送风系统输送到空调房间。送风系统由送风机、送风管道和送风口组成，送风机提供空气流动的动力，根据系统所需风量和阻力选择合适的风机类型及型号。送风管道将处理后的空气从空气处理设备输送到各个空调房间，管道的尺寸和布置应根据风量及风速要求设计，以保证空气在管道内流动通畅且阻力损失较小。送风口安装在空调房间内，负责将空气以一定的速度和方向送入室内，送风口的形式和布置应根据房间的使用功能、气流组织要求确定，常见的送风口有散流器、百叶风口、条缝风口等，以保证空气在室内均匀分布并与室内空气充分混合。送入室内的空气与室内环境进行热湿交换后，部分空气通过回风口经回风管道返回空气处理设备重新处理，部分空气作为排风通过排风口排出室外，以维持室内的压力平衡和空气品质。

第二节 建筑暖通空调冷热源

一、冷热源系统的作用与分类

（一）冷热源系统的功能与重要性

冷热源系统是建筑暖通空调系统的核心组成部分，其主要功能是为整个系统提供所需的冷量和热量，以满足建筑室内环境对温度、湿度的调控需求。在供暖工况下，热源系统通过能量转换或热量传递，将能量输送到室内末端设备，提升室内空气温度；在供冷工况下，冷源系统则通过制冷过程移除室内多余热量，降低室内空气温度。冷热源系统的性能直接影响暖通空调系统的运行效率、能耗水平以及室内环境的舒适度与稳定性。高效合理的冷热源系统不仅能够保障建筑室内环境参数维持在设计范围内，还能有效降低建筑整体能耗，减少能源浪费，对于实现建筑节能目标和可持续发展具有重要意义。

（二）热源系统的分类

热源系统的分类方式多样，通常可根据能源类型、设备形式等进行划分。

1. 按能源类型分类

按所使用的能源类型不同，热源系统可分为化石能源热源、电能热源和可再生能源热源。化石能源热源主要包括燃气热源、燃油热源和燃煤热源，这类热源通过燃烧化石燃料释放热量，其中燃气热源因燃烧效率较高、污染排放相对较少，在城市建筑中应用较为广泛。电能热源则是利用电能通过电阻加热或热泵技术产生热量，如电锅炉、空气源热泵等，其特点是设备安装简便、运行控制方便，但运行成本受电价影响较大。可再生能源热源主要包括太阳能热源、地热能热源和生物质能热源，这类热源利用自然界中可循环再生的能源，具有清洁环保、可持续的优势，是当前建筑节能领域的重要发展方向。

2. 按设备形式分类

按设备的结构形式和工作原理，热源系统可分为锅炉设备、热泵设备和换热设备。锅炉设备是传统的热源形式，通过燃料燃烧加热工质（如水或蒸汽），再通过管网输送到末端设备，常见的有燃气锅炉、燃油锅炉和电锅炉等。热泵设备则通过消耗少量高位能源（如电能），实现低位热能向高位热能的转移，根据热源来源不同可分为空气源热泵、水源热泵和地源热泵等，具有高效节能的特点。换热设备主要用于热量的传递与交换，如换热器通过冷热流体的间接接触实现热量传递，常用于余热回收或不同系统之间的热量调配。

热源系统分类及特点如表 1-2 所示。

表 1-2　热源系统分类及特点

分类方式	具体类型	核心特点	典型应用场景
按能源类型	化石能源热源	依赖燃烧化石燃料，技术成熟但碳排放较高	燃气锅炉用于城市住宅供暖
	电能热源	设备简便、控制灵活，运行成本与电价关联紧密	电锅炉用于小型商业建筑临时供暖
	可再生能源热源	清洁低碳、可持续，受自然条件影响较大	太阳能集热器用于低层建筑供暖

续表

分类方式	具体类型	核心特点	典型应用场景
按设备形式	锅炉设备	通过燃料燃烧加热工质，系统成熟稳定，维护需求较高	燃煤锅炉用于大型工业厂区供暖
	热泵设备	能效比高，需消耗高位能源实现热量转移，环保性优	地源热泵用于高档住宅小区供暖供冷
	换热设备	专注热量传递，常用于能源梯级利用，自身不产生热量	换热器回收工业余热用于建筑供暖

（三）冷源系统的分类

冷源系统的分类主要基于制冷原理、设备类型以及应用场景等因素，不同分类方式下的冷源系统具有不同的技术特点和适用范围。

1. 按制冷原理分类

根据制冷过程所依据的原理不同，冷源系统可分为压缩式制冷冷源和吸收式制冷冷源。压缩式制冷冷源通过压缩机消耗电能，驱动制冷剂在制冷循环中发生相变，实现热量的转移，其核心设备为冷水机组，主要包括活塞式冷水机组、螺杆式冷水机组和离心式冷水机组等，具有制冷效率高、运行稳定的特点，广泛应用于各类建筑中。吸收式制冷冷源则是利用热能驱动制冷剂-吸收剂工质对的循环过程实现制冷，根据热源类型可分为蒸汽吸收式、热水吸收式和燃气吸收式等，此类冷源系统可利用余热、废热或太阳能等低品位能源，适用于有充足余热资源或燃气供应便利的建筑场景。

2. 按设备类型分类

按冷源设备的结构形式和应用方式，冷源系统可分为集中式冷水机组系统、分体式空调系统和多联机空调系统。集中式冷水机组系统通过大型冷水机组集中产生冷量，再通过冷冻水管网输送到空气处理机组或风机盘管等末端设备，适用于大型公共建筑或工业建筑，具有制冷量大、便于集中管理的优势。分体式空调系统由室内机和室外机组成，通过制冷剂管道连接，直接实现室内空气的冷却，常见的有壁挂式、柜式分体空调，适用于小型建筑或独立房间的局部供冷。多联机空调系统则由一台室外机连接多台室内机，通过变频技术调节制冷剂流量，实现不同房间的独立温度控制，兼具集中式系统的灵活性和分体式系统的便捷性，在中小型商业建筑和高档住宅中应用广泛。

二、常用热源设备

（一）锅炉设备

锅炉设备是建筑暖通空调系统中通过燃料燃烧或电能转换产生热能的核心设备，其主要功能是为供暖或空调系统提供热水或蒸汽。这类设备根据能源类型的不同可分为燃气锅炉、燃油锅炉和电锅炉，在建筑热源选择中应用广泛，其性能直接影响系统的运行效率和环保水平。

1. 燃气锅炉

燃气锅炉以天然气、液化石油气等气体燃料为能源，通过燃烧器将燃料与空气混合后在炉膛内燃烧，释放的热量经受热面传递给工质（水或蒸汽）。其燃烧效率通常可达90%以上，具备启动速度快、调节性能好的特点，能快速响应系统热负荷的变化。因气体燃料燃烧充分，污染物排放量相对较低，像氮氧化物和颗粒物排放较少，符合现代建筑对环保的要求，故而在城市及燃气供应便捷的住宅和商业建筑中得到普遍应用。

2. 燃油锅炉

燃油锅炉以柴油、重油等液体燃料为主要能源，其燃烧系统通常由储油罐、供油管道、油泵和雾化燃烧器组成，燃料经雾化后与空气混合燃烧产生热量。与燃气锅炉相比，燃油锅炉受燃料运输和储存条件的限制较大，需要配备专门的储油设施，且燃油的储存需注意防火和防爆安全。这类锅炉在燃气供应不足或偏远地区仍是重要的热源选择，但其运行过程中会产生一定量的硫氧化物和颗粒物，需配备相应的废气处理装置以满足环保标准。

3. 电锅炉

电锅炉通过电加热元件（如电阻丝、电磁感应线圈）将电能直接转化为热能，加热工质实现热量输出。电锅炉具有结构简单、安装方便、占地面积小的优势，且运行过程中无燃烧产物排放，属于清洁能源设备。但其运行成本受电价影响显著，通常高于燃气和燃油锅炉，因此一般适用于小型建筑、间歇性供暖场所或作为辅助热源使用。在电力供应充足且存在低谷电价政策的地区，电锅炉也可作为主力热源，通过蓄热技术进一步降低运行成本。

（二）热泵热源

热泵热源是一种基于逆向卡诺循环原理工作的节能设备，通过消耗少量高位能源（如电能），将自然界中存在的低位热能（如空气、土壤、水体中的热量）转移到需要加热的工质中，从而实现热能的供应。与传统锅炉相比，热泵热源具有能源利用效率高、运行成本低的特点，是建筑暖通空调系统中重要的节能热源形式。

1. 空气源热泵

空气源热泵以室外空气为低位热源，其系统主要由蒸发器、压缩机、冷凝器和节流装置组成。在制热运行时，蒸发器吸收室外空气中的热量使工质蒸发，蒸发后的工质经压缩机压缩升温，再通过冷凝器将热量传递给室内循环水或空气。空气源热泵安装灵活、初投资较低，无须复杂的地下或水下换热设施，适用于大多数建筑类型。但受室外环境温度影响较大，当环境温度低于－5℃时，其制热效率会明显下降，此时通常需要配备电辅助加热装置以保证供暖效果。

2. 地源热泵

地源热泵利用土壤或地下水作为低位热源，由于土壤温度全年相对稳定（一般在10~25℃），其制热性能受环境温度波动影响较小，因此运行效率更为稳定。地源热泵系统根据换热方式不同可分为地埋管地源热泵和地下水地源热泵，地埋管地源热泵通过埋设在地下的聚乙烯管道与土壤进行热交换，适用于有足够场地的建筑；地下水地源热泵则直接抽取地下水进行换热，换热后将水回灌地下，需确保地下水的可持续利用。地源热泵的初投资较高，但长期运行经济性好，节能效果显著，尤其适用于大型公共建筑和对供暖稳定性要求较高的场所。

3. 水源热泵

水源热泵以地表水（如江河、湖泊、海水）、地下水或工业废水等水体为低位热源，水体的温度特性使其在不同季节均能提供稳定的热量来源。与地源热泵类似，水源热泵也通过换热器实现工质与水体之间的热量交换，其运行效率取决于水体的温度和流量。在应用过程中，需对水源的水质、水温及可利用量进行详细勘察，避免对水体生态环境造成影响，同时需采取防结垢、防腐蚀措施以保证换热器的长期稳定运行。水源热泵常见于临近江河湖海或有稳定地下水来源的地区，可作为建筑供暖的主力热源。

（三）太阳能集热设备

太阳能集热设备是利用太阳能辐射能转化为热能的装置，通过集热器吸收太阳辐射，将光能转化为热能并传递给工质（水或空气），为建筑暖通空调系统提供热水或加热空气。作为可再生能源利用设备，太阳能集热设备能够有效减少对常规化石能源的依赖，降低建筑运行能耗和碳排放，是绿色建筑热源系统的重要组成部分。

太阳能集热设备的核心组件包括集热器、储热装置、循环管道和辅助加热系统。集热器是能量转换的关键部件，根据结构和工作原理的不同，可分为平板型集热器和真空管集热器。平板型集热器由吸热板、透明盖板、保温层和外壳组成，结构简单、成本较低，但保温性能相对较差，适用于光照充足且环境温度较高的地区；真空管集热器则由若干根真空玻璃管组成，管内设置吸热体，真空层有效减少散热损失，在低温环境下仍能保持较高的集热效率，应用范围更广。储热装置用于储存集热器产生的热能，以平衡太阳能的间歇性和不稳定性，常用的储热介质包括水、相变材料等。辅助加热系统通常采用燃气、燃油或电加热装置，在阴雨天或夜间太阳能不足时补充热量，保证系统连续稳定运行。

（四）余热回收设备

余热回收设备是指从建筑空调排风、工业生产过程中的废气、废水或其他余热载体中回收热量的装置，其主要作用是提高能源利用效率，减少能源浪费，是建筑暖通空调系统节能改造的重要技术手段。通过回收原本被排放到环境中的余热，可降低系统对常规热源的需求，从而实现节能降耗的目标。

常见的余热回收设备类型包括转轮式热交换器、板式热交换器和热管换热器等。转轮式热交换器由一个旋转的蓄热转轮、驱动装置和外壳组成，转轮内部填充多孔蓄热材料（如铝箔、陶瓷等），当排风通过转轮时，蓄热材料吸收排风中的热量，随后转轮旋转至新风侧，将热量释放给新风，实现空气-空气之间的热量回收。这类设备适用于空调系统的新风与排风热回收，热回收效率可达70%~85%，且能同时回收显热和潜热。板式热交换器则由多块金属薄板（如不锈钢、铝等）叠加而成，形成相互隔开的冷、热流体通道，两种不同温度的流体在板片两侧流动，通过板片进行热量交换，常用于水-水或水-空气之间的余热回收，具有结构紧凑、传热效率高、维护方便等特点。热管换热器利用热管内工质的相变（蒸发和冷凝）传递热量，热管一端吸收余热载体的热量使工质蒸发，蒸汽在压差作用下流向另一端冷凝释放热量，冷凝液通过重力或毛细力回流，实现热量的连续传递，适用于中低温余热回收场景。余热回收设备的选型需根据余热载体的温度、流量、性质及回收热量的用途综合确定，在建筑空调系统中，通过回收排风中的热量可显著降低新风处理能耗，尤其在过渡季节和冬夏季使用效果显著。

三、常用冷源设备

（一）冷水机组

冷水机组是建筑暖通空调系统中通过机械压缩式制冷循环提供低温冷水的核心冷源设备，其主要功能是将水冷却至设定温度并输送至空调末端设备，通过换热实现室内降温。根据压缩机类型的不同，常用的冷水机组主要包括活塞式、螺杆式和离心式三种类型。

1. 活塞式冷水机组

活塞式冷水机组以活塞式压缩机为核心部件，通过活塞在气缸内的往复运动改变工作容积，实现制冷剂蒸气的吸入、压缩和排出。该类型机组结构紧凑，制造成本较低，能够适应较宽的工况变化，具有良好的容量调节性能，可通过气缸卸载实现多级或无级容量调节。活塞式冷水机组的制冷量范围通常较小，一般适用于制冷量需求在100~1000kW的中小型建筑，如办公楼、酒店客房等场所。其性能系数COP通常为3.0~4.5，运行过程中振动和噪声相对较大，需要定期对活塞环、阀门等易损部件进行维护保养。

2. 螺杆式冷水机组

螺杆式冷水机组采用螺杆式压缩机作为动力核心，通过一对相互啮合的阴阳转子在机体内的旋转运动完成制冷剂蒸气的压缩过程。螺杆式压缩机具有结构简单、运转平稳、振动小、噪声低的特点，且容积效率较高，能够在较宽的负荷范围内保持较好的性能。该类型机组的制冷量范围适中，一般为300~3000kW，广泛应用于大型商场、医院、工业厂房等中大型建筑的空调系统。螺杆式冷水机组的COP值通常为4.0~5.5，部分负荷性能优于活塞式机组，其容量可通过滑阀实现无级调节，能较好地适应空调负荷的动态变化。

3. 离心式冷水机组

离心式冷水机组以离心式压缩机为核心，利用高速旋转的叶轮对制冷剂蒸气做功，使其获得动能和压力能，再通过扩压器将动能转化为压力能，从而实现制冷剂的压缩。离心式压缩机具有单机容量大、结构紧凑、运行可靠的特点，其制冷量通常在1000kW以上，适用于制冷量需求大的超高层建筑、大型工业建筑群等场所。离心式冷水机组的COP值较高，通常为5.0~7.0，尤其在满负荷运行时能效优势明显，但部分负荷性能受工况影响较大，易出现喘振现象，需要通过导叶调节或变频控制等方式优化运行。该类型机组对冷却水温度较为敏感，适宜在水质较好、冷却水温较低的环境中运行。

（二）吸收式制冷机组

吸收式制冷机组是一种以热能为驱动能源的冷源设备，其工作原理基于制冷剂在吸收剂中的吸收与解吸循环，无须机械压缩过程，可利用蒸汽、热水、燃气等低位热能或工业废热作为驱动能源。常用的吸收式制冷机组主要包括溴化锂吸收式制冷机组和氨水吸收式制冷机组，其中溴化锂吸收式制冷机组在建筑暖通空调系统中应用更为广泛。溴化锂吸收式制冷机组以水为制冷剂、溴化锂溶液为吸收剂，通过发生器、冷凝器、蒸发器和吸收器等主要部件完成制冷循环。该类型机组运行过程中振动小、噪声低，对电力依赖程度低，可有效平衡能源结构，适用于有余热、废热可利用或天然气等清洁能源供应充足的场所，如酒店、医院、区域供冷系统等。其 COP 值通常为 1.0~1.5，受热源温度和冷却水温度影响较大，运行时需要持续补充冷却水，且溴化锂溶液具有强腐蚀性，对设备材质和维护管理要求较高。

（三）蓄冷设备

蓄冷设备是通过在电力负荷低谷时段利用制冷机组蓄存冷量，在电力负荷高峰时段释放冷量，从而实现错峰用电、降低运行成本的冷源辅助设备。蓄冷设备的工作原理基于物质的相变潜热或显热进行冷量储存，主要包括冰蓄冷设备、水蓄冷设备和共晶盐蓄冷设备等类型。冰蓄冷设备通过水冻结成冰的相变过程蓄存冷量，具有蓄冷密度高、蓄冷槽体积小的特点，但其系统复杂，需要专用的制冰和融冰设备，初投资较高；水蓄冷设备利用水的温度变化储存显热，系统简单可靠，初投资低，但蓄冷密度小，需要较大的蓄冷水池容积；共晶盐蓄冷设备利用相变材料的相变过程蓄冷，相变温度稳定，蓄冷性能介于冰蓄冷和水蓄冷之间，但相变材料存在过冷和相分离等问题，影响长期运行稳定性。蓄冷设备适用于实行分时电价政策、空调负荷峰谷差较大的大型建筑，如商业综合体、体育场馆、交通枢纽等，能够提高制冷设备利用率，减少装机容量，缓解电网峰谷压力。

（四）自然冷源利用设备

自然冷源利用设备是指直接或间接利用自然界低温资源作为冷源的设备，通过减少或替代人工制冷，达到节能降耗的目的。常见的自然冷源利用设备包括空气源冷水机组、地源热泵冷水机组和冷却塔供冷设备等。空气源冷水机组通过空气换热器直接与室外空气进行换热，在室外温度较低时可利用室外空气冷却循环水，替代传统冷水机组运行，但其性能受室外空气温度和湿度影响较大，在高温高湿地区节能效果有限；地源热泵冷水机组通过埋地换热器与土壤或地下水进行换热，利用地下温度全年相对稳定的特点，夏季可将室内热量转移至地下，实现制冷，其运行能效较高，受外界环境影响小，但初投资高，且受地质条件和地下水资源状况限制；冷却塔供冷设备在室外湿球温度较低时，通过冷却塔将循环水直接冷却至空调系统所需温度，无须开启冷水机组，适用于气候温和、湿球温度较低的地区，系统改造简单，运行成本低。自然冷源利用设备的应用需结合当地气候条件、资源状况和建筑负荷特性进行综合评估，以确保其经济性和可靠性。

四、冷热源系统的选择原则

（一）技术可行性原则

技术可行性原则是冷热源系统选择的基础前提，其核心在于确保所选系统能够在建筑实际条件下稳定、可靠地运行。这个原则要求从系统运行稳定性、设备与建筑条件适配性以及施工安装可行性三个方面进行综合评估。系统运行稳定性需要考虑冷热源系统在不同工况下的适应能力，包括极端气候条件下的负荷变化、设备长期运行的可靠性以及技术成熟度，避免因技术不成熟或设备性能不足导致运行故障。设备与建筑条件适配性关注设备规格、尺寸是否符合建筑空间限制，如机房面积、层高是否满足设备安装需求，同时需评估设备安装位置对建筑使用功能的影响，例如设备运行产生的噪声和振动是否会干扰周边环境。施工安装可行性则涉及施工技术的成熟度、施工队伍的专业能力以及安装过程中与其他系统的协调性，需确保施工工艺能够实现设计要求，避免因施工难度过大或与其他管线冲突影响系统建设进度。

（二）经济合理性原则

经济合理性原则要求在满足技术要求的前提下，通过全生命周期成本分析实现冷热源系统的经济优化。全生命周期成本分析需综合考虑初期投资、运行成本、维护费用及设备更新成本，避免仅关注初期投资而忽视长期支出。初期投资包括设备采购、安装工程及相关配套设施费用，运行成本主要涉及能源消耗费用，维护费用涵盖日常保养、备件更换及故障维修支出，设备更新成本则需考虑设备使用寿命到期后的更换费用。投资回报周期评估是经济合理性分析的重要环节，对于采用节能技术或可再生能源的系统，需计算增加的投资与节约的运行费用之间的关系，确定合理的回报周期，例如地源热泵系统虽初期投资较高，但长期运行成本较低，需评估其回报周期是否在项目可接受范围内。维护与管理成本控制需考虑设备维护的难易程度、专业技术人员需求及备件供应情况，降低长期管理成本，确保系统在经济上的可持续性。

（三）环境适应性原则

环境适应性原则强调冷热源系统与周边环境的协调，减少对生态环境的负面影响。污染物排放控制是首要考虑因素，系统运行过程中产生的污染物需严格符合国家和地方环保标准，例如燃煤锅炉的二氧化硫、氮氧化物排放需满足大气污染物排放标准，燃气设备的碳排放需符合碳减排要求，优先选择低排放或零排放设备如电动冷水机组。噪声与振动控制需确保设备运行噪声和振动符合建筑使用功能要求，在医院、学校等噪声敏感场所，需选择低噪声设备并采取减振、隔声措施，如设置减振基础、安装消声器等，避免对建筑内部及周边环境造成干扰。生态环境协调性要求评估系统对周边生态的影响，例如水源热泵系统需避免过度开采地下水导致地面沉降，太阳能集热器布置需避免影响建筑外观和周边采光，确保系统与生态环境的和谐共存。

（四）能源利用效率原则

能源利用效率原则旨在通过提高能源转换效率、回收利用余热及整合可再生能源，实现能源的高效利用。能源转换效率要求优先选择高能效设备，如高效燃气锅炉的热效率应高于90%，离心式冷水机组的COP值需达到国家能效标准一级水平，通过提高能源转换效率直接降低能源消耗。余热回收利用是提升能源利用率的重要手段，需挖掘系统运行中的余热潜力，如空调系统的冷凝热可回收用于生活热水加热，燃气轮机的排气余热可驱动吸收式制冷机，实现能源的梯级利用，减少能源浪费。可再生能源整合需结合建筑所在地的资源条件，优先采用太阳能、地热能、空气能等可再生能源替代传统化石能源，例如在太阳能资源丰富的地区采用太阳能辅助供暖系统，在有地热能条件的地区推广地源热泵系统，降低对传统能源的依赖，提升能源利用的可持续性。

第三节　建筑暖通空调施工安装基础知识

一、施工安装的基本要求

（一）施工前的准备工作

施工前的准备工作是确保建筑暖通空调系统安装工程顺利实施的基础环节，涵盖技术、现场、物资等多方面的统筹规划，直接影响施工质量和进度。

1. 技术准备

技术准备是施工前准备工作的核心，旨在明确施工技术要求和标准，为现场作业提供指导依据。

第一，图纸会审与技术交底需组织设计单位、施工单位、监理单位共同参与，对暖通空调系统的设计图纸进行全面核对，重点检查管线走向、设备定位、管径尺寸与现场实际条件是否匹配，及时解决图纸中存在的矛盾和疑问，并形成书面会审记录。技术交底工作应将设计意图、施工难点、质量标准等内容详细传达给施工班组，确保每位作业人员理解技术要求。

第二，施工方案编制需结合工程特点和现场条件，确定合理的施工顺序，如先进行主干管安装，再分支管安装，先完成管道敷设，再进行设备安装；明确关键工序的技术参数，例如管道焊接时的坡口角度、焊接电流大小，设备安装时的水平度允许偏差等，同时制定针对特殊部位如吊顶内管道、设备层管线的施工措施。

2. 现场条件核查

现场条件核查是保障施工能够按计划开展的前提，需对施工场地和基础条件进行全面检查。

第一，场地清理需清除施工区域内的障碍物，包括建筑垃圾、临时堆放物等，平整作业场地，根据施工组织设计划分材料堆放区、加工区和作业区，确保材料运输通道畅通，避免交叉作业干扰。

第二，基础与预留孔洞检查要核对设备基础的尺寸、标高、平整度是否符合设计图纸要求，例如空调机组基础的长度、宽度偏差应控制在±20mm 内，基础表面平整度偏差不大于 5mm/m；检查墙体、楼板上预留孔洞的位置、尺寸及数量，如风管穿越楼板的预留孔洞尺寸应比风管外径大 100mm 以上，预留孔洞的中心位置偏差不得超过 10mm。

3. 物资与设备准备

物资与设备准备是保证施工连续进行的物质基础，需对材料和施工设备进行严格管控。

第一，材料进场检验需按照设计文件和相关标准对进场的管材、阀门、保温材料、风机盘管等进行外观检查和性能测试，钢管表面应无裂纹、凹陷等缺陷，阀门的开启应灵活无卡阻，保温材料的热导率、密度等性能参数需符合设计规定，检验合格后方可入库使用。

第二，施工设备调试要对焊接机、套丝机、切割机、吊装设备等进行全面检查和试运行，确保设备性能稳定，如焊接机的电流、电压调节范围应满足不同管径焊接需求，吊装设备的额定起重量需大于被吊设备重量，设备运行时无异常噪声和振动。

（二）施工技术标准与规范

施工技术标准与规范是建筑暖通空调系统安装工程质量的重要保障，明确了施工过程中必须遵循的技术要求和质量标准，确保系统安全可靠运行。

1. 标准体系构成

建筑暖通空调系统安装工程需遵循多层次的标准体系，包括国家标准、行业标准和地方标准。国家标准如《建筑给水排水及采暖工程施工质量验收规范》

（GB 50242—2002），规定了采暖系统安装的基本要求和验收标准；行业标准如《通风与空调工程施工质量验收规范》（GB 50243—2016），对通风空调系统的风管制作、安装、严密性试验等做出详细规定；地方标准需结合工程所在地的气候条件、地质状况等具体因素，补充完善相关技术要求，各层级标准之间应协调统一，当不同标准对同一内容规定不一致时，应以要求更严格的标准为准。

2. 规范执行要点

规范执行要点是将技术标准落实到具体施工环节的关键，需重点控制管道安装和设备安装的质量。

第一，管道安装规范要求严格控制管道的坡度、垂直度和间距，供暖系统管道的坡度应根据设计要求设置，热水供暖管道的坡度宜为 0.003，不得小于 0.002，蒸汽供暖管道的坡度应符合介质流向要求；管道连接时，焊接接口的坡口应采用机械方法加工，坡口角度和钝边尺寸需符合规范要求，法兰连接的螺栓应均匀拧紧，确保垫片受力均匀，无渗漏现象。

第二，设备安装精度需满足设计和规范要求，空调机组、水泵等设备安装时，应使用水平仪检查设备的水平度，离心式水泵的水平偏差不应大于 0.1mm/m，轴流式风机的垂直度偏差不应大于 1mm/m；设备与基础之间的减振装置应按设计要求安装，减振器的型号、数量和安装位置应正确，避免设备运行时产生共振影响系统性能。

（三）安全与环保要求

安全与环保要求是建筑暖通空调系统安装工程施工管理的重要内容，旨在保护施工人员安全和周边环境，实现工程施工的绿色可持续。

1. 安全生产要求

安全生产要求贯穿施工全过程，需从人员防护和作业环境两方面采取措施。

第一，施工人员安全防护：要求作业人员必须佩戴符合标准的安全帽、安全带、防护眼镜等个人防护用具，进入施工现场前接受安全教育培训，特种作业人员如焊工、电工、起重工等必须持有效特种作业操作证上岗；高空作业时，脚手架搭设应符合《建筑施工扣件式钢管脚手架安全技术规范》（JGJ 130—2011）的要求，设置防护栏杆、挡脚板和安全网，作业人员不得随意拆除或改动安全防护设施。

第二，作业环境安全：需在施工现场设置明显的安全警示标志，如“禁止烟火”“注意安全”“必须佩戴安全帽”等，标志应设置在出入口、作业区等醒目位置；临时用电线路应架空或穿管保护，配电箱应安装漏电保护器，实行“一机一闸一漏一箱”制，严禁非电工擅自接拆电线，确保用电安全。

2. 环境保护措施

环境保护措施需减少施工过程对周边环境的影响，重点控制施工废弃物和噪声污染。

第一，施工废弃物管理：要求对施工过程中产生的金属废料、保温材料边角料、包装材料等进行分类收集，金属废料如钢管切割余料、废螺栓等可回收利用，交由专业回收单位处理，保温材料、包装材料等不可回收废弃物应集中存放，按当地环保部门规定运至指定地点处置，严禁随意丢弃或焚烧废弃物。

第二，施工噪声控制：需合理安排施工时间，避免在夜间 22 时至次日 6 时进行噪声较大的作业，如管道敲击、设备吊装、切割作业等；对高噪声设备如切割机、空压机等，可采取设置隔声罩、隔声屏障等措施降低噪声传播，施工场界噪声应符合《建筑施工场界环境噪声排放标准》（GB 12523—2011）的要求，昼间不超过 70dB（A），夜间不超过 55dB（A）。

二、常用材料与设备

（一）管材与管件

建筑暖通空调系统中，管材与管件是实现流体介质输送的基础组件，其材质、规格和连接方式的选择需综合考虑系统运行压力、介质温度、腐蚀性及安装环境等因素。合理选用管材与管件能够保障系统的密封性、耐久性和运行效率，是系统施工安装质量控制的关键环节之一。

1. 钢管

钢管是暖通空调系统中传统且常用的管材，主要分为无缝钢管和焊接钢管两类。无缝钢管由整块金属轧制而成，具有较高的机械强度和耐压性能，适用于输送高压蒸汽、高温热水等介质，常见于大型供暖系统的主干管或空调水系统的高压段。焊接钢管则通过板材焊接成型，根据表面处理方式可分为镀锌焊接钢管和非镀锌焊接钢管，镀锌焊接钢管因具有较好的防腐性能，多用于室内供暖支管、生活热水管道及空调冷凝水管道；非镀锌焊接钢管则常用于输送非腐蚀性介质的低压管道或作为设备连接管。钢管的连接方式主要包括螺纹连接、焊接和法兰连接，螺纹连接适用于管径小于或等于 *DN*100 的管道，操作简便且可拆卸；焊接连接密封性好、承载能力强，适用于大管径高压管道；法兰连接则便于管道与设备的连接及后期维护，常用于水泵、换热器等设备的进出口管道。

2. 塑料管

塑料管凭借重量轻、耐腐蚀、安装便捷及热导率低等优点，在暖通空调系统中的应用范围不断扩大。常用的塑料管类型包括硬聚氯乙烯（PVC-U）管、氯化聚氯乙烯（CPVC）管、聚乙烯（PE）管、交联聚乙烯（PEX）管和聚丙烯（PP-R）管等。PVC-U 管和 CPVC 管具有较好的刚性和耐化学腐蚀性，价格相对低廉，适用于空调冷凝水排放、通风系统的柔性短管及无压排水管道；PE 管和 PEX 管柔韧性好、耐低温性能优异，且具有良好的抗冲击性，其中 PEX 管因耐高温性能突出，广泛应用于低温热水地板辐射供暖系统的盘管；PP-R 管则具有较高的耐热性和强度，连接方式采用热熔连接，密封性好，常用于室内冷热水供应管道及空调水系统的支管。

3. 复合管

复合管是通过组合两种或多种不同材料形成的管材，旨在综合各类材料的优势，弥补单一材料的性能缺陷。暖通空调系统中常见的复合管包括铝塑复合管、钢塑复合管和塑覆铜管等。铝塑复合管由内层塑料、中间铝层和外层塑料构成，铝层可有效阻隔氧气渗透，防止管道内壁结垢，同时提高管材的刚性和抗冲击性，适用于室内冷热水管道、供暖管道及空调水系统的支管；钢塑复合管以钢管为基体，内表面或外表面覆有塑料层，兼具钢管的高强度和塑料的耐腐蚀性，适用于高层建筑的供暖主干管、空调冷却水系统及腐蚀性介质输送管道；塑覆铜管则在铜管外层覆盖塑料保护层，既保留了铜管优良的导热性和耐腐蚀性，又通过塑料层减少热量损失和避免管道结露，常用于高端建筑的空调水系统和供暖系统。

（二）阀门与仪表

阀门与仪表是建筑暖通空调系统中实现运行控制和参数监测的重要装置。阀门用于调节流体的流量、压力和流向，保障系统各环路的水力平衡和设备的安全运行；仪表则用于实时采集系统的温度、压力、流量等关键参数，为系统调试、运行管理和能耗分析提供数据支持，两者共同构成系统智能化运行的基础。

1. 阀门

暖通空调系统中阀门的类型多样，根据功能和结构特点可分为截止阀、闸阀、蝶阀、止回阀和调节阀等。截止阀通过阀芯沿阀座中心线移动实现启闭，具有较好的调节性能和密封性能，适用于需要精确控制流量的场合，如空调机组的进出水管、散热器支管等；闸阀通过闸板的升降控制流体通断，流体阻力小、流通能力强，适用于大口径管道的全开或全关操作，如供暖系统的主干管、水泵进出口总管；蝶阀通过圆盘状阀芯绕阀杆旋转调节流量，结构紧凑、操作简便且成本较低，常用于空调风系统的风阀和水系统的大口径调节管道；止回阀依靠流体自身压力差自动启闭，防止介质倒流，保护水泵、换热器等设备免受水锤冲击，通常安装在水泵出口、疏水器出口及需要防止倒流的管道上；调节阀则可根据设定参数或外部信号自动调节阀门开度，实现流量、压力或温度的自动控制，广泛应用于空调水系统的水力平衡、变流量系统的末端控制及热源设备的出力调节。

2. 仪表

暖通空调系统常用的仪表包括温度仪表、压力仪表和流量仪表，其性能直接影响系统运行参数的测量精度和控制效果。温度仪表用于监测介质温度，常见类型有热电偶温度计、热电阻温度计和双金属温度计，热电偶温度计适用于高温环境下的温度测量，如锅炉出口蒸汽温度、换热器进出口温度；热电阻温度计测量精度高、稳定性好，常用于空调水系统供回水温度、室内空气温度的测量；双金属温度计结构简单、读数直观，适用于管道表面温度或设备壳体温度的就地显示。压力仪表用于测量管道或设备内的压力，主要有压力表和压力变送器，压力表通过弹性元件的变形带动指针指示压力值，适用于水泵进出口压力、空调机组风压等参数的就地监测；压力变送器则将压力信号转换为标准电信号，实现远程传输和连续监测，便于系统集中控制和数据采集。流量仪表用于测量流体的体积流量或质量流量，常用类型包括涡轮流量计、电磁流量计和超声波流量计，涡轮流量计精度高、响应快，适用于清洁液体的流量测量；电磁流量计可测量导电液体的流量，不受流体密度、黏度影响，适用于空调水系统的流量监测；超声波流量计为非接触式测量，安装方便且不影响管道流场，适用于大口径管道或不便安装侵入式仪表的场合。

（三）风机与水泵

风机与水泵是建筑暖通空调系统中的核心动力设备，分别承担空气和水介质的输送任务，为系统提供必要的流动动力。风机的性能参数主要包括风量、风压和功率，水泵的性能参数主要包括流量、扬程和功率，两者的选型需与系统的阻力特性相匹配，以确保在高效工况下运行，降低系统能耗。

1. 风机

风机根据工作原理可分为离心式风机和轴流式风机，在暖通空调系统中应用广泛。离心式风机通过叶轮的旋转使空气获得离心力，在叶轮中心形成负压吸入空气，沿径向甩出后经蜗壳收集并升压，具有风压高、风量调节性能好的特点，适用于需要克服较大系统阻力的场合，如集中式空调系统的空气处理机组、送排风系统及加压送风系统。离心式风机按叶轮形式可分为前向叶轮风机和后向叶轮风机，前向叶轮风机风压系数大、效率较低，适用于低风压、小流量系统；后向叶轮风机效率高、噪声低，适用于高风压、大流量系统。轴流式风机通过叶轮的旋转推动空气沿轴向流动，具有风量大、风压低、结构紧凑的特点，适用于阻力较小的通风系统，如冷却塔通风、局部排风系统及空调系统的新风补给。轴流式风机按安装方式可分为管道式轴流风机和屋顶轴流风机，管道式轴流风机可直接安装在风管中，适用于需要管道输送空气的场合；屋顶轴流风机则安装在屋顶，用于室内排风或新风引入。此外，混流式风机结合了离心式风机和轴流式风机的特点，具有中等风压和风量，常用于高层建筑的楼梯间加压送风、地下车库诱导通风等系统。

2. 水泵

水泵是暖通空调水系统中的主要动力设备，用于输送冷水、热水、冷却水等介质，常用类型为离心泵。离心泵通过叶轮的高速旋转使液体在叶轮内获得离心力，从而提高液体的压力能和动能，具有结构简单、运行可靠、效率较高的特点。根据结构形式的不同，离心泵可分为单级单吸离心泵、单级双吸离心泵和多级离心泵。单级单吸离心泵只有一个叶轮，液体从叶轮一侧吸入，适用于流量较小、扬程较低的系统，如空调末端设备的循环水泵、小型供暖系统的循环泵；单级双吸离心泵，液体从叶轮两侧吸入，流量较大，适用于空调冷水机组的冷却水循环系统、大型供暖系统的主干管循环泵；多级离心泵由多个叶轮串联组成，扬程较高，适用于高层建筑的供暖水系统、高阻力空调水系统。水泵的选型需根据系统的设计流量和所需扬程，结合水泵的性能曲线进行，确保水泵在高效区运行。同时，需考虑水泵的安装形式（卧式或立式）、材质（铸铁、不锈钢等）及运行噪声，对于变流量系统，可采用变频调速水泵，通过调节水泵转速改变流量和扬程，以适应系统负荷的变化，降低运行能耗。

（四）空调末端设备

空调末端设备是直接与室内环境进行热湿交换的装置，其性能直接影响室内空气的温度、湿度、洁净度及气流组织，进而关系到人体舒适度和室内空气质量。常见的空调末端设备包括风机盘管和空气处理机组，两者根据空调系统形式、建筑功能及负荷特性进行选择和配置。

1. 风机盘管

风机盘管是半集中式空调系统中的主要末端设备，由风机、盘管、过滤器、凝水盘和外壳等部件组成。其工作原理是通过风机将室内空气或室外新风吸入，经过滤器过滤后流经盘管，与盘管内的冷/热媒进行热湿交换，处理后的空气再送入室内，从而实现对室内温度和湿度的调节。风机盘管按安装形式可分为卧式暗装、卧式明装、立式暗装和立式明装等。卧式暗装风机盘管通常安装在吊顶内，出风口和回风口通过风管与室内相连，不占用室内有效空间，适用于办公室、酒店客房、医院病房等对室内美观要求较高的场所；卧式明装风机盘管直接安装在吊顶下方或墙面上，安装方便但美观性较差，适用于工业建筑或对装修要求不高的场所；立式暗装风机盘管嵌入墙内或装饰柱内，立式明装风机盘管放置在地面或墙角，两者均适用于层高较低或无吊顶的房间，如住宅、小型会议室等。风机盘管的性能参数主要包括制冷量、制热量、风量、静压和噪声，选型时需根据房间的冷负荷、热负荷、新风量及气流组织要求确定，同时应考虑其运行噪声水平和维护便利性，如采用低噪声风机、高效过滤器及可清洗式盘管，可提高室内空气品质和设备运行可靠性。

2. 空气处理机组

空气处理机组是集中式空调系统中的重要末端设备，用于对空气进行过滤、加热、冷却、加湿、除湿等处理，以满足室内对空气温湿度、洁净度和风量的要求。空气处理机组通常由混合段、过滤段、表冷段、加热段、加湿段、风机段和送风段等功能段组成，各功能段可根据系统处理需求灵活组合。按结构形式可分为组合式空气处理机组和整体式空气处理机组，组合式空气处理机组由多个独立功能段现场组装而成，处理风量范围大，适用于大型空调系统，如商场、体育馆、展览馆等公共建筑；整体式空气处理机组将各功能段集成在一个整体外壳内，结构紧凑，安装方便，适用于中小型空调系统，如办公楼、酒店裙房等。空气处理机组的性能参数主要包括额定风量、冷量、热量、加湿量、机外余压和噪声等，选型时需根据系统的总送风量、空气处理焓差、送风阻力及室内空气参数要求确定。在设计和选型过程中，还需考虑空气过滤器的过滤效率（如粗效、中效、亚高效过滤）、热交换器的传热性能（如铜管串铝箔、亲水铝箔翅片）、加湿器的类型（如电极式、超声波、干蒸汽加湿）及风机的类型（如离心风机、轴流风机)，以确保处理后的空气参数满足设计要求，并实现系统的高效节能运行。

三、施工安装的基本流程

(一) 管道敷设与连接

管道敷设与连接是建筑暖通空调系统施工安装的基础环节，其施工质量直接影响系统的密封性、稳定性及后期运行效率。该过程需严格按照设计图纸和施工规范进行，涉及管道定位、支架安装、敷设操作及接口处理等多个步骤，各环节需紧密衔接以确保管道系统的整体性能。

1. 管道定位与测量

管道定位与测量是确保管道走向和位置符合设计要求的首要步骤。施工前需根据设计图纸，结合建筑结构的实际尺寸，确定管道的安装标高、轴线位置及坡度方向。施工人员需使用水准仪、经纬仪等测量工具进行精确放线，在墙面、楼板或地面标记管道中心线和支架安装点。同时，需考虑管道与其他专业管线（如给排水管道、电气管线）的间距要求，避免交叉冲突，确保管道系统的空间布置合理且符合安全规范。

2. 管道支架安装

管道支架用于支撑管道重量并限制管道位移，其安装质量直接关系到管道的稳定性。施工时需根据管道的材质、管径、介质温度及敷设方式，选择固定支架、滑动支架或吊架等合适类型。支架安装前需进行除锈和防腐处理，安装位置应准确，间距需符合设计规定。例如，热水管道的支架间距通常比冷水管道小，以防止管道因热胀冷缩产生过大挠度。支架与建筑结构的连接应牢固，可采用膨胀螺栓或预埋件固定，确保其承载能力满足管道及介质的重量要求。

3. 管道敷设

管道敷设需在支架安装完成后进行，施工时应按照测量标记的位置和走向逐步铺设管道。对于金属管道，可采用沟槽连接、焊接或法兰连接；对于塑料管道，多采用热熔连接或承插连接。敷设过程中需保持管道的平直度，转弯处的曲率半径应符合规范要求，避免强行弯曲导致管道损伤。垂直敷设的管道还应设置导向支架，以控制管道因温度变化产生的轴向位移，防止管道与支架之间发生过度摩擦。

4. 管道连接

管道连接是保证系统密封性的关键工序，需根据管道材质和系统工作压力选择适宜的连接方式。焊接连接时，焊缝应饱满、无夹渣和气孔，焊后需进行外观检查和无损检测；沟槽连接时，沟槽的深度和宽度需符合标准，密封圈应安装到位，卡箍螺栓需均匀紧固。连接完成后，需对接口进行仔细检查，确保无渗漏隐患，必要时可进行压力试验验证接口的密封性能。

（二）设备安装与固定

设备安装与固定是将暖通空调系统中的核心设备（如锅炉、空调机组、水泵、风机等）按照设计要求精准就位并牢固固定的过程，其质量直接影响设备的运行稳定性、噪声控制及使用寿命。施工时需结合设备特性和建筑条件，完成基础检查、就位、固定及接口处理等操作。

1. 设备基础检查

设备安装前需对混凝土基础进行全面检查，内容包括基础的强度、平整度、标高及预留孔洞位置。基础表面应平整光洁，无裂缝、蜂窝或麻面等缺陷，混凝土强度需达到设计要求。基础的标高偏差应控制在±10mm 以内，预留地脚螺栓孔的位置和深度需与设备底座的安装尺寸一致。若基础存在偏差，需通过凿平、灌浆或增设垫铁等方式进行处理，确保基础能够为设备提供稳定的支撑。

2. 设备就位

设备就位需使用合适的吊装或搬运工具，根据设备重量和安装位置选择吊车、叉车或手动葫芦等。就位过程中应缓慢移动设备，避免碰撞或剧烈震动对设备内部部件造成损伤。就位后需调整设备的水平度和垂直度，使用水平仪在设备的纵横方向进行测量，水平偏差通常应不大于 0.1mm/m，垂直度偏差不大于

0.5mm/m。调整时可通过在设备底座下放置金属垫铁实现，垫铁需垫实、垫平，且每组垫铁不宜超过3块。

3. 设备固定

设备固定方式需根据设备类型和基础形式确定。对于设有地脚螺栓的设备，需将地脚螺栓穿入设备底座的螺栓孔，调整设备位置后按对角顺序分次均匀拧紧螺母，防止设备因受力不均产生变形。螺母拧紧后，螺栓外露螺纹应不少于2~3扣。对于轻型设备或无地脚螺栓的设备，可采用膨胀螺栓直接固定在基础或结构构件上，固定点的数量和位置应保证设备受力均匀，防止运行时产生晃动。

4. 设备接口处理

设备与管道的连接应采用柔性接口，如橡胶软接头、金属波纹管或伸缩节等，以减少设备运行时的振动对管道系统的影响。接口连接前需清理法兰面的油污、铁锈等杂物，选择与介质特性相匹配的密封垫片（如橡胶垫、石棉垫或金属缠绕垫），垫片的内径应略大于管道内径，外径不应超过法兰螺孔中心圆。法兰连接时，螺栓应均匀紧固，确保法兰面紧密贴合，避免接口渗漏。

（三）系统调试前的检查

系统调试前的检查是确保暖通空调系统安全、稳定试运行的重要前置环节，通过对管道系统、设备性能及电气控制系统的全面检查，可及时发现并排除施工过程中遗留的质量问题，为后续调试工作奠定基础。检查内容需覆盖系统的各个组成部分，确保符合设计和规范要求。

1. 管道系统检查

管道系统检查主要包括坡度、阀门状态及压力试验。首先检查管道的坡度和坡向是否符合设计要求，热水供暖管道应沿水流方向设置0.002~0.003的坡度，蒸汽管道的坡度应有利于凝结水排出。其次检查系统中各类阀门的开闭状态，截止阀、闸阀等应处于全开位置，调节阀、平衡阀应调至初始工作位置，安全阀的开启压力需按设计值整定。最后进行管道系统水压试验，试验压力应为工作压力的1.5倍，且不得小于0.6MPa，保压时间内压力降不应超过规范允许值，同时检查管道接口、阀门及附件有无渗漏。

2. 设备性能检查

设备性能检查需核实设备的型号、规格是否与设计文件一致，随机技术资料（如产品合格证、安装说明书、性能检测报告等）是否齐全。手动盘动设备的转动部件（如水泵叶轮、风机转子），应转动灵活、无卡滞或异常声响。检查设备的润滑系统，按要求添加适量的润滑油或润滑脂，油位应在油标规定的范围内。对于带有电机的设备，需检查电机的绝缘电阻，其值应不小于 0.5MΩ，接线端子的连接应牢固、正确。

3. 电气控制系统检查

电气控制系统检查包括线路连接、元件性能及程序功能。检查电气线路的敷设是否符合规范，导线的截面、颜色标记是否正确，接线端子有无松动或氧化现象。测试控制开关、传感器（如温度传感器、压力传感器）、执行器（如电动调节阀、风阀执行器）等元件的动作是否灵敏可靠，控制柜上的指示灯、仪表显示是否正常。模拟系统的控制程序进行联动试验，检查设备的启停顺序、连锁保护功能是否符合设计要求，例如空调机组启动时应先开风机后开加湿器，停机时应先关加湿器后关风机。

（四）系统试运行与调试

系统试运行与调试是通过实际运行检验暖通空调系统性能是否达到设计指标的过程，包括单机试运行、系统联动试运行及参数调试三个阶段，最终使系统的各项运行参数满足使用要求，并形成完整的调试记录。

1. 单机试运行

单机试运行是对系统中各台设备单独进行的运行测试，目的是检验设备的力学性能和电气性能。启动设备前需再次检查电源电压、相序是否正确，确认无异常后按操作规程启动设备。运行过程中观察设备的转速、振动、噪声等情况，测量电机的工作电流、电压及绕组温度，确保各项参数在设备额定范围内。试运行时间通常不少于 2h，期间需做好详细记录，若发现异常振动、异响或参数超标等问题，应立即停机检查并排除故障。

2. 系统联动试运行

系统联动试运行在所有单机试运行合格后进行，旨在检验系统各设备之间的协调运行能力。按照设计的运行程序启动系统，例如供暖系统先启动循环水泵，再启动锅炉；空调系统先启动冷却塔和冷却水泵，再启动冷水机组。运行过程中检查各设备的启停顺序是否正确，管道系统的流量、压力是否稳定，水系统有无气堵、水锤等现象，风系统的送风量、回风量是否达到设计值。同时观察设备的联动功能，如当系统压力过低时，补水泵应自动启动；当房间温度达到设定值时，空调机组应能自动调节负荷。

3. 参数调试

参数调试是指通过调整系统的控制参数，使暖通空调系统的运行性能满足设计要求。对于供暖系统，需调节供水温度、回水温度及循环流量，使各供暖房间的温度达到设计值，可通过调整分集水器上的阀门开度实现水力平衡。对于空调系统，需调试送风温度、回风温度、相对湿度及新风量，通过调节冷水阀、热水阀或加湿器的开度，使室内温湿度控制在设计范围内。调试过程中需多次测量和调整，每次调整后需稳定运行一段时间，待参数稳定后记录数据，确保系统在不同工况下均能稳定运行。

4. 调试结果记录

调试结果记录是系统验收的重要依据，需详细记录调试过程中的各项数据和操作。记录内容包括设备的型号、试运行时间、运行参数（如电流、电压、温度、压力、流量等）、调整措施及调试前后的参数对比。对于发现的问题，需记录问题描述、处理方法及处理结果。调试完成后，整理形成调试报告，报告应包含调试目的、调试内容、调试方法、测试数据、结论及建议等内容，为系统的竣工验收和后期运行维护提供参考。

四、施工质量控制要点

（一）管道安装的质量要求

管道安装的质量要求是确保暖通空调系统安全稳定运行的基础，涉及管道敷设、支架安装及连接工艺等多个环节。管道敷设坡度需严格遵循设计规范，供暖系统热水管道通常采用 0.003 的坡度，蒸汽管道则根据介质流向设置坡度，以避免管道内积水或气堵现象。施工中需使用水准仪或水平尺实时监测，确保每段管道坡度偏差不超过设计值的±10%，转弯处和变径处的坡度过渡应平滑，防止局部倒坡影响系统循环。

管道支架作为承重结构，其安装质量直接关系到管道的稳定性和使用寿命。支架间距需根据管道材质、管径和介质类型确定，例如公称直径 *DN*100 的焊接钢管支架间距不宜大于 6m，塑料管道则需适当减小间距以防止下垂。支架安装前应进行除锈和防腐处理，安装时保证与墙面或楼板固定牢固，膨胀螺栓的埋深和数量需符合规范，严禁固定在不承重结构上。

管道连接工艺因材质不同而有所差异，焊接连接时管道切口需平整，坡口角度应符合设计要求，碳钢管道常用 V 形坡口角度为 60°～70°，对口间隙保持在 1～2mm，焊接过程中需避免咬边、未焊透、夹渣等缺陷，焊后进行外观检查和无损检测。螺纹连接时应使用符合规格的管螺纹，加工规整且无断螺纹、缺螺纹，连接时在螺纹处涂抹密封材料以确保紧密，不渗漏。

（二）设备安装的精度控制

设备安装精度是保障暖通空调系统运行效率的关键，涵盖基础验收、找平找正及固定减震等内容。设备安装前需对基础进行全面验收，检查外形尺寸、坐标位置、标高和预留孔洞是否符合设计图纸，基础表面应平整无裂纹、蜂窝、麻面等缺陷，混凝土强度需达到设计强度的 75%以上。对于有减震要求的设备基础，需检查表面平整度和水平度，必要时进行凿平或灌浆处理，确保安装面平整度偏差不超过 2mm/m。

设备找平分为纵向和横向找平，通常使用水平仪在设备加工面上测量，如水泵进出口法兰面或电机轴承座表面，纵向水平偏差应不大于0.1mm/m，横向不大于0.2mm/m。设备找正需调整中心线与基础轴线的重合度，偏差控制在±5mm以内，联轴器连接的设备还需进行同心度调整，径向位移不大于0.05mm，轴向倾斜不大于0.2mm/m。

设备固定多采用地脚螺栓，需根据设备重量和振动情况选择固定、活动或胀锚地脚螺栓，埋置深度和灌浆强度符合设计要求，灌浆料使用无收缩灌浆料并振捣密实。振动较大的设备如风机、水泵，应在与基础间设置减震垫或减震器，材质和厚度根据振动频率和重量确定，以降低振动传递。

（三）系统密封性检测

系统密封性检测是验证暖通空调系统防泄漏能力的重要环节，包括管道压力试验、阀门严密性检测及风管漏风量测试。管道系统安装完成后进行压力试验，试验介质通常为水或空气，空调水系统和供暖系统一般采用水压试验。试验压力根据设计工作压力确定，设计压力≤1.0MPa时试验压力为设计压力的1.5倍，设计压力>1.0MPa时为设计压力加0.5MPa，试验中缓慢升压至试验压力保压30min，再降至设计压力保压120min，压力降不应超过0.02MPa且管道无渗漏。

阀门作为系统密封关键部件，安装前需进行严密性试验。工作压力>1.0MPa及输送有毒、可燃介质的阀门逐个进行强度和严密性试验，其他阀门按批量抽查且不少于10%。强度试验压力为公称压力的1.5倍，保压5min，阀体无渗漏；严密性试验压力为公称压力的1.1倍，保压15min，阀瓣密封面无渗漏。

风管系统安装完成后，需进行漏风量测试，测试压力应与系统工作压力一致。低压风管系统的漏风量不应超过$0.1056P^{0.65}$ [m^3/（h·m^2）]，中压风管系统不应超过$0.0352P^{0.65}$ [m^3/（h·m^2）]，高压风管系统不应超过$0.0117P^{0.65}$ [m^3/（h·m^2）]，其中P代表风管工作压力（Pa）。测试过程中，可采用漏光法作为辅助手段：在风管内部放置光源，从外部观察是否有漏光现象，若存在漏光，需对漏光部位进行密封处理后重新测试。

(四) 保温施工质量控制

保温施工质量直接影响系统保温效果和节能性，主要包括材料性能、敷设工艺及保护层施工。保温材料施工前需检验热导率、密度、吸水率、燃烧性能等指标，热导率不应大于0.04W/（m·K），密度偏差不超过设计值的±15%，吸水率不大于10%（体积分数），燃烧性能达到设计等级，如空调风管保温材料不低于B1级。材料运输和储存中需避免受潮、破损，确保性能符合施工要求。

保温层敷设根据管道或设备形状选择方式，圆形管道宜用预制管壳绑扎或粘贴，矩形风管采用板材拼接，厚度符合设计要求且允许偏差为+10%、-5%。敷设时保证与管道或设备表面紧密贴合，无空隙、空鼓，接缝处用同材质材料填充密实，宽度不大于5mm。阀门、法兰等异形部位保温层需裁剪整齐，确保严密，避免出现热桥现象。

保护层施工需保证完整性和牢固性，金属保护层采用咬口或搭接，搭接宽度不小于20mm且方向与介质流向一致，以防雨水渗入。非金属保护层如玻璃布或铝箔布，应紧密包裹保温层，搭接处用胶带或胶水密封，无破损、开裂，表面平整光滑，平整度偏差不超过5mm/m。

第二章　建筑供暖系统工程

第一节　供暖系统热负荷

一、供暖系统热负荷概述

（一）热负荷的分类

供暖系统热负荷的分类是基于不同划分依据形成的系统划分方式，常见的分类角度包括耗热性质、时间变化特征和计算范围等。按耗热性质划分时，主要涵盖围护结构传热耗热量、冷风渗透耗热量和冷风侵入耗热量。围护结构传热耗热量是指通过建筑墙体、屋顶、门窗等围护结构由室内向室外传递的热量，这部分热量损失与围护结构的传热系数、传热面积以及室内外温度差存在直接关联。冷风渗透耗热量是指由于室内外压力差作用，室外冷空气通过门窗缝隙等不严密部位渗入室内，为将这些冷空气加热至室内设计温度所消耗的热量，其数值大小与门窗缝隙长度、室内外温度差以及室外风速等因素相关。冷风侵入耗热量则是指在外门开启过程中，大量室外冷空气直接进入室内，为维持室内设计温度而需要消耗的热量，这种热量消耗通常出现在人流密集或外门开启频繁的建筑中。

（二）供暖热负荷的作用

供暖热负荷在建筑供暖系统工程中具有基础性和决定性作用，它是确定供暖系统设计规模和设备选型的核心依据。准确计算供暖热负荷能够为供暖设备的容量选择提供关键数据支持，例如锅炉、换热器、循环水泵等设备的型号规格和数量配置需要根据热负荷的大小来确定。同时，热负荷也是设计供暖管道系统的重要参数，管道的管径尺寸、敷设方式以及保温措施的选择都与热负荷的分布情况和热量传递特性密切相关。供暖热负荷的计算结果还直接影响供暖系统的运行经济性，若热负荷计算值过大，会导致设备初期投资增加和运行过程中的能耗上升；若计算值过小，则无法满足室内供暖需求，影响供暖效果和室内热环境质量。

（三）热负荷与建筑节能的关系

供暖热负荷与建筑节能之间存在紧密且直接的联系，合理控制和降低供暖热负荷是实现建筑节能目标的重要途径。建筑围护结构的保温性能直接影响热负荷大小，当围护结构的传热系数降低或热阻增大时，通过围护结构的传热耗热量会相应减少，从而降低供暖热负荷，减少供暖系统的能源消耗。例如，增加墙体保温层厚度、使用具有良好保温性能的节能门窗等措施，能够有效降低围护结构传热耗热量，进而降低系统的总热负荷。准确的热负荷计算可以避免供暖设备的过度选型，防止出现“大马拉小车”的现象，提高设备运行效率，减少能源浪费。热负荷的动态变化特征也为供暖系统的节能运行调节提供依据，根据实际热负荷需求调整供暖系统的运行参数，能够实现按需供暖，进一步提升建筑供暖系统的节能水平。

二、热负荷计算的影响因素

热负荷计算是建筑供暖系统设计的核心环节，其结果的准确性直接关系到系统的经济性与运行效果。在实际工程中，热负荷计算受到多种内外因素的综合作用，这些因素相互关联、共同影响着最终的计算结果。深入分析各影响因素的作用方式和程度，是进行科学合理热负荷计算的基础。

（一）室外气象参数的影响

室外气象参数是影响热负荷的主要外部因素，包括室外空气温度、风速、太阳辐射和空气湿度等。其中，室外计算温度是决定围护结构传热损失的关键参数，通常采用冬季供暖室外计算温度，该温度是根据当地多年气象资料确定的，反映了供暖期内可能出现的低气温条件。风速通过改变围护结构外表面的对流换热系数影响传热过程，风速增大时，外表面与室外空气的换热增强，导致通过围护结构的传热量增加。太阳辐射对热负荷的影响具有双面性，一方面，太阳辐射透过窗户直接进入室内形成得热，可减少热负荷需求；另一方面，太阳辐射被围护结构外表面吸收后会提高外表面温度，降低室内外温差，从而减少围护结构的传热损失。

（二）建筑围护结构性能的影响

建筑围护结构是热量传递的物理屏障，其性能直接决定了热负荷的大小。围护结构的传热系数（K 值）是衡量其保温性能的核心指标，K 值越小，表明围护结构的保温隔热能力越强，通过围护结构的传热损失就越少。围护结构的面积也是重要影响因素，在传热系数一定的情况下，围护结构面积越大，总传热损失越大，因此建筑的体型系数（建筑物外表面积与体积之比）对热负荷有显著影响，体型系数越大，单位体积对应的传热面积越大，热负荷相应增加。此外，围护结构的材料热导率、厚度以及构造层次也会通过改变传热系数间接影响热负荷，例如，增加保温层厚度可以有效降低传热系数，减少传热损失。

（三）建筑使用功能的影响

建筑使用功能决定了室内的热源特性和热量消耗方式，从而影响热负荷计算结果。不同使用功能的建筑，其人员密度、设备运行情况和照明散热存在明显差异。人员密集的公共建筑，如商场、会议室等，人员散热量较大，可在一定程度上降低热负荷需求；而人员密度较低的居住建筑，人员散热量相对较小，热负荷主要由围护结构传热损失决定。设备和照明散热也是内部得热的重要组成部分，办公建筑中计算机、打印机等设备的长期运行会产生持续散热，这些热量会减少对供暖系统的热需求。此外，建筑的使用时间和通风要求也会影响热负荷，间歇使用的建筑在非使用时段可降低室内温度，减少热负荷；而需要大量新风的建筑，通风换气会带走室内热量，导致热负荷增加。

（四）室内设计温度的影响

室内设计温度是热负荷计算的基准参数，指供暖系统在正常运行时应维持的室内空气温度。室内设计温度与室外计算温度之间的温差是围护结构传热损失计算的驱动力，温差越大，通过围护结构的传热损失就越大，热负荷相应增加。室内设计温度的确定需要综合考虑人体舒适感、建筑使用功能和能源消耗等因素。例如，居住建筑的卧室和起居室设计温度通常为 18~22℃，而浴室由于使用特性可能需要 25℃左右的设计温度。在热负荷计算公式中，室内外温差直接影响传热损失项的数值，因此准确设定室内设计温度是保证热负荷计算合理性的重要前提，设计温度过高会导致系统投资和运行费用增加，过低则无法满足室内舒适要求。

热负荷计算影响因素及其作用特点如表 2-1 所示。

表 2-1　热负荷计算影响因素及作用特点

影响因素类别	具体影响因素	影响机制	关键参数指标
室外气象参数	室外计算温度	决定室内外温差，直接影响围护结构传热损失	冬季供暖室外计算温度（℃）
	风速	改变围护结构外表面对流换热系数，影响传热速率	室外平均风速（m/s）
	太阳辐射	形成室内得热或改变围护结构外表面温度，间接影响热负荷	太阳辐射强度（W/m^2）
建筑围护结构性能	传热系数（K 值）	衡量保温能力，K 值越小，传热损失越少	传热系数［$W/(m^2 \cdot K)$］
	体型系数	反映单位体积对应的传热面积，系数越大，热负荷越高	外表面积与体积之比（m^{-1}）
	材料与构造	通过改变传热系数影响热负荷，如保温层厚度增加可降低传热系数	材料热导率［$W/(m \cdot K)$］、保温层厚度（m）

续表

影响因素类别	具体影响因素	影响机制	关键参数指标
建筑使用功能	人员密度	人员散热量影响室内得热，密度越高，热负荷需求可能降低	人员密度（人/m^2）
	设备与照明散热	设备运行和照明产生的热量可减少供暖需求	设备功率（W）、照明功率密度
	使用时间与通风要求	间歇使用可降低热负荷，大量新风会增加热量损耗	每日使用时长、新风量（m^3/h）
室内设计温度	设计温度值	与室外温差决定传热驱动力，温度越高，热负荷越大	室内设计温度（℃）

三、热负荷设计参数

（一）室内外计算温度的确定

室内计算温度是供暖系统设计中保证室内环境达到预期舒适水平的基准空气温度参数。这个参数的确定需要综合考虑建筑的使用功能、人体热舒适需求以及相关设计规范的要求。居住建筑中卧室、客厅等主要功能房间的室内计算温度通常设定为18~20℃，浴室、厨房等辅助房间的温度则根据使用特点进行调整。公共建筑如办公室、教室的室内计算温度一般为18~22℃，具体数值需结合建筑类型和使用人群的特征确定。在确定室内计算温度时，应避免温度过高导致能源浪费，同时确保满足基本的舒适标准。室外计算温度用于计算围护结构传热损失的室外空气温度，其取值直接影响热负荷计算的准确性。冬季供暖室外计算温度通常基于当地气象数据的统计分析确定，我国大部分地区采用累年（通常指最近30年）日平均温度稳定低于或等于该温度的总天数，平均每年不超过5天的日平均温度作为冬季供暖室外计算温度的确定标准，这种方法既考虑了极端低温情况的出现概率，又避免了系统设计过于保守。在实际应用中，需结合建筑所在地区的气候特征，参考当地气象部门提供的长期观测数据，确保室外计算温度的选取符合实际气候条件。

（二）围护结构传热阻的选择

围护结构传热阻是衡量围护结构阻止热量从高温侧传递到低温侧能力的物理量，用符号 R 表示，单位为 m² · K/W。传热阻的数值为围护结构传热系数 K 的倒数，即 $R=1/K$，其中传热系数 K 表示在稳定传热条件下，围护结构两侧空气温差为 1K 时，单位时间内通过单位面积传递的热量，单位为 W/（m² · K）。多层围护结构的传热阻为各层材料热阻之和再加上内外表面换热阻，即

$$R=R_{si}+\sum(R_i)+R_{se} \tag{2-1}$$

式中，R_{si} 为内表面换热阻；R_{se} 为外表面换热阻；R_i 为各层材料的热阻，其计算式为

$$R_i=\frac{d_i}{\lambda_i} \tag{2-2}$$

式中，d_i 为材料厚度，λ_i 为材料导热系数。

围护结构传热阻的选择需要满足建筑节能设计标准和室内热环境质量要求，同时考虑建筑所在气候分区、围护结构类型以及材料经济性等因素。寒冷地区和严寒地区为减少冬季传热损失，通常要求较高的传热阻，而温和地区则可适当降低。不同类型的围护结构如外墙、屋顶、地面的传热阻要求存在差异，屋顶由于直接暴露于室外环境，受太阳辐射和室外温度变化影响较大，通常需要比外墙更高的传热阻；地面因与土壤接触，传热情况较为复杂，其传热阻需根据地下土壤温度和建筑使用要求确定。在选择传热阻时，还需确保所选数值不低于国家或地方现行节能设计标准中的最低限值。

（三）热负荷指标的应用

热负荷指标是指单位建筑面积所需要的供暖热负荷，又称单位面积热指标，用符号 q_Q 表示，单位为 W/m²。其计算公式为

$$q_Q=\frac{Q}{A} \tag{2-3}$$

式中，Q 为建筑的总供暖热负荷，W；A 为建筑的总建筑面积，m²。

热负荷指标是在热负荷详细计算基础上得出的综合性参数，反映了建筑供暖需求的平均水平，其数值大小受建筑围护结构保温性能、室内外计算温度差、建筑朝向、窗墙面积比以及建筑使用功能等多种因素影响。一般来说，围护结构保温性能越好、室内外计算温度差越小，热负荷指标越低；而窗墙面积比越大、建筑朝向不利于采光和保温时，热负荷指标则会相应提高。热负荷指标在建筑暖通空调工程设计中具有重要的应用价值，主要用于初步设计阶段的热负荷估算和方案比选。在项目前期，当建筑详细图纸尚未完成，无法进行精确的围护结构传热损失计算时，设计人员可根据建筑类型、所在地区气候条件以及类似建筑的经验数据，选取适当的热负荷指标，快速估算出建筑的总供暖热负荷，为供暖系统方案设计、设备选型以及管道管径初步确定提供依据。在施工图设计阶段，热负荷指标还可用于校核详细计算结果的合理性，若详细计算得出的总热负荷与按热负荷指标估算的结果偏差较大，则需检查详细计算过程中是否存在参数选取错误或计算疏漏，确保设计结果的准确性。此外，热负荷指标也是建筑节能评估和能源消耗分析的重要参考数据，通过对比不同建筑或不同设计方案的热负荷指标，可直观评价其节能性能和经济性。

第二节　热水、蒸汽供暖系统分类

一、热水供暖系统的分类

热水供暖系统的分类方式多样，不同分类依据反映了系统在动力来源、水流组织、管道布置及热媒参数等方面的核心特征，合理分类有助于根据建筑功能、规模及使用需求选择适宜的系统形式。

（一）按循环动力分类

循环动力是决定热水供暖系统运行机制的核心因素，按照循环动力的不同，热水供暖系统可分为自然循环和机械循环两种基本类型。

1. 自然循环热水供暖系统

自然循环热水供暖系统依靠水在加热过程中密度发生变化而产生的重力差实现循环流动。当水在锅炉内被加热后，温度升高，密度减小，在重力作用下沿供水干管上升；进入散热器后，水向室内散热，温度降低，密度增大，沿回水干管下降回流至锅炉，形成自然循环。系统运行无须外部动力设备，仅通过合理设置供回水干管的坡度和膨胀水箱来维持压力稳定。这种系统结构简单，初期投资低，运行维护费用少，但循环压力较小，作用半径通常不超过 50m，仅适用于小型建筑或供暖面积较小的场所。

2. 机械循环热水供暖系统

机械循环热水供暖系统借助循环水泵提供的机械动力推动水在系统内循环流动。与自然循环系统相比，机械循环系统通过水泵产生的扬程克服管道阻力，显著增强了水循环能力，作用半径可达数百米甚至更远，能够满足大型建筑或建筑群的供暖需求。系统中除循环水泵外，还需设置定压装置以维持系统压力稳定，防止水泵气蚀和管道超压。虽然机械循环系统需要消耗电能运行水泵，增加了运行成本，但其循环动力强、调节灵活、适用范围广，是目前建筑供暖工程中应用最广泛的系统形式。

（二）按供回水方式分类

供回水方式直接影响系统内水流的分配特性和散热器的调节性能，按照供回水管道的布置形式，热水供暖系统可分为双管系统和单管系统。

1. 双管系统

双管系统中，每组散热器均有独立的供水支管和回水支管，供水干管输送的热水通过各供水支管分别进入散热器，散热后通过各自的回水支管汇集至回水干管。这种系统中，每组散热器的进出口水温差基本一致，各散热器可通过阀门独立调节水量和散热量，用户可根据需求灵活控制室内温度，系统调节性能好，舒适性高。但由于双管系统中上层散热器与下层散热器之间存在重力压差，易出现垂直失调问题，即上层散热器流量过大、温度过高，下层散热器流量不足、温度偏低，尤其在高层建筑中表现更为明显，需通过设置平衡阀等措施进行水力平衡调节。

2. 单管系统

单管系统中，供回水干管通过立管或水平干管串联连接多组散热器，热水从供水干管进入第一组散热器，散热后依次流入后续散热器，最后回流至回水干管。单管系统根据水流方向可分为垂直单管和水平单管，其结构简单，管道用量少，造价较低，且由于各组散热器串联连接，水流路径较长，垂直失调问题较双管系统轻。但单管系统中各组散热器的散热量相互影响，当某一散热器进行调节时，会改变系统内的水流阻力，导致其他散热器的流量和散热量发生变化，调节性能较差，通常适用于对温度调节要求不高的公共建筑或工业建筑。

（三）按管道敷设方式分类

管道敷设方式与建筑空间布局、结构形式及室内装修要求密切相关，按照管道在建筑内的布置方向，热水供暖系统可分为垂直式和水平式。

1. 垂直式管道敷设系统

垂直式管道敷设系统的主要管道沿建筑物的高度方向布置，通常每个楼层或多个楼层共用一根立管，散热器通过水平支管与立管连接。这种系统的立管数量较少，管道布置与建筑楼层结构对应明确，施工安装和检修维护方便，尤其适用于多层砖混结构建筑。但垂直式系统的立管需穿过各楼层，会占用室内空间，可能影响室内装修美观，且在高层建筑中，立管过长易导致水流阻力增大和水力失调，需采取分层设置或减压措施。

2. 水平式管道敷设系统

水平式管道敷设系统的主要管道沿建筑物的水平方向布置，通常每个楼层设置独立的水平干管，散热器通过支管与水平干管连接，立管数量大幅减少甚至取消。水平式系统的管道可敷设在楼板下、吊顶内或地沟中，不占用室内有效空间，有利于室内装修和美观，适用于现代框架结构建筑、装配式建筑及对室内空间要求较高的场所。但水平式系统的水平干管需要严格控制敷设坡度以确保排气通畅，避免系统内积存空气影响散热效果，同时管道暗敷时需做好保温和防结露措施，以减少热量损失和管道腐蚀。

（四）按供水温度分类

供水温度是热水供暖系统热媒特性的核心参数，直接影响散热设备的传热效率、管道材质选择及系统运行安全性，按照供水温度的不同，热水供暖系统可分为低温热水和高温热水。

1. 低温热水供暖系统

低温热水供暖系统的供水温度通常低于100℃，国内工程中常用的设计参数为供水温度95℃、回水温度70℃，或供水温度85℃、回水温度60℃。由于供水温度较低，热媒在管道内不发生汽化，系统可采用常压或低压运行，对管道和散热器的材质要求较低，普通钢管和铸铁散热器即可满足使用要求，系统运行安全可靠。同时，低温热水供暖系统的散热过程温和，室内温度分布均匀，热舒适性好，广泛应用于住宅、办公楼、医院等民用建筑。

2. 高温热水供暖系统

高温热水供暖系统的供水温度高于100℃，常见的设计参数为供水温度110~150℃、回水温度70~90℃。由于供水温度较高，热媒的焓值大，在输送相同热量时，所需的流量较小，可减小管道直径，降低管道系统的初投资和输送能耗，适用于供暖面积大、输送距离远的区域供暖系统或工业建筑。但高温热水供暖系统需采用承压设备和管道，以防止热媒汽化，对系统的密封性、保温性能及安全控制措施要求较高，运行管理相对复杂，通常需配备专业的运行维护人员。

二、蒸汽供暖系统的分类

（一）按蒸汽压力分类

1. 低压蒸汽供暖系统

低压蒸汽供暖系统的工作压力通常不超过0.07MPa，对应的饱和温度约为

100℃。该系统在运行过程中，蒸汽以较低的压力在管道内流动，与空气和凝结水的分离相对容易，系统的稳定性较好。由于蒸汽温度较低，在供暖过程中不易造成室内空气过度干燥，对散热器的材质要求也相对较低，常用于民用建筑如住宅、办公楼等供暖需求较为温和的场所。

2. 高压蒸汽供暖系统

高压蒸汽供暖系统的工作压力一般高于0.07MPa，具体压力值根据设计需求确定，可达0.3MPa甚至更高，对应的饱和温度也随之升高。较高的压力使得蒸汽在管道内的流速加快，输送距离更远，能够满足大面积或远距离供暖的需求。同时，较高的温度可以提高散热设备的传热效率，减少散热器的数量，节省安装空间，但对管道和设备的耐压性能要求更高，主要应用于工业厂房、大型公共建筑等热负荷较大的场景。

（二）按蒸汽干度分类

1. 饱和蒸汽供暖系统

饱和蒸汽是指在一定压力下，水完全汽化为蒸汽且蒸汽温度等于该压力下饱和温度的状态，此时蒸汽干度 $x=1$。饱和蒸汽在散热器内凝结时会释放大量潜热，传热效率高，是蒸汽供暖系统中最常用的形式。在实际应用中，饱和蒸汽的输送过程中可能会因管道散热产生少量凝结水，但通过合理的管道坡度和疏水装置可以有效排除，确保系统正常运行。

2. 过热蒸汽供暖系统

过热蒸汽是指在饱和蒸汽的基础上继续加热，使其温度高于对应压力下饱和温度的蒸汽，此时蒸汽干度概念不再适用，而过热程度用过热度表示，即过热蒸汽温度与饱和温度的差值。过热蒸汽在散热器内首先需要冷却至饱和温度，释放显热，然后凝结释放潜热，整体传热过程相对复杂，且过热度的存在可能导致散热器表面温度过高，因此在民用供暖中应用较少，主要用于工业生产中同时需要供暖和工艺加热的场合。

(三) 按凝结水回收方式分类

1. 重力回水系统

重力回水系统是利用凝结水自身的重力作用，通过设置一定坡度的回水管路将凝结水从散热器回流至锅炉或凝结水箱的系统形式。该系统无须额外的动力设备，构造简单，运行维护成本低，但回水管路的布置受地形和建筑高度的限制较大，回水速度较慢，适用于供暖面积较小、建筑物层数较低且热源与用热设备高差较大的场所。

2. 机械回水系统

机械回水系统是通过设置凝结水泵等机械装置，为凝结水的回流提供动力的系统形式。相比重力回水系统，机械回水系统不受地形和高差的限制，能够实现凝结水的远距离、高扬程输送，系统的灵活性和适应性更强，可用于大型建筑群、多层或高层建筑以及地形复杂的供暖区域。但该系统需要增加水泵等设备，初期投资和运行能耗有所增加，同时对系统的自动控制和维护管理要求也更高。

(四) 按系统布置形式分类

1. 垂直式蒸汽供暖系统

垂直式蒸汽供暖系统的管道沿建筑物的高度方向布置，通常每个楼层或若干楼层设置独立的立管，蒸汽和凝结水通过立管进行输送和回流。这种布置形式便于分层控制和调节各楼层的供暖温度，管道安装和维护相对集中，适用于多层或高层建筑，如住宅楼、酒店等。在设计中需注意立管的热膨胀补偿和各层散热器的压力平衡，以避免系统运行出现水力失调。

2. 水平式蒸汽供暖系统

水平式蒸汽供暖系统的管道主要沿建筑物的水平方向布置，蒸汽和凝结水在同一水平层面的管道内流动，通常适用于单层建筑或大空间建筑，如工业厂房、商场等。水平式系统的管道敷设相对灵活，可根据建筑平面布局进行合理规划，减少立管数量，降低对建筑空间的占用。但需要注意水平管道的坡度设置，确保凝结水能够顺利排出，避免出现水击现象影响系统安全运行。

三、热水与蒸汽供暖系统的比较

（一）供暖效果比较

1. 温度稳定性

热水供暖系统以水作为热媒，水的比热容较大，在输送和散热过程中温度变化较为平缓。当系统负荷发生波动时，水的热惰性能够缓冲温度的快速变化，使室内温度维持在相对稳定的范围内。蒸汽供暖系统则以蒸汽为热媒，蒸汽在散热设备内凝结放热时温度保持在饱和温度，一旦蒸汽供应中断或负荷变化，系统温度会迅速下降，导致室内温度波动较大。因此，在温度稳定性方面，热水供暖系统表现更优，能够为用户提供更持续稳定的供暖环境。

2. 热舒适度

热水供暖系统的散热设备表面温度通常为40~60℃，通过对流和辐射方式向室内散热，室内空气温度分布均匀，人体体感温度适中，不易产生干燥或局部过热的不适感。蒸汽供暖系统的散热设备表面温度较高，一般在100℃以上，主要通过辐射散热，容易导致靠近散热设备的区域温度过高，而远离设备的区域温度偏低，室内温度梯度较大。同时，高温表面会加速室内空气水分蒸发，可能使室内空气湿度降低，影响热舒适度。

3. 供暖响应速度

蒸汽供暖系统中，蒸汽的流动速度远高于热水，在系统启动时，蒸汽能够快速充满管道并到达散热设备，实现快速升温。对于热水供暖系统，由于水的密度较大、流动阻力较高，循环水泵需要一定时间才能将热水输送至各个散热设备，系统启动和升温速度相对较慢。对于需要快速提升室内温度的场景，蒸汽供暖系统的响应速度更具优势；而对于长期连续供暖的场景，热水系统的缓慢升温特性对整体供暖效果影响较小。

（二）运行能耗比较

1. 输送能耗

热水供暖系统需要依靠循环水泵克服管道阻力推动水的流动，水泵的功率消耗是输送能耗的主要组成部分。系统的输送能耗与管道长度、管径、水流速度以及系统阻力特性相关，一般情况下，热水系统的输送能耗相对较高。蒸汽供暖系统中，蒸汽依靠自身压力差流动，无须额外的动力设备驱动，输送能耗主要来自蒸汽管道的散热损失，而蒸汽的流动能耗较低。因此，在输送能耗方面，蒸汽供暖系统通常低于热水供暖系统。

2. 散热损失与热媒回收

热水供暖系统的热媒温度较低，管道表面的散热损失相对较小，且系统中的水可以循环使用，热媒损失主要来自管道泄漏和定期补水。蒸汽供暖系统的蒸汽温度较高，管道及设备的散热损失较大，同时蒸汽在凝结过程中会产生凝结水，若凝结水回收系统不完善，大量高温凝结水直接排放，会造成严重的热损失。虽然蒸汽系统的输送能耗较低，但散热损失和凝结水回收问题可能导致其整体运行能耗高于热水系统，尤其是在凝结水回收率低的情况下。

（三）维护管理比较

1. 管道与设备腐蚀情况

热水供暖系统中的水在常温或低温下循环，管道内部主要发生氧腐蚀和电化学腐蚀，腐蚀速率相对较慢。但如果系统补水处理不当，水中的溶解氧和杂质会加剧腐蚀，需要定期进行水质检测和处理。蒸汽供暖系统中，蒸汽温度高，管道和设备在高温高压环境下易发生氧化腐蚀，同时蒸汽凝结水的 pH 值可能偏低，也会对管道产生酸性腐蚀。此外，蒸汽系统中的阀门、法兰等连接部位在温度变化时容易出现密封不良，导致蒸汽泄漏，增加维护工作量。

2. 系统附件维护需求

热水供暖系统的主要附件包括循环水泵、温控阀、过滤器等，对于循环水泵，需要定期检查电机运行状态和轴承润滑情况；对于温控阀和过滤器，需定期清理杂质以保证调节性能。蒸汽供暖系统的附件种类更多，如疏水器、减压阀、安全阀等，疏水器的作用是排除凝结水并阻止蒸汽泄漏，其工作状态直接影响系统效率，容易因杂质堵塞或部件磨损而失效，需要频繁检查和更换。对于减压阀和安全阀，则需要定期校验，确保其在设定压力下正常工作，维护管理的复杂性和成本高于热水系统。

（四）适用范围比较

1. 民用建筑场景

民用建筑如住宅、办公楼、酒店等对供暖的舒适度和稳定性要求较高，且供暖周期长、负荷变化平缓。热水供暖系统能够提供稳定的室内温度和良好的热舒适度，符合民用建筑用户的使用需求。同时，民用建筑通常对系统的维护管理便捷性有一定要求，热水系统相对简单的维护流程更适合此类场景。此外，民用建筑的供暖面积一般不大，热水系统的输送能耗在整体能耗中占比可控，不会造成过大的能源浪费。

2. 工业与特殊建筑场景

工业建筑如工厂车间、仓库等往往需要快速加热或间歇性供暖，蒸汽供暖系统的快速响应特性能够满足此类需求。一些工业生产过程中还需要利用蒸汽的高温特性，如烘干、加热等，此时蒸汽供暖系统可与生产工艺结合，提高能源利用效率。大型礼堂、体育馆等特殊建筑空间高大，供暖负荷波动大，蒸汽系统的高温辐射散热能够在短时间内提升室内温度，适合间歇性使用的场景。但对于需要长期稳定供暖且对舒适度要求高的工业辅助建筑，热水供暖系统仍是更优选择。

第三节　辐射供暖（供冷）

一、辐射供暖（供冷）系统的类型与特点

（一）地面辐射供暖（供冷）系统

地面辐射供暖（供冷）系统是将辐射换热元件埋设在地面构造层内，以地

面作为主要辐射面与室内环境进行热交换的系统形式。该系统利用地面较大的表面积，通过辐射传热与对流换热共同作用实现室内温度调节，在住宅、酒店等民用建筑中应用广泛。地面辐射供暖（供冷）系统的主要类型如下。

（1）热水地面辐射系统

热水地面辐射系统以低温热水为热媒，通过埋设在地面填充层内的塑料加热管（如 PE-RT 管、PEX 管）或金属管传递热量。工作时，热水在管道内循环流动，经管壁与填充层换热使地面温度均匀升高，再通过地面向室内辐射散热；供冷时则通入冷水，通过地面吸收室内热量实现降温。填充层通常采用豆石混凝土或水泥砂浆，起到固定管道和均布热量的作用。

（2）电加热地面辐射系统

电加热地面辐射系统以电能为能源，通过发热电缆、电热膜或电热板等元件加热地面。发热电缆埋设在地面填充层内，通过电流产生焦耳热加热地面；电热膜则铺设在地面装饰层下方，直接向地面和室内辐射热量。该系统无须传统锅炉和管道，安装简便且可分区域独立控制，但运行成本受电价影响较大，适用于小型空间或间歇性供暖需求场所。

（二）墙面辐射供暖（供冷）系统

墙面辐射供暖（供冷）系统将辐射元件安装或埋设在墙面构造层中，以墙面为辐射面与室内进行热交换。其安装高度高于地面系统，辐射方向以水平和斜向为主，对室内空气流动影响较小，适用于层高较高或地面不便安装辐射元件的建筑。墙面辐射供暖（供冷）系统的结构形式如下。

（1）墙面辐射板系统

墙面辐射板系统由金属辐射板、热媒管道及固定支架组成，辐射板通过支架固定在墙面表面或嵌入墙体内。热媒（热水或蒸汽）在辐射板内部管道流动，加热或冷却板面后通过辐射和对流与室内换热。辐射板材质多为铝合金或钢板，导热性能和强度良好，可根据墙面尺寸定制，表面常做防腐处理以延长使用寿命。

(2) 墙面埋管辐射系统

对于墙面埋管辐射系统，在墙体砌筑或装修时，将塑料或金属管道埋设在保温层或结构层内，通过管内热媒循环实现墙面加热或冷却。管道布置需均匀，以保证墙面温度均匀，避免局部过热或过冷。该系统构造厚度小，占用室内空间少，但维修难度大，管道损坏需破坏墙面修复，因此施工时需严格保证管道连接质量。

(三) 顶棚辐射供暖（供冷）系统

对于顶棚辐射供暖（供冷）系统，将辐射元件布置在顶棚区域，以顶棚为辐射面调节室内温度。由于顶棚位于上部空间，辐射传热方向自上而下，符合人体热舒适感受的温度梯度，可营造均匀的室内温度环境，常用于酒店客房、办公室等对舒适度要求较高的场所。顶棚辐射供暖（供冷）系统的布置方式如下。

(1) 整体式顶棚辐射系统

对于整体式顶棚辐射系统，在整个顶棚区域均匀布置辐射盘管或辐射板，通过顶棚表面整体与室内换热。系统通常与吊顶装修结合，辐射元件隐藏在吊顶内，不影响美观。热媒经分集水器分配到各区域盘管，可分区域控制温度，适用于大面积连续空间的供暖或供冷需求，如商场、会议室等。

(2) 局部式顶棚辐射系统

对于局部式顶棚辐射系统，仅在人员活动频繁区域上方布置辐射元件，如办公工位、会议桌上方，通过局部辐射实现重点区域温度调节。该系统可减少辐射元件用量，降低初期投资和能耗，但需注意局部与周边环境的温度差异，避免产生不舒适的温度梯度，设计时需通过计算确定合理的布置密度。

(四) 辐射供暖（供冷）系统的优势与局限性

辐射供暖（供冷）系统通过以辐射传热为主的方式调节室内环境，与传统对流系统相比具有独特性能特点，实际应用中需综合其优势和局限性确定适用场景。

1. 辐射供暖（供冷）系统的优势

辐射供暖（供冷）系统的舒适性优势显著，室内温度分布均匀，垂直方向温度梯度小，人体活动区域温度适宜，且无明显空气流动，可避免对流系统的吹风感和空气扰动，减少室内灰尘扬起。节能性方面，系统可采用较低供水温度（供暖 35~50℃）或较高回水温度（供冷 16~20℃），便于结合太阳能、地源热泵等低品位能源，降低能源消耗。此外，辐射元件隐藏在建筑构造层内，不占用室内有效空间，有利于室内装修设计的灵活性。

2. 辐射供暖（供冷）系统的局限性

辐射供暖（供冷）系统初期投资较高，需在建筑构造层内埋设管道或安装辐射板，涉及土建施工配合和专用材料，建设成本高于传统散热器或风机盘管系统。系统调节响应速度较慢，辐射元件和建筑构造层热惰性大，负荷变化时达到设定温度所需时间长，不适合快速温度调节场所。另外，系统对建筑结构和装修有要求，对于地面系统需增加地面荷载和厚度，对于顶棚和墙面系统需考虑吊顶或墙面承载能力及构造处理，既有建筑改造应用难度较大。

二、辐射供暖（供冷）系统的工作原理

（一）辐射传热基本原理

辐射传热基本原理是辐射供暖（供冷）系统工作的核心理论基础。辐射传热是指物体之间通过电磁波形式传递能量的过程，这个过程不需要依赖任何中间介质，即使在真空中也能发生。与导热和对流传热不同，辐射传热的本质是物体内部微观粒子热运动产生的电磁辐射能量交换。根据热力学基本定律，任何温度高于绝对零度的物体都会持续向外发射热辐射，物体的辐射能力与其温度密切相关，温度越高，辐射出的能量就越多。斯蒂芬-玻尔兹曼定律定量描述了黑体的辐射力与温度的关系。在辐射供暖系统中，高温辐射体通过发射热辐射将能量传递给室内围护结构、家具及人体；而在辐射供冷系统中，低温辐射体则吸收室内物体和人体发出的热辐射，从而实现热量的转移和室内温度的

调节。

（二）热媒与辐射体的热量交换

热媒与辐射体的热量交换是辐射供暖（供冷）系统能量传递的关键环节，直接影响系统的传热效率和运行性能。热媒作为能量载体，通过在辐射体内部流动实现与辐射体之间的热量传递，这个过程主要涉及对流换热和导热两种基本传热方式。

1. 热媒与辐射体壁面的对流换热

当热媒在辐射体内部通道中流动时，热媒与辐射体壁面之间会发生对流换热。对流换热的强度可用对流换热系数 h 来表征，其定义为单位时间内通过单位面积传递的热量与壁面和热媒之间温差的比值，单位为 W/（$m^2 \cdot K$）。对流换热过程的热流量 Q 可由牛顿冷却公式计算。

$$Q = hA\Delta t \tag{2-4}$$

式中，A 为热媒与辐射体壁面的接触面积，m^2；Δt 为热媒平均温度与辐射体壁面温度的差值，K。

对流换热系数 h 的大小受多种因素影响，包括热媒的流动状态、流速、物理性质以及辐射体通道的几何形状和尺寸等。在实际工程设计中，通常通过优化热媒流速和通道结构来提高对流换热系数，增强热媒与辐射体之间的热量交换效率。

2. 辐射体壁面的导热

热媒通过对流换热将热量传递到辐射体内壁面后，热量会借助壁面的导热作用传递至外壁面，进而对外进行辐射传热。

导热过程遵循傅里叶定律。在均匀且各方向导热性能相同的材料中，垂直于热流方向的单位面积热流密度（单位时间通过单位面积的热量）与温度梯度（沿热流方向的温度变化率）成正比，且热流总是从温度高的一侧流向温度低的一侧，与温度梯度的方向相反。

对于具有一定厚度的平壁辐射体，当壁面两侧分别保持稳定温度时，通过壁面的热流密度可根据壁面厚度和两侧温差简化计算。

为减少热量在壁面传递过程中的损失并提升外壁面的辐射能力，辐射体通常选用热导率较高的材料（如金属或塑料），同时外壁面可采用深色或高发射率的涂层，以此增强对外辐射传热的效果。

（三）室内温度场分布特性

辐射供暖（供冷）系统的室内温度场分布特性与传统对流式系统存在显著差异，这种差异主要源于其独特的传热方式，即通过辐射传热主导室内热量分布。在辐射供暖系统运行时，辐射体表面温度高于室内空气温度，热量以辐射形式传递给室内物体和人体，使围护结构内表面、家具表面及人体表面温度升高；而在辐射供冷系统中，辐射体表面温度低于室内空气温度，通过吸收室内物体和人体的热辐射使周围环境温度降低。这种以辐射为主的传热方式使得室内温度场呈现出垂直温度梯度小、水平温度分布均匀的特点。

具体而言，在垂直方向上，传统对流供暖系统由于热空气密度小而向上流动，导致室内温度上高下低，垂直温差较大，通常可达3~5℃；而辐射供暖系统中，人体和物体主要通过接收辐射热量升温，空气温度升高主要源于物体表面的二次对流，因此垂直温度梯度较小，一般工作区域内的垂直温差可控制在2℃以内，符合人体舒适性要求。在水平方向上，只要辐射体布置合理，避免局部辐射强度不足或过强，室内各区域的温度分布也能保持较好的均匀性，温差通常可控制在1℃以内。此外，辐射供冷系统在运行时，室内空气温度通常略高于传统空调系统，但由于人体通过辐射向低温辐射体散热，仍能获得良好的冷感，同时较高的空气温度可减少室内空气的相对湿度，降低结露风险，提高室内环境的舒适性。

（四）辐射与对流供暖（供冷）的协同作用

在实际的辐射供暖（供冷）系统中，辐射传热并非唯一的传热方式，辐射体表面与周围空气之间还会发生自然对流换热，两者共同构成系统的总传热过程，这种辐射与对流的协同作用是保证系统高效运行和室内舒适性的重要机制。

辐射传热在总传热中通常占据主导地位，其比例随辐射体表面温度与室内空气温度差的变化而有所不同。在辐射供暖系统中，当辐射体表面温度与室内空气温度差为10~20℃时，辐射传热占总传热量的比例一般为50%~70%，其余为对流换热；在辐射供冷系统中，由于辐射体表面温度与室内空气温度差相对较小，辐射传热占比略低，但仍可达40%~60%。辐射传热的主导作用使得室内温度分布均匀，避免了传统对流系统中因空气流动产生的局部温差和吹风感；而对流换热作为辅助传热方式，则通过空气的自然流动促进室内热量的扩散，避免辐射体周围空气温度过度升高或降低，维持室内空气温度的稳定性。

辐射与对流的协同作用还体现在对室内热环境的综合调节上。辐射传热直接作用于人体和物体，能够快速改变人体的热感觉；对流换热则通过空气温度的调节影响人体的对流散热和蒸发散热，两者共同作用使人体处于热舒适状态。此外，适度的自然对流还能促进室内空气的缓慢流动，有助于室内污染物的扩散和排除，改善室内空气质量，但需控制对流强度，确保室内环境的舒适性和健康性。

三、辐射供暖（供冷）系统的施工与安装要求

（一）辐射体管材的选择与敷设

辐射体管材的选择需综合考虑系统运行温度、压力及施工环境等因素。常用的辐射体管材包括耐热聚乙烯（PE-RT）管材和交联聚乙烯（PEX）管材，其中PE-RT管材具有良好的耐温性能和柔韧性，长期使用温度可达到70℃，适用于低温热水辐射供暖系统；PEX管材通过交联反应提高了分子结构的稳定性，耐温性和耐老化性能更优，但其柔韧性略低于PE-RT管材。管材规格的选择应根据系统设计流量和阻力计算确定，常用的管径有*De*20和*De*16，壁厚需满足工作压力要求，当系统工作压力不大于0.8MPa时，*De*20管材的最小壁厚不应小于2.0mm。

管材敷设前需对地面或墙面基层进行处理，确保表面平整、清洁，无尖锐杂物。敷设间距应根据房间热负荷计算结果确定，通常为150~300mm，热负荷较大的区域可减小敷设间距，以保证散热均匀。管材敷设时应采用专用卡钉或钢丝网固定，卡钉间距在直管段不宜大于500mm，弯曲段不宜大于200mm，避免管材在填充层施工或使用过程中移位。管材弯曲时应保证弯曲半径不小于管材外径的6倍，严禁过度弯曲导致管材损伤，敷设完成后需对管材外观进行检查，确保无破损、扭曲等缺陷。

（二）分集水器安装与连接

分集水器的安装位置应便于系统操作、维护及检修，通常设置在厨房、卫生间或专用设备间内，安装高度宜为1.2~1.5m，与墙面净距不应小于150mm。安装前需根据设计图纸确定分集水器的型号和规格，确保其分支环路数量与辐射体管材环路数量一致。分集水器应固定在墙面或专用支架上，固定时需保证其水平度和垂直度，垂直度偏差不应大于2mm/m，以避免影响系统水力平衡。

分集水器与主管可采用螺纹连接或法兰连接，连接前需清理接口处的油污和杂质，螺纹连接时应在螺纹处缠绕生料带或涂抹密封胶，确保连接严密。分集水器与辐射体管材应采用热熔连接或机械连接，热熔连接时需使用与管材规格匹配的热熔工具，控制热熔温度和时间，PE-RT管材的热熔温度通常为200~230℃，热熔时间根据管材壁厚确定；机械连接时应选用专用的卡压式或夹紧式管件，确保接口卡紧到位。每个分支环路上都应安装球阀或调节阀，用于调节环路流量，集水器末端需安装自动排气阀和泄水阀，自动排气阀用于排除系统中的空气，防止气堵影响散热效果，泄水阀用于系统检修时排水。

（三）填充层施工与养护

填充层的主要作用是保护辐射体管材、使热量均匀传递及承担地面荷载，其材料宜选用豆石混凝土，石子粒径不应大于12mm，且应为圆润的卵石或豆石，避免尖锐石子损伤管材。混凝土强度等级不应低于C15，水泥用量不宜少于

$300kg/m^3$，水灰比应控制在0.5~0.55，以保证填充层的强度和密实性。填充层厚度应根据敷设方式确定，湿式敷设时填充层厚度一般为50~80mm，当管材敷设在泡沫绝热层上时，填充层厚度不应小于50mm。

施工前需对辐射体管材进行压力试验，试验压力为工作压力的1.5倍，保压状态下进行填充层施工，防止施工过程中管材破损未被发现。浇筑混凝土时应从房间一侧向另一侧推进，采用平板振捣器振捣，振捣时应避免振捣器直接接触管材，防止管材移位或破损。混凝土表面应抹平压光，平整度偏差不应大于5mm/2m。填充层施工完成后应及时进行养护，养护期间应避免人员踩踏和重物碾压，养护时间不应少于7d，环境温度低于5℃时需采取覆盖保温措施，防止混凝土受冻开裂，养护期间应保持填充层表面湿润，可采用覆盖塑料薄膜或洒水养护的方式。

(四) 系统压力试验与调试

系统压力试验是确保辐射供暖（供冷）系统严密性和安全性的重要环节，分为强度试验和严密性试验。强度试验的试验压力应为系统工作压力的1.5倍，且不应小于0.6MPa，试验时应先关闭系统中的所有阀门，从分集水器处缓慢向系统注水，同时打开系统最高处的排气阀，排尽系统内的空气，待水充满后关闭排气阀，缓慢升压至试验压力。升压过程中应随时观察系统有无泄漏，升压至试验压力后保压1h，压力降不应大于0.05MPa，且无泄漏现象为合格。

严密性试验应在强度试验合格后进行，试验压力为系统工作压力，保压2h，压力降不应大于0.03MPa，同时检查各接口处有无渗漏。系统调试包括水力平衡调试和温度控制调试，水力平衡调试时应通过调节分集水器上各分支环路的调节阀，使各环路的实际流量与设计流量的偏差不大于10%，可采用超声波流量计测量各环路流量。温度控制调试时应启动热源设备，使系统水温缓慢升高，初始供水温度不宜高于35℃，连续运行24h后，根据室内温度情况逐步提高供水温度，直至达到设计温度，同时检查室内温度分布是否均匀，同一房间内的温度偏差不应大于2℃，温控装置应能准确控制室内温度，动作灵敏可靠。

第四节　供暖设备与附件

一、供暖系统主要设备

（一）散热器

散热器是供暖系统中向室内环境释放热量的终端设备，其性能直接影响室内温度分布和供暖系统的运行效率。散热器通过热媒（通常为热水或蒸汽）在其内部流动，将热量传递到金属表面，再通过对流和辐射方式向室内散热，从而维持室内所需温度。

1. 类型

常见的散热器类型可根据材质和结构特点进行划分。按材质分，包括铸铁散热器、钢制散热器、铝制散热器和铜铝复合散热器。铸铁散热器由灰铸铁铸造而成，具有良好的耐腐蚀性和较长的使用寿命，但其体积和重量较大，传热效率相对较低，目前在新建建筑中应用逐渐减少，但在既有建筑改造中仍有使用。钢制散热器以低碳钢为原料，通过焊接或冲压成型，具有重量轻、传热性能好、造型多样的特点，适用于大多数供暖系统，但对水质要求较高，水中含氧量过高易导致内部腐蚀。铝制散热器采用铝合金材料，具有散热效率高、重量轻、外观美观的优势，但其耐腐蚀性较差，通常需要进行内防腐处理，适用于水质较好的供暖系统。铜铝复合散热器结合了铜管的耐腐蚀性能和铝翼片的高效散热特性，兼具耐用性和散热效率，是目前民用建筑中应用较广泛的类型之一。

2. 性能

散热器的性能主要通过散热面积、传热系数、承压能力和金属热强度等参数来衡量。散热面积是指散热器与室内空气接触的有效表面积，直接决定了散热器的散热量，通常根据供暖房间的热负荷计算确定所需散热面积。传热系数是表示散热器在单位温差（热媒平均温度与室内空气温度之差）下单位面积的散热量，单位为 W/（m^2·℃），传热系数越大，说明散热器的散热能力越强，其值与散热器的材质、结构、热媒流速和流向等因素有关。承压能力是指散热器能够承受的最大工作压力，单位为 MPa，需与供暖系统的设计工作压力相匹配，高层建筑供暖系统因静水压力较大，应选用承压能力较高的散热器类型。金属热强度是指散热器单位质量金属所具有的散热能力，单位为 W/（kg·℃），该参数反映了散热器材料的利用效率，金属热强度越高，说明散热器在相同散热量下消耗的金属材料越少，经济性越好。

3. 选用

散热器的选用需综合考虑供暖系统的工作条件、建筑使用需求和安装环境等因素。首先应根据供暖系统的设计压力选择与承压能力相适应的散热器，例如高层建筑供暖系统宜选用钢制或铜铝复合散热器，其承压能力通常在 0.8MPa 以上，可满足系统静水压力要求。其次需考虑供暖水质，当系统水质较差（如含氧量高、pH 值偏低）时，应避免选用钢制散热器，可优先选择铸铁或铜铝复合散热器，以减少腐蚀风险。安装空间也是选用散热器的重要因素，对于安装空间有限的房间（如卫生间、厨房），可选择紧凑式散热器或壁挂式散热器，以节省空间；而对于有美观要求的客厅、卧室等场所，可选用造型多样的钢制或铝制装饰型散热器。此外，还需根据房间的热负荷计算结果，确定散热器的数量和规格，确保其散热量能够满足室内供暖需求。

（二）循环水泵

循环水泵是供暖系统中驱动热媒（热水或蒸汽）循环流动的动力设备，其作用是克服系统管道、散热器、阀门等部件的阻力损失，保证热媒在系统内按设计流量循环，从而实现热量的输送和分配。循环水泵的性能直接影响供暖系统的水力平衡和运行能耗，是系统稳定运行的关键设备之一。

1. 类型

供暖系统中常用的循环水泵类型主要为离心泵，其工作原理是通过叶轮的旋转产生离心力，将机械能传递给流体，使流体获得能量并沿管道流动。单级单吸离心泵具有结构简单、体积小、重量轻、安装方便的特点，适用于中小型供暖系统，其流量一般在 500m^3/h 以下，扬程在 100m 以下。单级双吸离心泵的叶轮两侧均有吸入口，流量较大，效率较高，常用于大型集中供暖系统或区域供热系统，其流量可达到数千米^3/小时，扬程范围较广。多级离心泵通过多个叶轮串联工作，可产生较高的扬程，适用于系统阻力较大或地形高差较大的供暖系统，如高层建筑供暖系统或远距离输送的区域供暖系统。

2. 参数

循环水泵的核心性能参数包括流量、扬程、功率和效率。流量是指单位时间内通过水泵的流体体积，单位为 m^3/h 或 L/s，其大小需根据供暖系统的总循环水量确定，计算公式为

$$G = \frac{3.6Q}{c\Delta t} \tag{2-5}$$

式中，G 为循环水量，m^3/h；Q 为系统总热负荷，kW；c 为水的比热容，4.187kJ/（kg·℃）；Δt 为供回水温差，℃。

扬程是指水泵能够提升流体的高度或克服的阻力，单位为 m 或 kPa（1mH_2O≈9.8kPa），需根据供暖系统的沿程阻力损失和局部阻力损失之和确定，同时应考虑一定的安全余量，通常取计算阻力的 10%～15%作为扬程余量。功率包括轴功率和配套功率，轴功率是水泵运行时叶轮传递给流体的功率，单位为 kW，计算公式为

$$N = \frac{GH\rho g}{3600\eta} \tag{2-6}$$

式中，H 为扬程，m；ρ 为水的密度，1000kg/m^3；g 为重力加速度，9.8m/s^2；η 为水泵效率。

配套功率是指驱动水泵的电动机额定功率，需在轴功率的基础上考虑传动效率和电动机的安全余量，一般取轴功率的 1.1～1.2 倍。效率是指水泵的有效功率与轴功率的比值，用比例（%）表示，效率越高，说明水泵将电能转化为流体机械能的能力越强，运行能耗越低，选用时应优先选择效率曲线平缓且高效区范围较宽的水泵型号。

3. 选型

循环水泵的选型需以供暖系统的水力计算结果为依据，确保水泵的流量和扬程与系统需求相匹配。首先，根据系统的总热负荷和设计供回水温差计算出所需的循环水量，作为水泵流量的选型基础。其次，通过计算系统最不利环路的沿程阻力（由管道摩擦产生）和局部阻力（由阀门、弯头、散热器等部件产生），确定系统所需的总扬程，再加上10%~15%的安全余量，得到水泵的选型扬程。在选择水泵型号时，应使水泵的工作点（实际运行时的流量和扬程）位于其高效区内，以保证水泵运行的经济性。对于规模较大的供暖系统，可考虑设置多台水泵并联运行，以实现流量的调节和系统的冗余备份，当系统负荷变化时，可通过启停水泵数量（台）或调节水泵转速（如采用变频调速技术）来改变循环水量，从而降低运行能耗。此外，还需考虑水泵的安装条件，如安装空间、管道连接方式（卧式或立式）电源电压等，确保水泵能够顺利安装和运行。

（三）供暖锅炉

供暖锅炉是供暖系统的核心热源设备，其作用是通过燃料燃烧或其他能量转换方式将热能传递给热媒（水或蒸汽），使热媒达到设计温度后输送到供暖系统，为建筑物提供热量。供暖锅炉的类型多样，工作原理各异，适用于不同的供暖规模和能源条件。

1. 类型

供暖锅炉可根据燃料类型、热媒种类和结构形式进行分类。按燃料类型划分，主要包括燃气锅炉、燃油锅炉、电锅炉、燃煤锅炉和生物质锅炉。燃气锅炉以天然气、液化石油气或城市煤气为燃料，具有燃烧效率高（通常在90%以上）、污染排放低（NO_x、SO_2等污染物排放量少）。自动化程度高（可实现自动点火、温度控制和安全保护）的特点，是目前城市集中供暖和民用建筑供暖的主要设备之一。根据燃烧方式不同，可分为大气式燃烧锅炉和全预混低氮燃烧锅炉，后者氮氧化物排放量更低，符合环保要求。燃油锅炉以柴油、重油或煤油为燃料，适用于无燃气供应的地区，其燃烧效率也较高，但运行成本相对燃气锅炉较高，且燃料储存和运输需要专用设施。电锅炉利用电能通过电阻加热、电磁感应加热或电极加热等方式加热热媒，具有结构简单、安装方便、无污染、控制精度高的优点，但耗电量大，运行成本高，适用于小型供暖系统或峰谷电价政策下的蓄热式供暖。燃煤锅炉曾是我国供暖系统的主要热源设备，但其燃烧效率较低（传统燃煤锅炉效率为60%～80%），污染物排放量大（产生大量烟尘、SO_2和NO_x），随着环保要求的提高，逐渐被清洁能源锅炉替代，目前仅在部分工业供暖或有特殊政策支持的地区使用。生物质锅炉以秸秆、木屑、颗粒燃料等生物质为燃料，属于可再生能源利用设备，燃烧过程中CO_2排放可实现生态循环，环保性较好，适用于农村地区或有生物质资源的场所。按热媒种类划分，可分为热水锅炉和蒸汽锅炉，热水锅炉输出的热媒为热水，温度通常在95℃/70℃或130℃/70℃，适用于大多数民用建筑供暖；蒸汽锅炉输出的热媒为饱和蒸汽或过热蒸汽，温度和压力较高，主要用于工业供暖或需要高温加热的场所。

2. 工作原理

供暖锅炉的工作原理基于能量转换过程，核心是将燃料的化学能或电能转化为热能并传递给热媒。对于燃气、燃油和燃煤等燃料锅炉，其工作过程主要包括燃料燃烧、热量传递和热媒加热三个阶段。燃料燃烧阶段：燃料与空气按一定比例混合后进入炉膛，在点火装置的作用下发生燃烧反应，释放出大量的热能，生成高温烟气（燃气锅炉烟气温度为150～200℃，燃煤锅炉可达1000℃以上）。热量传递阶段：高温烟气通过锅炉的受热面（包括炉膛水冷壁、对流管束、省煤器等）将热量传递给受热面内的水，烟气温度逐渐降低，最终通过烟囱排出。热媒加热阶段：受热面内的水吸收热量后温度升高，当达到设计温度（如热水锅炉的供水温度）时，通过循环水泵输送到供暖系统；对于蒸汽锅炉，水吸收热量后沸腾汽化产生蒸汽，蒸汽通过主汽阀进入供暖系统或用热设备。电锅炉的工作原理则是通过电加热元件将电能直接转化为热能，例如电阻式电锅炉中，电流通过电阻丝产生焦耳热，加热周围的水；电磁感应式电锅炉利用电磁感应原理在金属容器内产生涡流，使容器自身发热并加热水。锅炉的运行过程通过控制系统实现自动化管理，包括燃料供应调节、空气量调节、水温/气压控制、缺水保护、超压保护等，确保锅炉安全稳定运行。

3. 应用

供暖锅炉的应用需在全面评估供暖规模、能源供应条件、环保要求和运行成本等因素的基础上确定适配方案。从能源供应角度看，燃气锅炉依赖稳定的燃气输配管网，其应用范围与城市燃气覆盖区域高度关联，在管网通达的区域可充分发挥燃烧效率高、启停迅速的优势；燃油锅炉则适用于燃气供应受限的地区，通过储油设施保障能源供应，但其运行成本受油价波动影响较大；燃煤锅炉因环保排放限制，在城市核心区域应用逐渐减少，更多用于能源结构以煤炭为主且环保处理设施完善的特定场景；电锅炉则在电价具备优势或实行峰谷电价政策的地区具备应用可行性，尤其适合小规模分散供暖需求。

从系统运行层面，供暖锅炉的容量配置需与供暖负荷特性匹配，通过合理的数量（台）组合实现负荷动态调节。对于负荷波动较大的系统，采用多台锅炉并联运行，可灵活调整投入运行的锅炉数量，使单台锅炉始终处于高效运行区间，减少能源浪费。同时，锅炉系统需配套完善的辅机设备，包括循环水泵、软化水装置、烟气处理设备等，这些设备的选型与运行参数设置直接影响锅炉系统的整体能效。

在环保合规性方面，锅炉应用必须满足当地大气污染物排放标准，通过配备低氮燃烧器、烟气再循环装置等技术手段控制氮氧化物排放，对于颗粒物和二氧化硫排放，需结合燃料特性采用相应的净化处理工艺。运行成本的控制则需综合考虑燃料价格、设备维护费用、人工成本等因素，通过优化燃烧控制、实施定期维护保养等措施降低单位供暖量的成本支出，实现经济性与环保性的平衡。

在应用过程中，还需考虑锅炉的安装位置（如独立锅炉房、屋顶锅炉房）、烟风系统设计（如烟道走向、烟囱高度）和环保设施（如燃气锅炉的低氮燃烧器、燃煤锅炉的脱硫除尘器），以满足相关规范和标准要求。

（四）换热器

换热器是供暖系统中实现不同温度流体之间热量交换的设备，通过换热器可将高温热媒的热量传递给低温热媒，从而满足供暖系统对热媒参数的不同需求，例如在区域供暖系统中，热力站通过换热器将一次网高温水（如 130℃/70℃）的热量传递给二次网低温水（如 95℃/70℃），再由二次网向用户供暖。换热器的性能直接影响热量传递效率和系统运行能耗，是供暖系统中的重要设备。

1. 类型

供暖系统中常用的换热器类型包括板式换热器、壳管式换热器、螺旋板式换热器和套管式换热器。板式换热器由一系列具有波纹形状的金属传热板片组成，板片之间通过密封垫片分隔形成冷热流体通道，冷热流体在板片两侧逆向流动，通过板片进行热量交换。板式换热器具有传热效率高［传热系数可达 2000~4000W/（m^2·℃）］、结构紧凑（单位体积传热面积大）、拆卸方便（便于清洗和维护）的特点，适用于中小容量的换热系统，如住宅小区热力站、空调系统水-水换热等，其单台换热量通常为 1~10MW。壳管式换热器由壳体、管束、管板和封头组成，管束安装在壳体内，一端固定在管板上，冷热流体分别在管程（管束内）和壳程（壳体与管束之间）流动，通过管壁进行热量交换。壳管式换热器具有承压能力高（壳体可承受 1.6MPa 以上压力）、可靠性好、适应流体种类广（可处理含杂质或黏度较高的流体）的优点，常用于大容量或高压换热系统，如大型区域供热热力站、工业供暖系统等，其换热量可达到数十兆瓦。螺旋板式换热器由两张平行的金属板卷制成螺旋形流道，冷热流体分别在两个螺旋流道内逆向流动，通过螺旋板进行热量交换。螺旋板式换热器的传热面积大、流道内流体流速高、传热系数较高，且不易结垢，适用于黏度较大或有少量杂质的流体换热，如供暖系统中利用工业余热的换热设备。套管式换热器由内管和外管组成，内管套在外管内，形成环形通道，冷热流体分别在内管和环形通道内流动（或相反），通过内管壁进行热量交换。套管式换热器结构简单、制作方便、传热效率较高，但单位体积传热面积小，适用于小流量、低负荷的换热场合，如户式供暖系统中的小型水-水换热器。

2. 性能

换热器的性能主要通过传热系数、传热面积、压降和热效率等参数来评价。传热系数是衡量换热器传热能力的重要指标，单位为 W/（m^2·℃），表示单位传热面积、单位温差下的传热量，其值与换热器类型、传热板片/管壁材质、流体流速、流体物性（如黏度、热导率）和污垢热阻等因素有关。对于板式换热器，由于板片波纹可增强流体扰动，传热系数通常高于壳管式换热器；流体流速增加时，边界层变薄，传热系数增大，但同时流动阻力也会增加。传热面积是指换热器参与热量交换的有效面积，单位为 m^2，根据换热量、传热系数和对数平均温差计算确定，计算公式为

$$A = \frac{Q}{K\Delta t_{m}} \tag{2-7}$$

式中，A 为传热面积，m^2；Q 为换热量，W；K 为传热系数，W/（m^2·℃）；Δt_{m} 为冷热流体的对数平均温差，℃。

压降是指流体通过换热器时的压力损失，单位为 kPa，包括沿程阻力和局部阻力，压降过大会增加循环水泵的能耗，设计时需控制在允许范围内，通常板式换热器的压降略高于壳管式换热器，但可通过优化流道设计降低。热效率是指换热器实际传递的热量与理论最大可传递热量的比值，用比例（%）表示，反映换热器的热量利用程度，实际运行中由于存在散热损失和污垢热阻，热效率一般为95%~98%，定期清洗换热器可减少污垢热阻，提高热效率。

3. 安装

换热器的安装质量对其运行性能和使用寿命至关重要，安装过程需遵循相关规范和设计要求。安装前应进行设备检查，核对换热器的型号、规格、技术参数是否符合设计要求，检查传热板片、管束、密封垫片等部件是否完好，有无变形、损坏或腐蚀，密封垫片是否老化，对于板式换热器，还需检查板片的排列顺序是否正确。安装位置应选择在通风良好、操作维护方便的场所，避免安装在潮湿、有腐蚀性气体或振动较大的环境中，同时应预留足够的检修空间，以便于板片拆卸、管束清洗和部件更换。换热器的进出口管道应采用柔性连接（如金属波纹管或橡胶软接头），以减少管道振动对换热器的影响，管道上应设置阀门（截止阀或闸阀）、温度计、压力表和流量计，便于调节流量、监测运行参数和检修时切断流体。对于水-水换热器，冷热流体应采用逆向流动方式，以提高传热效

率，即高温流体入口与低温流体出口在同一侧，高温流体出口与低温流体入口在另一侧。安装时还需注意排气和排污，在换热器的最高点设置排气阀，以便排除系统内的空气，防止气阻影响传热；在最低点设置排污阀，定期排除流体中的杂质和污垢，避免堵塞流道和增加污垢热阻。对于板式换热器，板片的夹紧螺栓应按规定的顺序和力矩均匀紧固，防止垫片泄漏，紧固力矩需根据垫片材质和板片厚度确定，过松易泄漏，过紧可能导致板片变形或垫片损坏。安装完成后，需进行水压试验，试验压力为设计工作压力的 1.5 倍，保压 30min，无泄漏、无压降为合格，试验合格后方可投入运行。

二、供暖系统常用附件

（一）阀门

阀门是供暖系统中控制流体流动状态的关键功能性附件，其通过改变通流截面积来实现对介质流量、压力的调节或通断控制。供暖系统中常用的阀门类型包括截止阀、闸阀和调节阀，不同类型的阀门因结构特点不同而适用于不同的工作场景。

1. 截止阀

截止阀的结构特点为流体由阀瓣下方进入，通过旋转手轮带动阀杆升降，使阀瓣与阀座贴合或分离以实现关闭或开启。这种结构使得截止阀具有较好的密封性能，但流体阻力较大。截止阀适用于管径较小（通常公称直径≤50mm）且需要严密关闭的场合，如室内立管、散热器入口支管等位置，可有效控制单组散热器的通断。

2. 闸阀

闸阀通过闸板的垂直升降控制流体通道的开启或关闭，全开状态下闸板完全脱离流道，流体阻力小，且介质可双向流动。闸阀的密封性能相对截止阀较弱，但其调节性能较好，适用于大口径管道（通常公称直径≥80mm）的通断控制，常见于供暖系统的主干管、分支管以及设备进出口处，便于系统检修时切断流体。

3. 调节阀

调节阀的核心功能是通过阀芯与阀座之间的相对运动改变通流面积，从而实现对介质流量或压力的精确调节。根据控制方式的不同，调节阀可分为手动调节阀和自动调节阀，手动调节阀通过人工旋转手轮调整开度，自动调节阀则通过接收外部信号（如温度、压力信号）自动改变阀芯位置。调节阀广泛应用于需要动态控制参数的部位，如换热器入口、空调机组水系统以及热力站的分集水器处，以保证系统运行参数稳定在设计范围内。

（二）压力表与温度计

压力表和温度计是监测供暖系统运行状态的重要仪表附件，通过实时显示系统中的压力和温度参数，为系统调试、运行管理及故障排查提供数据支持。合理选择仪表类型并正确安装，是确保测量准确性的关键。

1. 压力表

供暖系统中常用的压力表类型包括弹簧管式压力表和膜盒式压力表。弹簧管式压力表利用弹性元件（如单圈弹簧管）在压力作用下产生的弹性变形带动指针转动，具有测量范围广（通常 0~1.6MPa）、精度较高（一般为 1.5 级或 2.5 级）的特点，适用于大多数供暖系统的压力测量；膜盒式压力表则采用金属膜盒作为弹性元件，适用于测量低压系统（通常 0~0.6MPa）的压力，如散热器系统的工作压力。压力表的安装位置应选择在系统中压力稳定、无剧烈振动且便于观察的部位，例如水泵出口管道、分水器、集水器以及系统最高点，安装时需在压力表与管道之间加装三通旋塞阀，以便于仪表的检修和校验。

2. 温度计

温度计用于测量供暖系统中介质的温度，常用类型有玻璃液体温度计和双金属温度计。玻璃液体温度计利用液体（如水银、酒精）的热胀冷缩原理工作，具有读数直观、成本低的优点，适用于温度变化平稳且无振动的场合，如室内散热器表面温度测量；双金属温度计通过两种膨胀系数不同的金属片在温度变化时产生的弯曲变形带动指针转动，具有耐振动、机械强度高的特点，适用于管道介质温度测量，如供回水干管、换热器进出口等位置。温度计的安装位置应选择在管道直管段，确保介质充分混合，避免安装在阀门、弯头、三通等局部阻力部件附近的死角处，以减少测量误差，安装时通常采用套管式安装方式，便于温度计的拆卸和更换。

（三）排气装置

供暖系统在充水、运行过程中会混入空气，若空气积聚形成气塞，会阻碍介质循环，降低散热效率，甚至导致管道腐蚀。排气装置的作用是及时排除系统中的空气，保证系统正常运行，常用的排气装置包括集气罐和自动排气阀。

1. 集气罐

集气罐是一种利用空气密度小于水的特性收集系统中空气的装置，分为立式集气罐和卧式集气罐两种类型。立式集气罐通常为圆柱形，安装在垂直管道系统中，空气从底部进入后上升至顶部聚集；卧式集气罐为水平放置的圆柱形罐体，适用于水平管道系统，空气在罐内上部空间积聚。集气罐顶部设有手动排气阀，当罐内空气积聚到一定量时，手动开启排气阀将空气排出。集气罐的安装位置通常在系统最高点或局部高点，如供暖干管末端、散热器顶部等，以确保空气能够自然上升并聚集在罐内。

2. 自动排气阀

自动排气阀能够在系统运行过程中自动排除空气，无须人工操作，主要类型有浮球式自动排气阀和膜片式自动排气阀。浮球式自动排气阀的工作原理是：当系统中有空气进入阀体内时，空气聚集在阀体上部，使水位下降，浮球随水位下降，带动连杆打开排气口排出空气；空气排尽后，水位上升，浮球上浮关闭排气口。膜片式自动排气阀则通过膜片感知空气压力变化控制排气口的开启与关闭，具有排气量大、灵敏度高的特点。自动排气阀应垂直安装在系统最高点或局部高点，阀前需设置阀门，以便于排气阀的检修和更换，安装时应保证阀体竖直，避免因倾斜影响浮球或膜片的正常工作。

（四）除污器与过滤器

供暖系统中的介质（通常为水）可能含有泥沙、铁锈、焊渣等杂质，这些杂质若进入水泵、换热器、阀门等设备，会造成设备堵塞、磨损或腐蚀，影响系统正常运行。除污器和过滤器的作用是清除介质中的杂质，保护系统设备，两者根据过滤精度和应用场景的不同而有所区别。

1. 除污器

除污器主要用于清除介质中的大颗粒杂质（粒径通常大于1mm），常见类型有立式直通除污器和卧式角通除污器。立式直通除污器的结构为圆柱形罐体，介质从下部入口进入，经滤网过滤后从上部出口流出，杂质沉积在罐底，通过底部排污阀定期排出，适用于安装在水平管道上；卧式角通除污器的入口和出口成90°夹角，结构紧凑，适用于空间狭小的安装场合。除污器的作用是截留水中的泥沙、铁锈、焊渣等大颗粒杂质，防止杂质进入水泵叶轮、换热器管束等部位造成堵塞或磨损。除污器的安装位置通常在循环水泵入口管道、换热器入口管道以及系统回水干管上，以确保进入主要设备的介质得到有效净化。

2. 过滤器

过滤器用于过滤介质中的较小颗粒杂质（粒径通常为0.1~0.5mm），主要类型包括Y形过滤器和篮式过滤器。Y形过滤器的结构呈Y字形，内置滤网，介质通过滤网时杂质被截留，适用于安装在管道分支处或设备进口前，具有结构简单、安装方便的特点；篮式过滤器的滤网为篮状，过滤面积较大，适用于杂质含量较多的系统，可通过打开上盖取出滤网进行清洗。过滤器的作用是保护阀门、仪表、喷头等精密部件，避免较小颗粒杂质导致阀门密封面磨损、仪表测量精度降低或喷头堵塞。过滤器通常安装在需要保护的设备进口前，如调节阀、流量计、散热器入口阀门等位置，且应在过滤器前后设置压力表，以便监测滤网堵塞情况，同时设置旁通管，便于过滤器清洗或更换时系统能够正常运行。

三、设备与附件的选型原则

（一）根据热负荷与系统参数选型

供暖设备与附件的选型首要依据是建筑的实际热负荷与系统设计参数。热负荷是确定设备容量的基础，设备的额定热输出能力应与设计热负荷相匹配。若设备容量过大，会导致系统频繁启停，增加能耗和设备损耗；若设备容量过小，则无法满足室内供暖需求，影响供暖效果。系统参数包括工作压力、温度、流量等，设备和附件的性能参数必须与系统参数适配。例如，散热器的工作压力需大于系统的设计工作压力，以避免运行中出现泄漏；阀门的公称压力和公称直径应根据系统的压力等级和管道流量确定，确保流体通过时阻力损失在允许范围内，保障系统循环效率。

（二）考虑节能与环保要求

在选型过程中，节能与环保是重要考量因素。设备的节能性能主要通过能效指标体现，如燃气锅炉的热效率应符合现行国家标准，一般不应低于90%；循环水泵的能效等级需达到国家二级及以上，以降低输送能耗。对于采用电力驱动的设备，如空气源热泵，其性能系数（COP）在标准工况下应满足设计要求，确保在不同室外温度条件下仍能保持较高的能源利用效率。环保方面，燃烧类设备需控制污染物排放，如燃气壁挂炉的氮氧化物（NO_x）排放量应符合低氮排放标准；设备及附件所使用的材料应避免含有甲醛、苯等有害物质，防止在运行过程中释放污染物，影响室内空气质量。

（三）满足系统运行可靠性要求

设备与附件的选型需确保系统长期稳定运行。设备自身的性能稳定性是关键，例如散热器应具有良好的抗腐蚀性能，特别是在热水供暖系统中，内部水质可能对金属材质产生腐蚀，需选择经过防腐处理或耐腐蚀材质的产品。循环水泵应具备可靠的过载保护和自动调节功能，当系统流量或压力出现异常时，能及时调整或停机，避免设备损坏。附件的安全保障性同样重要，安全阀的开启压力应设定为系统设计工作压力的1.1倍，确保系统超压时能迅速泄压；压力表的量程应覆盖系统的最高工作压力，并定期校验，保证压力监测的准确性，防止因压力异常导致系统故障。

（四）经济性与维护便利性权衡

选型时需综合考虑经济性与维护便利性，实现全生命周期成本最优。初始投资成本是选型的基础因素，但不应仅关注采购价格，还需结合运行成本进行分析。例如，高效节能型散热器的初始价格可能较高，但长期使用中可减少能源消耗，降低运行费用，通过全生命周期成本计算，其综合经济性可能优于低价低能效产品。维护便利性方面，设备的结构应便于拆卸和检修，如风机盘管的过滤器应设计为可方便拆卸清洗的形式；附件的安装位置应易于操作，如阀门应安装在人手可及的高度，且周围留有足够空间，便于维护人员进行开关调节或更换。同时，设备与附件的配件应具有通用性，减少专用配件的使用，降低后期维护的备件采购难度和成本。

四、设备与附件的安装要求

（一）设备基础与固定要求

设备基础是承载供暖设备重量、保证设备稳定运行的基础性结构，其施工质量直接影响设备的安装精度和长期运行安全性。设备固定则是通过特定连接方式将设备与基础或支架牢固结合，防止设备在运行过程中因振动、温差等因素发生移位或倾覆。

1. 设备基础的技术要求

设备基础的材质选择需根据设备重量、运行荷载及环境条件确定，常见的基础材质为混凝土，其强度等级应不低于设计文件规定，一般不宜低于C20。基础表面的平整度是确保设备安装水平的关键，表面平整度误差应控制在每米长度内不超过5mm，基础表面需进行抹面处理，必要时设置防滑纹路。基础施工中需按设计要求预留孔洞或预埋地脚螺栓，预埋件的位置偏差应控制在±10mm范围内，螺栓露出基础表面的长度应符合设备安装要求，螺纹部分需进行保护处理，防止锈蚀或损坏。

2. 设备固定方式与施工要点

供暖设备的固定方式主要包括地脚螺栓固定和支架固定两类。地脚螺栓固定适用于大型落地式设备，如锅炉、换热器等，安装时需先将螺栓按设计位置固定在基础内，待混凝土达到设计强度后，将设备底座套入螺栓，通过螺母拧紧固定，拧紧过程中应采用对角均匀拧紧的方式，避免底座变形，拧紧力矩需符合设备技术文件要求，一般通过扭矩扳手控制。支架固定适用于壁挂式或悬吊式设备，如风机盘管、小型水泵等，支架材质通常为角钢或槽钢，其规格需根据设备重量经计算确定，支架安装前应进行防腐处理，安装时需确保支架与墙体或楼板的连接牢固，膨胀螺栓的埋入深度和数量应满足承载要求，设备与支架之间应设置橡胶减振垫，以减少设备运行时的振动传递。

（二）管道连接与密封要求

管道连接是供暖系统中介质输送的关键环节，连接质量直接关系到系统的密封性和运行效率，而密封处理则是防止管道接口泄漏、保障系统正常工作压力的重要措施。

1. 管道连接方式的选择与施工规范

管道连接方式应根据管道材质、管径大小及系统工作压力综合确定。对于管径小于或等于 *DN*32 的焊接钢管，宜采用螺纹连接，连接前需用套丝机加工管螺纹，螺纹应规整，无断丝、乱丝，螺纹加工长度应比管件接口深度长 2～3 牙，连接时在螺纹处缠绕生料带或涂抹管道密封胶，缠绕方向应与螺纹旋紧方向一致。对于管径大于 *DN*32 的钢管或需要承受较高压力的管道，宜采用焊接连接，焊接前需对管口进行坡口处理，坡口角度为 30°～35°，钝边厚度为 1～2mm，焊接时应保证焊缝饱满、无夹渣、气孔等缺陷，焊后需对焊缝进行外观检查，必要时进行无损检测。法兰连接适用于需要拆卸检修的部位，如设备进出口管道，法兰面应平整光洁，与管道的垂直度偏差不超过 1mm/m，垫片材质应根据介质温度和压力进行选择，安装时垫片应放置在法兰中心位置，不得偏斜，螺栓应对称均匀拧紧，每个螺栓的拧紧力矩应基本一致。

2. 密封材料的选用与密封工艺要求

密封材料的性能需满足系统介质的温度、压力及化学特性要求。常用的密封材料包括橡胶垫片、石棉橡胶垫片、聚四氟乙烯垫片等，橡胶垫片适用于温度不超过100℃的水系统，石棉橡胶垫片适用于温度较高的蒸汽系统，聚四氟乙烯垫片则具有良好的耐腐蚀性，适用于特殊介质管道。密封胶的选用应与管道材质相匹配，如金属管道宜选用油性密封胶，塑料管道宜选用专用塑料密封胶。密封工艺方面，螺纹连接时密封材料应均匀缠绕或涂抹在螺纹上，不得堵塞管道内径；法兰连接时垫片应无破损、褶皱，安装前需清理法兰面的杂物和锈迹，确保密封面贴合紧密；焊接连接的密封主要通过焊缝质量保证，焊后需进行压力试验，试验压力为工作压力的1.5倍，保压时间不少于30min，无泄漏现象为合格。

（三）附件安装位置与方向要求

供暖系统附件的安装位置和方向直接影响其功能的正常发挥，合理的安装位置应便于操作、检修和维护，正确的安装方向则是保证附件性能的基础。

1. 功能性附件的安装位置确定原则

阀门作为控制介质流动的关键附件，应安装在便于操作和观察的位置，如管道的转弯处、分支处或设备进出口附近，手动阀门的操作手柄中心距地面高度宜为1.2~1.5m，当阀门安装位置较高时，应设置操作平台或延长操作手柄。过滤器的安装位置应在设备入口前，以防止系统中的杂质进入设备内部造成堵塞或损坏，过滤器的滤网规格应根据设备要求选择，安装时需注意进出口方向，确保介质先经过滤网过滤后再进入设备。压力表和温度计应安装在介质流速稳定、能真实反映系统参数的直管段上，与管道的连接应采用三通旋塞，便于仪表的检修和更换，压力表表盘直径不宜小于100mm，安装高度宜为1.5~1.8m，温度计的感温元件应全部插入被测介质中，不得接触管道壁。排气阀应安装在系统的最高处或管道的隆起部位，以便及时排除系统中的空气，避免形成气塞影响水循环；泄水阀应安装在系统的最低处或管道的最低点，用于系统检修时排放存水。

2. 方向性附件的安装方向规范

具有明确流向要求的附件，如止回阀、截止阀、安全阀等，安装时必须严格按照阀体上标注的流向箭头进行，确保介质流向与箭头方向一致。止回阀的安装方向应保证阀瓣在介质正向流动时能够顺利开启，反向流动时能够可靠关闭，卧式止回阀应安装在水平管道上，立式止回阀应安装在垂直管道上。截止阀的安装方向应使介质从阀瓣下方流入，上方流出，这样关闭阀门时省力且密封性能好。安全阀的安装方向应垂直向上，阀瓣开启时介质能够顺利排出，安全阀的出口应连接至安全排放管道，排放管道应引至室外安全地点，不得直接对着操作人员或设备，排放管道的管径不应小于安全阀的出口管径。

（四）安全距离与操作空间要求

设备与附件安装时的安全距离和操作空间是保障系统安全运行及维护人员人身安全的重要条件，需根据设备特性、操作需求及相关规范要求合理确定。

1. 设备安装的安全距离标准

设备与周围墙壁、柱体之间的净距离应满足设备散热、检修及通行要求，对于产生热量的设备，如锅炉、换热器等，与可燃性墙体的距离不应小于 1.0m，与不燃性墙体的距离不应小于 0.8m；对于风机、水泵等转动设备，其运动部件与周围固定物体的距离不应小于 0.5m，防止人员接触造成伤害。两台平行安装的设备之间的净距离应根据设备尺寸和操作需求确定，当设备需要从侧面进行检修时，净距离不宜小于 1.0m；当设备仅需正面操作时，净距离不宜小于 0.8m。设备与电气设备之间的安全距离需符合电气设计规范，带电体与设备金属外壳之间的距离不应小于 0.3m，防止漏电事故发生；对于产生电磁干扰的设备，还应与精密仪器保持足够的距离，避免影响仪器正常工作。

2. 操作与维护空间的设计要求

设备操作面的空间应满足操作人员站立操作的需求，操作面的深度（从设备前缘到对面障碍物的距离）不宜小于 1.2m，宽度不宜小于 0.8m，确保操作人员能够自如地进行阀门开关、仪表读取等操作。设备检修时需要拆卸部件的区域，应预留足够的部件拆卸和搬运空间，拆卸部件的最大外形尺寸加上0.5m的操作距离为最小检修空间，对于需要更换的大型部件，还应考虑运输通道的畅通。附件的维护空间同样重要，如阀门的操作手柄周围应留有不小于0.3m的空间，便于扳手等工具的使用；过滤器的滤网拆卸方向应无遮挡，拆卸空间不宜小于滤网直径的1.5倍。操作和维护空间内不得堆放杂物或设置其他障碍物，通道地面应平整、防滑，必要时设置照明设施，确保光线充足。

第五节　供暖系统热计量

一、热计量方法与原理

（一）直接计量法（热量表法）

1. 热量表的组成与工作原理

第一，流量计是直接计量法中的关键部件，用于测量流经用户供暖系统的热水流量。常用的流量计类型包括机械式、电磁式和超声波式等，不同类型的流量计基于不同的测量原理，机械式通过叶轮转动感应流量，电磁式利用电磁感应定律测量导电液体的流量，超声波式则通过检测超声波在流体中传播的时间差计算流量。

第二，温度传感器用于采集供暖系统供回水的温度，通常采用配对的铂电阻温度传感器，以确保测量温差的准确性。供回水温度差是计算热量消耗的重要参数，温度传感器需安装在供水管和回水管的特定位置，避免受局部温度干扰，确保采集到的温度能真实反映系统的实际运行状态。

第三，计算器接收来自流量计和温度传感器的信号，通过内置的计算程序将流量和温差数据转换为热量值。计算器还具备数据存储、显示和通信功能，可记录不同时间段的用热量，为后续的收费和能耗分析提供数据支持，部分计算器还支持远程数据传输，方便物业管理部门进行集中监控和管理。

2. 热量计算原理

直接计量法的热量计算基于热力学原理，其核心公式为

$$Q = \int_{t_1}^{t_2} c\rho q_V (T_s - T_r)\,dt \tag{2-8}$$

式中，Q 为消耗的热量；c 为水的比热容；ρ 为水的密度；q_V 为体积流量；T_s 为供水温度；T_r 为回水温度；t_1 和 t_2 分别为计量起始和结束时间。

式（2-8）表示在计量时间段内，通过积分水的质量流量与供回水温差的乘积，并乘以水的比热容得到总热量，这个过程能够实时反映用户的实际用热情况。

（二）间接计量法（分摊计量法）

1. 间接计量法的适用场景

间接计量法主要适用于传统垂直单管串联系统等无法实现分户独立循环的供暖系统，在这类系统中，各户共用立管，无法直接安装热量表测量每户的实际用热量，因此需要通过分摊总热量的方式确定各户的耗热量。这种方法能够在不改变原有系统结构的前提下，实现分户热计量，降低改造难度和成本。

2. 常见间接计量法的工作原理

第一，散热器热分配计法是通过在每组散热器上安装热分配计，测量散热器的散热量占整栋建筑或单元总散热量的比例来分摊热量。热分配计根据测量原理可分为蒸发式、电子式等类型，蒸发式通过记录液体蒸发量反映散热器散热量，电子式则通过测量散热器表面温度和散热时间计算散热量比例，最后根据各户热分配计的比例系数将总热量分摊到各户。

第二，流量温度法基于各户的循环流量和供回水温差计算用热比例，通过在每户分支管安装流量传感器和温度传感器，实时监测流量和温差参数，再根据设定的分摊算法将楼栋总热量分摊到各户。该方法需要确保各户流量测量的准确性，同时考虑系统水力失调对分摊结果的影响，通常需要结合系统平衡调节措施以提高分摊精度。

第三，通断时间面积法结合了用户的供暖时间和建筑面积两个因素，通过控制每户供暖支管的通断时间，以通断时间与建筑面积的乘积作为分摊基准，将楼栋总热量按比例分摊到各户。该方法无须测量流量和温差，安装维护成本较低，但需要确保通断控制阀的可靠运行和时间记录的准确性，同时在设计时需考虑不同户型的热负荷特性差异。

（三）分户热计量原理

1. 分户独立循环系统要求

分户热计量的实现首先需要供暖系统具备分户独立循环的条件，即每户拥有独立的供回水支管，与楼栋主立管连接，形成独立的循环环路。常见的分户独立循环系统形式包括分户水平单管跨越式系统和分户水平双管系统，这些系统形式能够保证各户的供暖水循环互不干扰，当一户调节用热量时，不会对其他住户的供暖效果产生影响，为分户计量提供系统基础。

2. 计量与调节一体化要求

分户热计量不仅需要准确计量用热量，还需具备用户自主调节功能，以实现行为节能。因此，分户热计量系统通常在每户的供水管上安装热量表和手动或自动调节阀，用户可根据自身需求调节供暖温度，调节阀的动作会改变循环流量和供回水温差，热量表则实时记录调节后的实际用热量，实现计量与调节的协同工作，既满足用户的个性化用热需求，又能促进节能降耗。

（四）楼栋热计量与分户热计量的关系

1. 总量与分量的对应关系

楼栋热计量是对整栋建筑供暖系统总耗热量的测量，分户热计量是对建筑内各住户耗热量的测量，两者在数值上存在总量与分量的对应关系，即所有分户热计量结果的总和应与楼栋热计量结果基本一致，允许存在一定的合理偏差，该偏差通常由计量装置误差、系统散热损失等因素引起，需控制在相关标准规定的范围内，以保证热量计量的公平性和准确性。

2. 数据校验与管理的协同关系

楼栋热计量数据可为分户热计量结果的准确性提供校验依据，当分户热量之和与楼栋总热量偏差过大时，可通过分析偏差原因，排查分户计量装置故障或系统运行问题。同时，分户热计量数据也可用于楼栋热计量装置的运行状态评估，帮助发现楼栋总计量装置是否存在异常，两者协同工作，共同保障供暖系统热量计量的准确性和可靠性，为按热量收费和建筑节能管理提供数据支持。

二、热计量装置的类型与选用

（一）机械式热量表

机械式热量表是依靠机械部件的转动来测量流体流量的热量计量装置，其工作原理基于流体力学中的动量守恒原理。该类型热量表主要由流量传感器、温度传感器和热量计算器三个核心部分组成。流量传感器通常采用叶轮式或涡轮式结构，当供暖系统中的水或其他传热介质流过传感器时，会推动叶轮或涡轮旋转，旋转的次数通过机械传动或磁耦合方式传递给计数器，进而换算得到流体的体积流量。温度传感器用于实时采集供暖系统的供水温度和回水温度，常用的感测元件为铂电阻或热电偶，这些元件具有较高的测量精度和稳定性，能够确保温度差测量的准确性。热量计算器则根据采集到的体积流量和供回水温度差，结合传热介质的物理性质参数，通过热量计算公式计算累计热量。

$$Q = \int c\rho V\Delta T \mathrm{d}t \tag{2-9}$$

式中，c 为传热介质的比热容；ρ 为传热介质的密度；V 为体积流量；ΔT 为供回水温度差；t 为时间。

机械式热量表的优点是结构简单、制造成本较低、安装和维护方便，适用于水质较好、流体中杂质较少的供暖系统；但其缺点也较为明显，由于存在机械运动部件，长期使用后易出现磨损，可能导致测量精度下降，同时对流体中的颗粒物较为敏感，当水质较差时容易发生堵塞或卡滞现象。

（二）超声波热量表

超声波热量表是利用超声波在流体中传播特性来测量流量的热量计量装置，其工作原理基于声波在顺流和逆流中传播速度的差异。该类型热量表同样包含流量传感器、温度传感器和热量计算器三个基本组成部分。流量传感器内部设有两个超声波换能器，分别用于发射和接收超声波信号，两个换能器在流体流动方向上呈一定角度安装。当超声波顺流传播时，其传播速度会因流体流动而增加；当超声波逆流传播时，其传播速度会因流体流动而减小，通过测量两种情况下超声波传播时间的差值，结合传感器的安装距离和管道直径等参数，可以计算出流体的流速和体积流量。温度传感器的功能与机械式热量表类似，用于采集供回水温度并计算温度差。热量计算器根据流量和温度差数据，计算累计热量。超声波热量表的显著优点是内部无机械运动部件，因此不存在磨损问题，使用寿命较长，测量精度受流体杂质影响较小，适用于多种水质条件的供暖系统；但其缺点是制造成本相对较高，对安装条件要求较为严格，需要保证传感器前后有足够长度的直管段，以确保流体流动状态稳定，否则可能影响测量精度。

（三）电磁式热量表

电磁式热量表是基于电磁感应原理测量导电流体流量的热量计量装置，其工作原理遵循法拉第电磁感应定律。该类型热量表主要由电磁流量传感器、温度传感器和热量计算器组成。电磁流量传感器的结构包括测量管、励磁线圈和电极，测量管由非导磁材料制成，内部衬有绝缘材料，励磁线圈用于产生均匀的交变磁场，电极安装在测量管内壁的直径方向上。当导电的传热介质（通常为水）以一定速度流过测量管时，会切割磁感线，在电极之间产生感应电动势，感应电动势的大小与流体的流速成正比，通过测量感应电动势即可计算出流体的体积流量。温度传感器用于采集供回水温度，热量计算器则根据流量和温度差数据计算累计热量。电磁式热量表的优点是测量精度高，压损小，对流体的流速分布不敏感，适用于大流量、高流速的供暖系统；但其应用受到流体导电性的限制，只能用于测量导电液体，对于纯净水或含有较少离子的非导电液体则无法正常工作，同时安装时需要远离强磁场环境，以免磁场干扰影响测量结果。

（四）热量分摊装置

热量分摊装置是针对多户共用热源的供暖系统设计的热量计量设备，其作用是将楼栋或单元的总热量按照一定的规则分摊到各个用户，常见的类型包括通断时间面积法和户用热量表法等。通断时间面积法的工作原理是通过记录每户供暖设备（如散热器）的通断时间，结合用户的建筑面积来分摊总热量。该方法需要在每户的供暖支管上安装通断控制器，通断控制器根据室内温度调节阀门的开关状态，同时记录阀门开启的时间，系统总热量按照各户的通断时间与建筑面积的乘积占比进行分摊。这种方法的优点是安装简单、成本较低，适用于既有建筑的改造项目，但分摊结果受室内温度设定、建筑保温性能等因素影响较大，精度相对较低。户用热量表法则是在每户的供暖入口处安装户用热量表，直接测量每户的实际用热量，总热量为各户热量表计量值的总和。该方法的优点是计量精度高，能够真实反映用户的实际用热情况，有利于促进用户节能，但需要对供暖系统进行分户改造，安装成本较高，同时对户用热量表的质量和维护要求也较高，适用于新建建筑或对计量精度要求较高的供暖系统。在实际应用中，热量分摊装置的选用需要综合考虑建筑类型、供暖系统形式、用户需求以及成本预算等因素，以确保热量分摊的准确性和合理性。

三、热计量系统的设计与安装

（一）热计量装置的安装位置选择

热计量装置的安装位置选择直接影响计量结果的准确性和系统运行的稳定性，是热计量系统设计的关键环节之一。安装位置应优先选择在供暖系统中流体流动稳定、流速均匀的管段，以避免因流态紊乱导致的测量误差。通常情况下，热计量装置宜安装在用户供暖系统的入口处或分支管上，且需保证装置前后有足够长度的直管段，上游直管段长度一般不小于 5 倍管径，下游直管段长度不小于 3 倍管径，这个设置能够有效消除管道弯头、阀门等部件产生的涡流对流量测量的干扰。同时，安装位置还应考虑维护操作的便利性，避免设置在狭窄空间或隐蔽区域，以便于后期的检修、校准和更换工作。此外，需远离强电磁干扰源和高温环境，防止外部因素对仪表电子元件造成影响，确保计量数据的稳定传输。

（二）管道布置与仪表接口要求

管道布置在热计量系统中需满足水力平衡和计量精度的双重要求。管道走向应尽量简洁，减少不必要的转弯和分支，以降低局部阻力损失，避免因系统水力失调影响热计量装置的正常工作。对于采用分户热计量的系统，各用户分支管道的管径应根据设计流量进行合理选择，确保管内流体流速处于热计量装置的最佳测量范围内，一般推荐流速控制在0.3～3m/s。仪表接口作为连接热计量装置与管道的关键部位，其规格和连接方式需严格符合设计规范，接口直径应与热计量装置的公称直径保持一致，采用法兰连接时应保证法兰面的平行度和密封性，采用螺纹连接时需使用密封材料确保无泄漏。管道安装时还应设置必要的支架和固定措施，防止管道振动对热计量装置造成机械损伤，同时管道坡度应符合设计要求，一般不小于0.002，以便于系统排气和排水，避免管道内积存空气或水导致计量误差。

（三）温度传感器的安装要求

温度传感器是热计量系统中采集供回水温度的核心部件，其安装质量直接关系到热量计算的准确性。温度传感器应安装在热计量装置前后的直管段上，且与热计量装置之间的距离需满足规范要求，通常情况下，供回水温度传感器与热计量装置的距离应不小于10倍管径，以避免热计量装置本身发热或局部湍流对温度测量的干扰。传感器的安装方式宜采用插入式，插入深度应不小于管道直径的1/3，确保传感器感温元件能够充分接触管内流体，真实反映流体温度。安装时传感器的感温端应迎着流体流动方向，减少因流速变化导致的测量偏差，同时传感器与管道之间应做好保温措施，防止环境温度对测量结果产生影响。对于金属管道，传感器安装前需进行开孔和焊接套管处理，套管材质应与管道材质一致，以保证良好的热传导性能；对于塑料管道，可采用专用的传感器固定件，确保安装牢固且密封良好。

（四）热计量系统的调试与数据采集

热计量系统安装完成后，需进行全面的调试工作，以确保系统各组成部分能够正常运行并达到设计计量精度。调试工作首先应检查热计量装置的通电情况，确认电源电压稳定且符合仪表要求，电子元件无损坏或松动现象。随后进行信号传输测试，验证热计量装置与数据采集器之间的通信是否正常，数据传输是否连续、准确，可通过模拟信号发送和接收测试，检查流量、温度等参数的传输误差是否在允许范围内。系统校准是调试的关键环节，需对热计量装置进行零点校准和量程校准，零点校准可在管道无流体流动时进行，量程校准则需通过标准流量计或温度计进行对比测试，确保计量误差不超过设计允许值。数据采集方面，应根据设计要求设置合理的采集频率，一般推荐每小时采集一次瞬时流量和供回水温度数据，通过热量计算公式计算累积热量。

$$Q = \int_{t_1}^{t_2} q_m c_p (T_s - T_r)\,dt \tag{2-10}$$

式中，q_m 为质量流量；c_p 为水的比热容；T_s 和 T_r 分别为供回水温度。

调试过程中还需模拟不同供暖负荷工况下的系统运行状态，检查热计量系统在变流量、变温差条件下的计量稳定性，确保系统能够长期可靠地工作。

第六节　室内供暖系统设计

一、室内供暖系统设计的基本步骤

（一）热负荷计算与分析

热负荷计算与分析是室内供暖系统设计的首要环节，其结果直接影响后续系统形式选择、设备选型及运行效果。热负荷指在设计室外温度下，为维持室内设计温度所需由供暖系统提供的热量。这个环节需综合考虑建筑围护结构传热、室内人员散热、照明及设备散热等多种因素，通过科学计算确定建筑的总热负荷及各房间的热负荷分布。

1. 热负荷计算方法

热负荷计算需遵循相关设计规范，采用稳定传热计算方法。基本计算公式为

$$Q = Q_1 + Q_2 - Q_3 - Q_4 \tag{2-11}$$

式中，Q 为房间供暖热负荷；Q_1 为围护结构传热耗热量；Q_2 为冷风渗透耗热量；Q_3 为室内人员散热量；Q_4 为室内照明及设备散热量。

计算过程中需准确选取围护结构传热系数、室外计算温度、室内计算温度等参数，确保计算结果的准确性。

2. 热负荷影响因素分析

影响热负荷的因素主要包括建筑特征和环境条件。建筑特征方面，围护结构的材料、厚度、保温性能直接影响传热耗热量；建筑朝向、窗墙比则关系到太阳辐射得热和冷风渗透。环境条件方面，室外温度、风速、风向等气象参数会改变围护结构传热和冷风渗透量；室内使用功能不同，人员密度、设备运行时间及散热量也存在差异，这些因素均需在热负荷分析中逐一考量，以避免计算结果与实际需求偏差过大。

（二）系统形式选择

系统形式选择需结合建筑类型、使用功能、供暖需求及能源条件等综合确定，是确保系统经济、高效运行的关键步骤。不同的系统形式在散热方式、管网布置、调节性能等方面存在差异，需通过对比分析选择最适合的方案。

1. 系统形式分类依据

系统形式可按热媒种类分为热水供暖系统、蒸汽供暖系统和热风供暖系统；按循环动力分为自然循环系统和机械循环系统；按供回水方式分为单管系统和双管系统。分类依据的明确有助于缩小选择范围，使设计更具针对性。民用建筑多采用热水供暖系统，因其温度稳定、舒适性好；工业建筑根据工艺需求可能选择蒸汽供暖系统，以满足较高温度需求。

2. 典型系统形式对比

不同系统形式的技术特点和适用场景需进行详细对比。热水供暖系统具有散

热均匀、调节方便、运行费用较低等优点，但系统启动较慢，初期投资较高；蒸汽供暖系统传热系数大、升温快，适用于需要快速供暖的场所，但系统压力较高，管道易腐蚀，舒适性较差。通过对比系统的初投资、运行成本、维护难度及舒适性等指标，结合建筑的实际需求，可确定最优的系统形式。

（三）设备与附件选型

设备与附件是供暖系统的核心组成部分，其选型是否合理直接影响系统的供暖效果、能耗及使用寿命。选型需以热负荷计算结果为依据，同时考虑系统形式、安装条件及运行维护要求。

1. 主要设备选型原则

主要设备包括散热器、供暖锅炉、循环水泵等。散热器选型需满足房间热负荷需求，同时考虑承压能力、散热量、美观性及安装空间。常用的散热器类型有铸铁散热器、钢制散热器和铜铝复合散热器，其中钢制散热器传热性能好、重量轻，但耐腐蚀性较差；铜铝复合散热器耐腐蚀性强、寿命长，但成本较高。供暖锅炉选型需根据系统总热负荷确定额定热功率，同时考虑燃料类型的可获得性和经济性。循环水泵选型则需根据系统阻力和流量需求，确定水泵的扬程和流量，确保系统水循环通畅。

2. 辅助附件选型要点

辅助附件包括阀门、过滤器、膨胀水箱、排气装置等。阀门用于调节和控制管道流量及压力，需根据管道直径、工作压力及调节要求选择闸阀、截止阀或调节阀；过滤器安装在水泵入口等位置，用于去除水中杂质，保护设备，选型时需考虑过滤精度和流通能力；膨胀水箱用于容纳系统中水受热膨胀的体积，避免系统压力过高，其容积需根据系统水容量和温度变化范围计算确定；排气装置用于排除系统中的空气，防止气堵影响散热，常用的有集气罐和自动排气阀，需安装在系统的最高处或易集气的位置。

（四）管道系统布置方案确定

管道系统布置是将设备与热媒输送路径有机结合的过程，合理的布置方案可减少管道阻力、降低能耗、便于安装和维护。布置需遵循安全、经济、美观的原则，同时满足热媒输送和系统调节的要求。

1. 管道布置基本原则

管道布置应保证热媒输送通畅，避免出现局部阻力过大的情况。对于热水供暖系统，供回水干管应采用同程式或异程式布置，同程式系统各环路阻力易于平衡，但管道用量较大；异程式系统管道用量少，但需通过阀门调节各环路阻力平衡。管道敷设方式可分为明装和暗装，民用建筑为保证美观多采用暗装，工业建筑则多采用明装以便于维护。管道布置需避让建筑结构梁、柱及其他管线，确保安装空间和操作便利性。

2. 管道路径规划方法

管道路径规划需结合建筑平面布局和设备位置，进行多方案比选。确定热源与各供暖区域的连接方式，合理划分供暖环路，使各环路负荷分配均匀。路径规划中需计算管道长度、管径及坡度，管径选择应根据管段流量和允许流速确定，流速过大易产生噪声，流速过小则增加管道投资；管道坡度设置需保证系统排气和泄水通畅，热水供暖系统供水管坡度宜为 0.003，回水管坡度宜为 0.002，坡度方向应与水流方向一致或便于排气。通过优化路径规划，可在满足功能要求的前提下，减少管道总长度和管材消耗。

（五）水力计算与系统优化

水力计算是验证管道系统设计合理性的重要手段，通过计算管道阻力和流量，确保系统各环路水力平衡，避免出现部分房间供暖不足或过热的情况。系统优化则是在水力计算基础上，通过调整管径、增设调节装置等措施，提高系统运行效率和稳定性。

1. 水力计算核心内容

水力计算主要包括管段流量计算、沿程阻力计算和局部阻力计算。管段流量根据房间热负荷和散热器散热量确定，计算公式为

$$G = \frac{3.6Q}{c\rho\Delta t} \tag{2-12}$$

式中，G 为管段流量；Q 为管段热负荷；c 为水的比热容；ρ 为水的密度；Δt 为供回水温差。

沿程阻力计算公式为

$$R = \lambda \frac{l}{d} \times \frac{v^2}{2g} \tag{2-13}$$

式中，R 为单位长度沿程阻力；λ 为沿程阻力系数；l 为管段长度；d 为管道内径；v 为水流速度；g 为重力加速度。

局部阻力则通过局部阻力系数与动压头的乘积计算。总阻力为沿程阻力与局部阻力之和，需确保系统总阻力在循环水泵扬程范围内。

2. 系统优化策略

系统优化需针对水力计算中发现的问题采取相应措施。当各环路阻力不平衡时，可通过调整管径或设置平衡阀进行调节，平衡阀可手动或自动调节流量，确保各环路流量符合设计要求。对于异程式系统，可在距离热源较远的环路采用较小管径，增加阻力，或在距离热源较近的环路设置调节阀，减少流量。优化水泵运行参数，如采用变频水泵，根据系统负荷变化调节水泵转速，可降低水泵能耗。通过水力计算与系统优化的反复迭代，可使供暖系统达到水力平衡、运行高效的设计目标。

二、供暖系统水力计算

（一）管道阻力计算

管道阻力计算是供暖系统水力计算的核心内容，主要包括沿程阻力与局部阻力两部分，其结果直接影响系统管径选择和水泵参数确定。沿程阻力是水流在直管段内流动时，由于管壁与水流之间的摩擦作用产生的能量损失。沿程阻力系数 λ 的大小与水流状态（层流或湍流）和管道内壁粗糙度有关，对于湍流状态，工程中常通过莫迪图查取，或采用柯列布鲁克-怀特经验公式计算，该公式为

$$\frac{1}{\sqrt{\lambda}} = -2\lg\left(\frac{k}{3.7d} + \frac{2.51}{Re\sqrt{\lambda}}\right) \tag{2-14}$$

式中，k 为管道内壁绝对粗糙度，m；Re 为雷诺数，表达式为 $Re = vd/\upsilon$，υ 为水的运动黏度，m^2/s。

局部阻力是水流通过管道系统中的管件（如弯头、三通、阀门、变径管等）时，由于水流方向改变或流速变化产生的能量损失。局部阻力的计算通常采用局部阻力系数法，公式为

$$h_j = \zeta \frac{v^2}{2g} \tag{2-15}$$

式中，h_j 为局部阻力损失，Pa；ζ 为局部阻力系数，其值取决于管件的类型、结构和尺寸，一般通过实验确定，可在暖通空调设计手册中查取。

在实际工程计算中，为简化计算，有时也采用当量长度法，即将局部阻力损失折算为相当于某一长度直管的沿程阻力损失，此时局部阻力损失可表示为 $h_j = \lambda \frac{l_{eq}}{d} \times \frac{v^2}{2g}$，式中，$l_{eq}$ 为管件的当量长度，m。

（二）流量分配与平衡计算

流量分配与平衡计算是确保供暖系统各环路、各散热设备能获得设计流量的关键环节，其目的是使系统中各并联环路的阻力损失趋于平衡，避免出现部分环路流量过大或过小的现象。流量分配计算基于两个基本原理：节点流量平衡原理和环路阻力平衡原理。节点流量平衡原理指在供暖系统的任一节点处，流入节点的总流量等于流出节点的总流量，即

$$\sum q_i = 0 \tag{2-16}$$

式中，q_i 为通过节点各支管的流量，m^3/h，流入节点的流量取正值，流出节点的流量取负值。

这个原理是进行系统流量分配的基础，可用于确定各支管的流量值。

环路阻力平衡原理要求系统中各并联环路的阻力损失差值控制在允许范围内，以保证各环路流量符合设计要求。根据暖通空调设计规范，对于异程式系统，各并联环路之间的阻力损失相对差值不应超过15%；对于同程式系统，由于各环路长度基本相等，阻力损失差异较小，但仍需进行校核计算。在实际设计

中，通常先以系统中阻力损失最大的环路（即最不利环路）为基准进行水力计算，确定其管径和阻力损失，然后对其他并联环路进行计算，并通过调整管径或设置平衡装置（如平衡阀）来改变环路阻力，使各环路阻力损失与最不利环路的阻力损失差值控制在允许范围内，从而实现流量的合理分配。

（三）循环水泵扬程与流量确定

循环水泵是供暖系统中推动水循环流动的核心动力设备，其流量和扬程参数的合理确定，直接影响系统的运行效果与能耗水平。循环水泵的流量需以供暖系统的总设计流量为基础，并预留一定的富余系数，以应对系统可能出现的流量波动或阻力增加等情况。系统总设计流量的计算，主要依据供暖系统的总供暖热负荷和供回水温差，同时需结合水的物理特性——包括水的比热容［通常取值 4.187kJ/（kg·℃）］和密度（通常取值 1000kg/m^3）综合确定。考虑到系统运行过程中可能存在的水量漏损，以及后期流量调节的需求，实际选用的水泵流量通常需在系统总设计流量的基础上适当放大，一般取设计流量的 1.1 倍。

循环水泵的扬程应能克服系统中的总阻力损失，并考虑一定的富裕扬程。系统总阻力损失 H_{total}（单位：mH$_2$O，1mH$_2$O＝9806.65Pa，下同）包括管道沿程阻力损失、局部阻力损失以及散热设备（如散热器、地暖盘管等）的阻力损失之和。若系统存在几何高差（如供暖系统的最高点与水泵进口之间的垂直距离），还需考虑几何高差 H_z（单位：mH$_2$O）对扬程的影响。因此，水泵扬程的计算公式为

$$H = H_{total} + H_z + \Delta H \tag{2-17}$$

式中，ΔH 为富裕扬程，主要用于补偿系统阻力计算误差和未来可能的阻力增加，一般取系统总阻力损失的 5%～10%。

在选择水泵时，还需确保水泵的工作点落在其高效区内，以提高系统的运行效率。

（四）水力失调与平衡调节方法

水力失调是指供暖系统实际运行时，各环路或散热设备的流量与设计流量不

一致的现象，可分为静态失调和动态失调两种类型。静态失调主要由系统设计不合理、管道管径选择不当或施工安装误差导致，表现为系统在设计工况下各环路阻力分配不均，从而引起流量偏差；动态失调则是由于系统运行过程中，某一环路的流量发生变化（如阀门调节、负荷变化等），导致其他并联环路的流量随之改变，进而偏离设计值的现象。水力失调会造成部分区域供暖不足或过热，影响供暖质量，同时增加系统能耗。

针对水力失调问题，常用的平衡调节方法包括阀门调节、管径调整和水泵运行调节等。阀门调节是工程中最常用的方法，通过在管道系统中设置平衡阀、自力式流量控制阀等调节装置来改变局部阻力，从而调整各环路的流量。平衡阀可手动调节开度，通过测定其前后压差计算流量，并根据设计流量进行调整，使各环路流量达到设计值；自力式流量控制阀则能根据设定的流量自动调节阀门开度，不受系统压力波动的影响，维持恒定流量。管径调整适用于静态失调较为严重的系统，通过增大阻力过大环路的管径或减小阻力过小环路的管径，改变环路阻力特性，实现阻力平衡。水泵运行调节主要通过变频调速技术改变水泵转速，从而调整水泵的流量和扬程，适用于系统动态负荷变化较大的情况，既能实现流量平衡，又能达到节能的目的。在实际工程中，通常需结合多种调节方法，以确保系统在不同工况下均能保持良好的水力平衡状态。

三、管道布置与敷设要求

（一）管道布置的基本原则

1. 安全性原则

管道布置需满足系统安全运行的基本要求。在设计过程中，应优先考虑管道远离火源、热源及易燃易爆区域，防止因外部环境因素导致管道腐蚀、老化或损坏。同时，管道与建筑物结构构件的距离应符合规范要求，避免对建筑主体结构造成额外荷载或影响结构稳定性。对于输送高温介质的管道，还需采取必要的隔热措施，防止人员烫伤及热量损失，确保系统在正常工况和事故状态下均能安全运行。

2. 经济性原则

经济性是管道布置需重点考虑的因素之一，主要体现在材料消耗、施工成本及运行能耗三个方面。在路径选择上，应尽可能缩短管道总长度，减少不必要的转弯和分支，降低管材、阀门及配件的用量。同时，合理规划管道走向，避免穿越复杂空间或需特殊处理的区域，以减少施工难度和工期成本。此外，还需考虑系统运行中的阻力损失，通过优化管径和坡度设计，降低循环水泵的能耗，实现长期运行的经济性目标。

3. 美观性原则

管道布置应与建筑室内空间布局相协调，满足美观性要求。对于明装管道，需保证排列整齐、间距均匀，管道走向应平行或垂直于建筑轴线，避免出现杂乱无章的交叉现象。在有条件的情况下，可利用建筑装饰构件对管道进行遮挡或整合，使管道融入整体装修风格。对于暗装管道，需确保安装位置不影响室内使用功能和空间净高，同时避免在明显位置暴露管道接口或检修口，以提升建筑室内环境的视觉效果。

（二）明装与暗装管道的敷设要求

1. 明装管道敷设要求

明装管道敷设时，应根据建筑结构和使用功能确定安装位置。通常沿墙、柱、梁或天花板下敷设，管道支架的间距需根据管材类型、管径大小及介质重量计算确定，确保管道在运行过程中不产生明显挠度。支架安装应牢固可靠，与管道之间需设置防腐绝缘垫，防止不同金属材质接触产生电化学腐蚀。明装管道需与其他专业管线保持一定间距，避免相互干扰，当管线交叉时，应遵循小管让大管、有压管让无压管的原则进行避让。

2. 暗装管道敷设要求

暗装管道敷设需在建筑结构施工阶段预留安装空间，常见的敷设方式包括墙槽内敷设、吊顶内敷设及管井内敷设。墙槽内敷设时，槽体深度和宽度应根据管径及保温层厚度确定，管道安装后需用不燃材料填充固定，防止管道移位或损坏。吊顶内敷设的管道应设置独立的支架系统，严禁直接搁置在吊顶龙骨上，同时需在吊顶检修口附近设置可拆卸的管道接口，便于后期维护检修。管井内敷设的管道应分层排列，相邻管道之间需保留足够的检修距离，阀门和仪表应安装在便于操作的位置，并有明显的标识。

（三）管道坡度与坡向设置

1. 坡度设置的基本要求

管道坡度设置是确保供暖系统正常运行的重要措施，其作用是及时排除系统中的空气和凝结水，避免气堵或水塞现象。坡度大小需根据管道类型、介质特性及管径确定，热水供暖管道的坡度一般为 0.002~0.003，蒸汽供暖管道的坡度宜为 0.003~0.005。对于输送黏性较大介质的管道，坡度应适当增大，以保证介质流动顺畅。坡度设置需均匀一致，严禁出现倒坡现象，管道支架的高度应根据坡度要求进行调整，确保管道敷设后符合设计坡度值。

2. 坡向确定的原则

管道坡向应根据介质流动方向和系统排气、排水需求确定。热水供暖系统中，供水管应沿水流方向设置向上的坡度，使水中溶解的空气能顺利聚集到系统最高处的集气罐或排气阀排出；回水管应沿水流方向设置向下的坡度，便于系统停运时管道内的存水排空。蒸汽供暖系统中，蒸汽管应沿蒸汽流动方向设置向下的坡度，使沿途产生的凝结水及时流向疏水装置；凝结水管应沿水流方向设置向下的坡度，防止凝结水倒流回蒸汽管内。

3. 坡度施工的技术要点

在管道坡度施工过程中，需采用水准仪或水平仪进行精确测量，确保每个管段的坡度符合设计要求。支架安装时，应根据坡度计算结果确定各支架的安装高度，相邻支架之间的高差应与管道坡度和支架间距相匹配。对于较长的直线管道，可在适当位置设置坡度调整支架，避免因管道自重或温度变形导致坡度偏差。管道敷设完成后，需进行坡度复核，对不符合要求的部位及时调整，确保系统运行时能有效排气和排水。

（四）伸缩器的设置与选型

1. 伸缩器的设置位置

伸缩器用于补偿管道因温度变化产生的热胀冷缩位移，防止管道产生过大的热应力而损坏。设置位置主要包括管道直线段长度超过规范允许值的部位，如当管道直线段长度超过 30m 时，应设置伸缩器；管道与设备连接处，以减少设备因管道位移产生的附加荷载；管道转弯处，利用弯头的柔性补偿部分位移，当补偿量不足时需增设伸缩器；以及管道穿越沉降缝或伸缩缝处，以适应建筑结构的变形。

2. 伸缩器的选型依据

伸缩器的选型需综合考虑管道的公称直径、工作压力、介质温度、设计位移量及安装空间等因素。公称直径应与管道管径相匹配，确保介质流动畅通；工作压力应大于等于管道系统的设计压力，防止运行中出现泄漏；介质温度直接影响伸缩器的材料选择，高温介质需选用耐高温的金属材质，低温介质可选用橡胶或塑料材质；设计位移量需根据管道的热膨胀量计算确定，伸缩器的额定补偿量应大于实际位移量，以保证补偿效果。

3. 常见伸缩器类型及适用条件

常见的伸缩器类型包括方形补偿器、波纹管伸缩器和套筒伸缩器。方形补偿器由四个 90°弯头组成“U”形结构，具有补偿量大、制作简单、成本低的特点，适用于低压低温水供暖系统，但占地面积较大，安装空间受限的场所不宜采用。波纹管伸缩器利用波纹管的弹性变形进行补偿，具有体积小、重量轻、补偿量适中的优点，适用于中高压供暖系统及安装空间狭小的部位，但对介质的清洁度要求较高，易受腐蚀介质影响。套筒伸缩器通过内外套筒的相对滑动实现位移补偿，补偿量大、阻力小，适用于大管径、高压力的蒸汽供暖系统，但密封性能较差，需定期维护更换密封填料。

四、供暖系统的保温与防腐

（一）保温材料的选择

1. 热导率

热导率是衡量保温材料保温性能的核心指标，其数值大小直接决定热量传递的速率。在供暖系统中，保温材料的热导率越小，说明材料阻止热量传递的能力越强，保温效果也就越好。通常情况下，供暖系统保温材料的热导率应控制在0.05W/（m·K）以下，常见的如聚氨酯泡沫塑料的热导率一般为0.022～0.030W/（m·K），岩棉的热导率为0.035～0.045W/（m·K），在实际选择时需要结合系统的设计温度、保温要求以及材料特性综合确定具体的热导率数值。

2. 耐温性

保温材料的耐温性指的是材料在长期工作温度环境下保持自身物理性能和化学性能稳定的能力。供暖系统的介质温度存在差异，热水供暖系统的供水温度通常为40～95℃，而蒸汽供暖系统的温度可能超过100℃，甚至达到饱和蒸汽的温度。因此，选择保温材料时必须确保其最高使用温度高于系统的实际工作温度，避免材料在高温作用下出现收缩、变形、分解等现象，从而失去原有的保温性能，例如岩棉材料的耐温性较好，适用于温度较高的蒸汽管道，而一些有机保温材料则更适合温度相对较低的热水管道。

3. 经济性

保温材料的经济性评估需要综合考虑多个方面的因素，不能仅仅关注初始的采购成本。首先是材料本身的价格，不同种类的保温材料单价差异较大；其次是安装成本，包括施工过程中产生的人工费用、辅助材料费用以及施工周期等；最重要的是长期运行过程中的节能效益，保温效果好的材料能够有效减少热量损失，降低供暖系统的能耗，进而节省运行费用。因此，在选择保温材料时应进行全生命周期成本分析，比较不同材料在整个使用周期内的总费用，选择既能满足保温性能要求又经济合理的材料。

为了更直观地对比常见供暖系统保温材料在上述关键指标上的表现，以便于实际选择时参考，表 2-2 列出常见供暖系统保温材料性能参数对比。

表 2-2　常见供暖系统保温材料性能参数对比

材料种类	热导率 /［W/（m·K）］	最高使用温度 /℃	适用系统类型
聚氨酯泡沫塑料	0.022～0.030	100～120	热水供暖系统
岩棉	0.035～0.045	300～600	蒸汽供暖系统、高温热水系统
玻璃棉	0.038～0.042	250～300	中低温热水系统、空调系统
酚醛泡沫塑料	0.025～0.035	120～150	热水供暖系统、低温蒸汽系统

（二）管道保温层的施工要求

1. 基层处理

在进行管道保温层施工之前，必须对管道表面进行彻底的基层处理。清除管道表面的铁锈、氧化皮、油污、灰尘以及其他杂物，可以采用手工除锈、机械除锈或者化学除锈等方法，确保管道表面达到设计要求的除锈等级。对于有防腐要求的管道，还需要在除锈处理完成后及时涂刷底漆，底漆应均匀覆盖管道表面，不能出现漏涂、气泡和针孔等缺陷，待底漆干燥后再进行保温层施工，这样可以保证保温层与管道表面紧密结合，避免空气层的形成而影响保温效果。

2. 保温层敷设

保温层的敷设方式需要根据管道的直径、保温材料的特性以及设计要求来确定。对于预制管壳类保温材料，如聚氨酯管壳、岩棉管壳等，敷设时应采用错缝拼接的方式，也就是上下层管壳的接缝要相互错开，避免形成纵向通缝，接缝处需要使用专用的胶黏剂粘贴紧密，必要时可以采用绑扎带进行固定，绑扎的间距应符合设计规定，确保管壳与管道表面贴合牢固。对于缠绕式保温材料，如玻璃棉毡、矿棉毡等，应从管道的一端开始，按照螺旋式缠绕的方式进行施工，重叠宽度不应小于 50mm，在缠绕过程中要保持拉紧状态，避免出现松动或者间隙。对于涂抹式保温材料，如硬质聚氨酯泡沫，应分层进行涂抹，每层的厚度不宜过大，待前一层固化后再涂抹下一层，确保表面平整，没有蜂窝、麻面等缺陷。

3. 保护层施工

保温层外部的保护层主要起到防水、防潮、防机械损伤以及美观的作用。保护层材料的选择应根据所处的环境条件来确定，在室内干燥环境中可以采用铝箔或者玻璃丝布，而在潮湿环境或者室外管道中则应采用镀锌钢板、铝板或者玻璃钢等刚性材料。施工时，保护层应紧贴保温层表面，固定牢固，对于金属保护层，搭接宽度不应小于50mm，搭接方向应顺着介质流动方向或者顺水方向，接口处采用自攻螺钉或者铆钉进行固定，间距要均匀，确保密封严密。保护层表面应平整光滑，没有明显的凹凸变形，接缝处不能有渗漏隐患。

（三）设备与附件的保温处理

1. 散热器保温

散热器的保温处理主要针对设置在不供暖房间（如设备层、管道井、地下室等）内的散热器，以及供暖房间内需要减少散热损失的特定部位散热器。进行保温时应采用与管道保温材料性能相近的材料，将散热器整体进行包裹，包括散热片、联箱以及进出水口等部位，保温层的厚度应根据散热器表面温度和环境温度计算确定，确保散热损失控制在设计允许的范围内。保温层外部需要设置保护层，防止材料受潮或者损坏，对于需要定期检修的散热器，可以采用可拆卸式的保温结构，以便于维护工作的进行。

2. 水泵保温

水泵是供暖系统中的重要设备，其泵壳以及进出水管道表面温度较高，需要进行保温处理。保温范围包括水泵泵壳、进出水短管以及与水泵连接的阀门、法兰等附件，保温材料的选择应考虑水泵运行时的振动因素，宜采用柔性较好的材料，如离心玻璃棉毡或者橡塑海绵。在保温层施工时，需要注意泵体与电机的隔离，仅对泵壳部分进行保温，避免影响电机的散热，保温层的厚度应与相连管道的保温层厚度一致，确保整体保温系统的连续性，接缝处使用胶黏剂密封，防止热量散失。

3. 阀门及附件保温

供暖系统中的阀门、法兰、补偿器等附件是容易产生热损失的部位，必须进行严格的保温处理。阀门保温应根据阀门的类型和操作需求选择合适的结构，对于需要经常操作的阀门，应采用可拆卸式的保温套，保温套由保温层和保护层组成，可以方便地拆卸和安装，确保不会影响阀门的正常操作。法兰连接处的保温应覆盖整个法兰面以及螺栓，保温层应预留一定的膨胀间隙，避免因管道热胀冷缩导致保温层开裂。补偿器保温时需要考虑其伸缩性能，采用柔性保温材料，确保在补偿器伸缩过程中保温层不会破损、脱落。

（四）管道与设备的防腐处理方法

1. 表面处理

管道与设备的防腐处理首先需要进行彻底的表面处理，这是保证防腐涂层质量的关键环节。表面处理的主要目的是去除金属表面的铁锈、氧化皮、油污、旧涂层以及其他杂质，使表面达到一定的清洁度和粗糙度。常用的表面处理方法包括手工除锈、机械除锈（如喷砂、抛丸）和化学除锈（如酸洗）。手工除锈适用于小型部件或者局部处理，通过砂纸、钢丝刷等工具去除表面锈蚀；机械除锈效率较高，除锈效果好，喷砂处理可以使金属表面形成均匀的粗糙面，增强涂层的附着力；化学除锈适用于形状复杂的部件，通过酸洗液溶解铁锈和氧化皮，但需要注意后续的中和以及清洗处理，避免残留的酸液腐蚀金属。表面处理后的清洁度等级应符合设计要求，通常采用国家标准中的除锈等级标准进行检验。

2. 防腐涂层施工

防腐涂层施工应在表面处理合格后及时进行，避免金属表面再次生锈。根据供暖系统的运行环境和腐蚀程度，选择合适的防腐涂料类型，常用的有底漆、中间漆和面漆。底漆直接涂覆在金属表面，起到防锈和增强附着力的作用，如环氧富锌底漆，具有良好的防锈性能和附着力；中间漆用于增加涂层的厚度，提高防腐性能，如环氧云铁中间漆；面漆则主要起装饰和保护作用，同时具有一定的耐候性和耐腐蚀性，如聚氨酯面漆。涂层施工可以采用刷涂、滚涂或者喷涂等方法，施工时应保证涂层均匀、连续，没有漏涂、气泡、针孔和流挂等缺陷，每道涂层的厚度都需符合设计要求，多道涂层施工时，需待前一道涂层干燥后再涂覆下一道，确保涂层之间结合良好。

3. 埋地管道防腐处理

埋地管道由于长期处于土壤环境中，容易受到土壤腐蚀、电化学腐蚀等影响，因此需要采取更严格的防腐措施。常用的埋地管道防腐方法包括防腐涂层与阴极保护相结合的方式。防腐涂层可采用三层 PE 复合结构（底层环氧粉末、中层胶黏剂、外层聚乙烯），具有优异的耐腐蚀性和机械强度；阴极保护分为牺牲阳极阴极保护和外加电流阴极保护，牺牲阳极保护通过在管道上连接比管道金属更活泼的金属（如锌、镁合金）作为阳极，阳极腐蚀溶解释放电流保护管道；外加电流保护则通过外部电源提供电流，使管道成为阴极而得到保护。埋地管道防腐施工时，需确保防腐涂层无损伤，接口处处理严密，并定期对阴极保护系统进行检测和维护，确保防腐效果长期稳定。

五、供暖系统的调试与运行

（一）系统冲洗与试压

系统冲洗与试压是供暖系统调试前的基础性工作，其核心目的是清除系统在施工过程中残留的泥沙、焊渣、铁锈等杂质，同时检验管道、阀门及设备接口的严密性和结构强度，为系统安全稳定运行提供保障。

1. 系统冲洗

系统冲洗应在管道安装完毕、未安装散热器及主要设备前进行，冲洗介质通常采用自来水，必要时可加入适量化学清洗剂去除油污和氧化皮。冲洗顺序应遵循先主管后支管、先干管后立管、先近端后远端的原则，确保水流能全面覆盖系统各部分。冲洗时需控制管道内水流速度不小于 1.5m/s，以保证有足够的冲刷力带走杂质。冲洗过程中应多次开启系统最低点的泄水阀排放污水，直至出口处水质目测与入口处水质基本一致，且水中不含明显颗粒杂质，此时可判定冲洗合格。

2. 系统试压

系统试压分为强度试验和严密性试验两个阶段。强度试验的试验压力应根据系统设计工作压力确定，当设计工作压力小于或等于 0.6MPa 时，试验压力为设计工作压力的 1.5 倍；当设计工作压力大于 0.6MPa 时，试验压力为设计工作压力加 0.3MPa，且试验压力不应小于 0.6MPa。试验时应缓慢升压至试验压力，保压 1h，期间压力降不应超过 0.05MPa，同时检查管道、接口及设备有无渗漏现象。强度试验合格后，降至严密性试验压力，即系统设计工作压力，保压 2h，压力降不应超过 0.03MPa，且所有接口无渗漏，方可判定试压合格。

（二）系统排气与充水

系统排气与充水是确保供暖系统水循环通畅、避免气阻影响散热效果的关键步骤，直接关系到系统能否正常发挥供暖功能。

1. 系统排气

供暖系统在充水或运行过程中，管道内易积聚空气形成气堵，导致水流不畅、局部散热器不热。排气点通常设置在系统管道的最高点、散热器顶部、立管末端及水平管道的抬高处，常见的排气装置包括手动排气阀和自动排气阀。手动排气时，应先关闭系统供水总阀，打开排气阀，待听到气流声后缓慢开启供水阀，让水流将空气顶出，直至排气阀连续出水且无气泡冒出后关闭阀门；自动排气阀则依靠浮力原理自动排出系统内的空气，安装时需保证阀体垂直且排气口朝下，避免杂质堵塞阀芯影响排气效果。

2. 系统充水

系统充水前需全面检查各阀门状态，确保供回水干管、立管及散热器支管上的阀门处于开启状态，泄水阀、排污阀处于关闭状态。充水应从系统最低点的补水管缓慢注入，同时开启系统最高点的排气阀，随着水位上升，空气逐渐从排气阀排出，直至排气阀连续出水后关闭排气阀。充水过程中需注意观察系统压力变化，当系统静压达到设计要求（一般不低于 0.05MPa）时停止充水，静置一段时间后检查系统有无漏水现象，若压力保持稳定且无渗漏，说明充水合格。

（三）初调节与运行参数设定

初调节与运行参数设定是实现供暖系统水力平衡和热力平衡的重要环节，通过科学调整使系统实际运行状态接近设计工况，确保各供暖区域室温达标且能耗合理。

1. 初调节

初调节的核心目标是消除系统水力失调，使各环路实际流量接近设计流量。常用的调节方法包括自力式平衡阀调节和手动调节阀调节。采用自力式平衡阀时，需根据设计流量设定阀门的额定流量，阀门可自动维持通过的流量恒定，不受系统压力波动影响；采用手动调节阀时，需通过专用流量计测定各环路实际流量，与设计流量对比后，顺时针旋转阀门手轮减小开度，逆时针旋转阀门手轮增大开度，反复调整直至各环路流量偏差控制在±15%以内。对于异程式系统，应重点调节远端环路的阀门开度，确保远端用户与近端用户的流量分配均匀。

2. 运行参数设定

运行参数主要包括供水温度、回水温度、循环流量和系统压力。供水温度和回水温度应根据供暖设计规范及室外气象条件确定，常规热水供暖系统设计供水温度为80℃，回水温度为60℃，低温热水辐射供暖系统供水温度宜控制在50~60℃，回水温度宜控制在40~50℃。

系统压力设定需满足两个条件：一是保证系统最不利环路的最高点不发生汽化，即系统静压应高于该点的饱和蒸汽压力；二是确保散热器入口处具有足够的压力，以克服环路阻力，通常系统运行压力宜控制在0.1~0.3MPa。

（四）系统运行中的常见问题与解决措施

供暖系统在长期运行过程中，可能因设计缺陷、施工质量或维护不当等原因出现各类问题，需及时分析原因并采取针对性解决措施，以保障系统持续稳定运行。

1. 系统不热问题

系统不热是最常见的运行问题，主要表现为部分或全部散热器温度偏低。可能原因包括管道堵塞（杂质沉积或水垢附着）、系统气堵（空气未排净）、循环流量不足（水泵扬程或流量不够）、热源供热量不足（锅炉出力不够或换热器效率下降）。解决措施方面，管道堵塞可通过拆卸清洗过滤器、采用高压水冲洗管道或化学除垢处理；系统气堵需重新检查并开启排气阀排气，必要时在集气部位增设排气装置；循环流量不足可通过更换大功率水泵、调整水泵转速或清理水泵叶轮异物解决；热源供热量不足则需检查锅炉燃烧状况、清理换热器传热面或增加热源设备。

2. 运行噪声问题

系统运行时产生的噪声主要来源于水泵、管道及阀门。水泵噪声多因气蚀（进口水位过低或吸入管阻力过大）、叶轮不平衡或轴承磨损导致，解决措施包括提高水泵进口水位、缩短吸入管长度、清理叶轮内异物或更换磨损轴承；管道噪声常因水流速度过高（超过3m/s时易产生湍流噪声）或管道固定不牢（水流冲击引起振动），可通过降低管道流速（控制在1.5~2.5m/s）、增加管道支架或采用弹性支吊架减少振动；阀门噪声多由阀门开启度过小导致局部流速过高，应适当调大阀门开度，必要时更换流通能力更大的阀门。

3. 系统漏水问题

系统漏水易发生在管道接口、阀门填料函、散热器接口及设备密封面等部位。接口漏水多因密封材料老化（如橡胶垫片失效）、连接螺栓松动或焊接质量缺陷导致，解决措施为更换密封垫片、重新紧固螺栓或补焊漏点；阀门漏水通常是填料磨损或阀芯密封面损坏导致，可通过添加或更换填料、研磨阀芯密封面或更换阀门解决；散热器漏水可能是接口密封圈老化或散热器本体腐蚀导致，需更换密封圈或对腐蚀部位进行修补，严重时应更换散热器。此外，系统运行中还需注意管道热胀冷缩产生的应力，通过设置伸缩器或固定支架吸收变形，避免因应力过大导致接口松动漏水。

第三章　建筑防排烟系统

第一节　防烟分区及其划分

一、防烟分区的功能作用

（一）限制烟气扩散范围

火灾发生时，高温烟气会迅速向上蔓延并向水平方向扩散，若不加以控制，极易导致烟气在建筑内大面积扩散，引发人员中毒、窒息或能见度降低等危险。防烟分区通过设置挡烟垂壁、挡烟隔墙等挡烟设施，将建筑空间分割为若干相对独立的区域，能够有效限制高温烟气在单一分区内的扩散范围，阻止烟气在短时间内蔓延至其他区域。这种空间划分方式可避免建筑整体陷入烟气笼罩状态，为后续的排烟操作和人员疏散争取宝贵时间。

（二）保障人员疏散安全

人员疏散是火灾应急处理的关键环节，而烟气是影响疏散安全的主要因素之一。防烟分区的设置能够在火灾初期将烟气控制在特定区域内，减少疏散通道内的烟气浓度，维持疏散路径的能见度和空气质量。当建筑内发生火灾时，处于非着火区域的防烟分区可保持相对清洁的空气环境，为人员疏散提供安全的通道条件。同时，通过限制烟气扩散速度，防烟分区能够延长人员安全疏散的有效时间，降低疏散过程中的人员伤亡风险。

（三）配合排烟系统高效运行

防烟分区与排烟系统的协同工作是实现有效排烟的基础。排烟系统在设计时通常以单个防烟分区为基本单元进行风量计算和设备配置，防烟分区的合理划分能够确保排烟系统在特定区域内集中作用，避免不同分区之间的气流相互干扰。当某个防烟分区发生火灾时，该分区对应的排烟设备启动，可快速将分区内的烟气排出建筑外，提高排烟效率。若缺乏防烟分区的划分，排烟系统将面临较大的排烟区域和复杂的气流组织，导致排烟效果下降，无法及时排除火灾区域的烟气。

（四）维持建筑结构耐火稳定性

高温烟气长时间作用于建筑结构构件，会降低其耐火性能，甚至导致结构失稳坍塌。防烟分区通过限制烟气的扩散范围和聚集时间，能够减少高温烟气对建筑结构的持续作用。在防烟分区内，排烟系统可及时排出高温烟气，降低分区内的温度，从而减轻烟气对建筑墙体、楼板、梁等结构构件的热作用。这种控制措施有助于维持建筑结构在火灾中的稳定性，为人员疏散和灭火救援提供结构安全保障。

二、防烟分区的划分原则

（一）安全性原则

防烟分区的划分首要遵循安全性原则，这个原则的核心目标是通过科学划分控制火灾烟气的扩散范围，为建筑内人员疏散和消防救援争取有效时间。火灾烟气具有温度高、毒性大、扩散速度快的特点，若不分区控制，极易在短时间内蔓延至整个建筑空间，威胁人员生命安全。因此，在划分防烟分区时，需基于建筑火灾风险评估结果，结合不同区域的火灾荷载特性，确定合理的分区范围，确保每个分区内的烟气在设定时间内都能够被有效控制或排除，避免烟气跨区域扩散引发次生灾害。同时，分区划分需与疏散楼梯、安全出口等疏散设施的位置相协调，确保疏散路径所在的区域能够保持相对安全的烟气环境，疏散通道及前室应尽量设置在防烟分区的边缘或独立的防烟空间内，避免被烟气直接覆盖。此外，分区之间的分隔设施应保证在火灾发生时能够有效阻挡烟气侵入疏散路径，为人员疏散提供清晰、安全的通道，减少疏散过程中的烟气暴露风险。

（二）合理性原则

合理性原则强调防烟分区划分需与建筑实际使用功能、空间布局及系统运行需求相适应。合理的防烟分区划分不仅能够提高烟气控制的有效性，还能避免因过度分区或分区不合理导致的空间利用效率降低、系统运行复杂等问题。分区大小和形状应根据建筑空间的实际布局确定，避免采用规则化的分区方式而忽视建筑功能的特殊性。对于大型开阔空间，如商场、展厅等，可根据内部的功能分区、通道布局等自然划分为多个防烟分区，每个分区的形状宜接近矩形，长边与短边的比例不宜过大，以保证排烟系统的均匀排烟效果。对于形状不规则的空间，可通过设置挡烟垂壁等设施将其分割为若干相对规整的分区，避免因分区形状过于复杂导致烟气流动紊乱，影响排烟效率。同时，分区的划分应与建筑的功能分区相协调，例如在办公建筑中按照办公单元、公共走廊划分，在商业建筑中根据店铺划分，中庭空间设置独立防烟分区，使防烟分区与建筑日常使用管理相结合，便于排烟系统的分区控制和维护。

（三）经济性原则

经济性原则要求在防烟分区划分过程中，在满足安全性和合理性的前提下，通过优化设计方案降低系统的建设成本和后期运行维护费用。防烟分区的数量直接关系到排烟系统的复杂程度和建设成本，分区数量过多会导致排烟口、风管、阀门等设备数量增加，系统管路布置复杂，不仅提高了初期投资成本，还会增加后期的维护管理难度和费用。相反，分区数量过少则可能无法满足安全性要求，导致烟气控制效果不佳。因此，在划分防烟分区时，需在规范允许的分区面积范围内，结合建筑空间的实际情况，合理确定分区数量，避免盲目增加分区或过度合并分区。一般而言，在满足安全距离和排烟效率的前提下，应尽量减少分区数量，通过优化分区形状和尺寸，实现单个分区面积的最大化利用，从而降低系统的整体成本。同时，分区划分应与排烟系统设计协同，考虑排烟系统的选型和布置要求，例如对于可采用自然排烟的区域适当扩大防烟分区面积，减少自然排烟设施的数量，对于机械排烟区域进行合理划分使管路布置简洁，降低阻力和风机能耗，实现火灾时仅启动着火分区排烟设备，避免系统整体运行造成的能耗浪费。

三、防烟分区的划分方法与要求

（一）划分方法

防烟分区的划分需综合考虑建筑功能特性、平面布局形式及烟气控制目标，采用多种方法相结合的方式实现（表 3-1）。

表 3-1　防烟分区划分方法对比

划分方法	核心依据	适用建筑类型	优势	注意事项
按功能区域划分	建筑功能、火灾风险差异	办公楼、商场、酒店等多功能建筑	与使用功能结合紧密，便于管理和维护	需确保各功能区边界清晰，避免功能交叉导致分区混乱
按建筑平面布局划分	固定结构构件、人工分隔设施	体育馆、展览馆、厂房等大空间建筑	利用天然边界降低成本，人工分隔灵活适配	保证分隔边界的连续性，防止烟气串流

1. 按功能区域划分

建筑内部不同功能区域的使用需求与火灾风险存在差异，按功能区域划分防烟分区可使烟气控制措施更具针对性。将办公区、商业区、疏散通道、设备用房等独立功能空间分别划分为独立的防烟分区，每个分区根据其使用人数、可燃物数量、空间高度等因素确定排烟量和控制方式。这种划分方法能够与建筑的使用功能紧密结合，便于系统的设计、施工以及后期的运行维护管理，确保各区域在火灾发生时都能独立实现烟气控制，为人员疏散和灭火救援提供有利条件。

2. 按建筑平面布局划分

建筑平面布局中的固定结构构件可作为防烟分区划分的天然边界。当建筑内存在高度不小于500mm的梁、防火墙、防火隔墙等竖向构件时，这些构件能够有效阻挡烟气在水平方向的扩散，可直接作为防烟分区的分隔边界。对于体育馆、展览馆等大空间建筑，若平面布局中缺乏明显的固定分隔构件，则需要通过设置挡烟垂壁、防火卷帘等设施形成人工分隔边界，将大空间划分为多个面积适宜的防烟分区。按平面布局划分时，需确保分隔边界的连续性和完整性，避免因边界中断导致烟气在分区之间串流。

（二）面积与尺寸要求

防烟分区的面积和尺寸参数是影响烟气控制效果的关键因素，需根据建筑类型、空间高度、使用功能等具体条件确定。

1. 面积要求

现行国家标准对防烟分区的面积有明确规定。一般民用建筑的防烟分区建筑面积不宜大于500m^2，这个限值是基于烟气在水平方向的扩散速度和排烟系统的排烟能力综合确定的，能够保证排烟系统在有效时间内将火灾产生的烟气排出。对于空间净高大于9m的高大空间，由于热烟气在上升过程中会发生一定的热膨胀和扩散，其防烟分区面积可适当扩大，但最大不应超过2000m^2。由于地下建筑通风条件较差，烟气不易扩散，其防烟分区面积应严格控制，不应大于500m^2，以确保排烟系统能够及时排出积聚的烟气。

2. 尺寸要求

防烟分区的长边尺寸通常不宜大于60m。这是因为发生火灾时烟气在水平方向的扩散速度为0.5~1.0m/s，若长边尺寸过大，烟气可能在未被排烟系统排出前扩散至分区另一侧，影响人员疏散安全。当室内空间高度超过6m且具有良好的自然对流条件时，由于热烟气会快速上升并积聚在空间顶部，水平扩散速度相对较慢，此时长边尺寸可不受60m的限制，但仍需通过排烟量计算验证排烟效果，确保烟气不会在分区内过度积聚。

（三）分隔措施要求

防烟分区的分隔措施需具备足够的挡烟性能，确保发生火灾时烟气不会通过分隔边界扩散至相邻分区，常用的分隔措施包括挡烟垂壁、防火隔墙以及吊顶等部位的特殊处理。

1. 挡烟垂壁设置要求

挡烟垂壁是常用的柔性挡烟设施，其设置应满足以下要求：挡烟垂壁的下垂高度不应小于500mm，当室内净高度小于3m时，下垂高度应不小于室内净高度的1/2，以有效阻挡热烟气的水平扩散。挡烟垂壁的材料需具有不燃性，且耐火极限不应低于0.5h，在火灾初期的高温作用下不应发生变形或失效。挡烟垂壁的控制方式宜与排烟系统联动，当火灾探测器发出报警信号后，挡烟垂壁应能自动下降至挡烟位置，确保及时发挥挡烟作月。

2. 防火隔墙设置要求

防火隔墙作为刚性分隔设施，其耐火极限不应低于1.0h，且应从楼地面基层隔断至顶板底面基层，形成完整的垂直分隔屏障。防火隔墙上不应开设门、窗、洞口，当必须开设时，应设置甲级防火门、窗，且其耐火性能应与隔墙相匹配。对于穿越防火隔墙的管道、风道等，其周围的缝隙应采用防火封堵材料进行严密封堵，防火封堵材料的耐火极限不应低于隔墙的耐火极限，防止烟气通过缝隙扩散。

3. 吊顶与其他部位处理要求

吊顶部位的处理对防烟分区的完整性至关重要。当吊顶采用不燃材料且耐火极限不低于0.5h时，吊顶可作为防烟分区的顶部分隔界面；若吊顶为可燃材料或耐火极限不足，则需在吊顶上方设置挡烟垂壁，挡烟垂壁应下垂至吊顶下方500mm以上，或直接从顶板下垂至吊顶下方，形成有效的顶部挡烟边界。建筑内的风道、电缆桥架等穿越防烟分区时，其与楼板、隔墙之间的间隙也应采用防火封堵材料封堵，确保分隔的严密性。

第二节　自然排烟设施与设置

一、自然排烟的基本原理

（一）自然排烟的作用机制

自然排烟是借助自然作用力实现火灾烟气排出的被动式排烟方式，其核心机制是通过烟气与周围环境空气的密度差异形成的浮力效应，以及室外风力产生的压力差，共同驱动烟气从建筑开口排出。这种排烟方式不需要依赖机械动力设备，系统构造相对简单，后期维护成本较低，在建筑防排烟工程中具有广泛的适用性。

自然排烟的驱动力主要包括热压作用和风压作用两种自然物理力，这两种作用力的综合效果决定了烟气流动的方向、速度以及排烟效率。

（1）热压作用

热压作用源于火灾产生的高温烟气与周围环境空气之间的密度差异。根据流体静力学基本原理，在竖直方向上，高度差为 H 的两个开口之间形成的热压值可表示为

$$\Delta P_{\mathrm{h}} = gH(\rho_{\mathrm{a}} - \rho_{\mathrm{g}}) \tag{3-1}$$

式中，g 代表重力加速度；H 为排烟开口与进风开口之间的垂直高度差；ρ_{a} 为环境空气的密度；ρ_{g} 为烟气的密度。

热压值的大小直接影响烟气向上流动的动力，热压值越大，烟气在竖直方向上的流动速度越快，排烟效果也就越明显。当建筑内部存在上下贯通的空间，如中庭、楼梯间等，热压作用会进一步强化，形成类似“烟囱效应”的烟气流动现象，加速烟气向高层聚集并从上部排烟开口排出。

（2）风压作用

风压作用是由室外空气流动对建筑表面产生的压力差引起的。当室外空气流过建筑时，建筑的迎风面空气流速降低，静压升高，形成正压区域；而背风面及

建筑侧面由于空气发生涡流现象，静压降低，形成负压区域。如果自然排烟开口设置在建筑的负压区域，室外空气会从正压区域的开口流入建筑内部，在压力差的推动下，将烟气从负压区域的排烟开口排出，从而增强自然排烟的效果。风压作用的强度与室外风速、建筑的体型系数以及排烟开口的具体位置密切相关，一般来说，室外风速越大，风压作用越显著，但风向的变化可能导致排烟开口处的压力状态改变，从而影响排烟效果的稳定性。

（二）影响自然排烟效果的因素

自然排烟效果的好坏受到多种内外因素的综合影响，这些因素通过改变排烟驱动力的大小或烟气流动过程中的阻力，直接影响排烟效率和对烟气蔓延的控制效果。在进行建筑防排烟系统设计时，需要全面考虑各因素之间的相互作用，合理确定排烟系统的设计参数。

1. 建筑几何参数

建筑几何参数是影响自然排烟效果的基础性因素，主要包括排烟开口的位置、面积以及建筑内部空间的高度等。

（1）排烟开口的位置

排烟开口的竖直位置对热压作用的发挥有着直接影响。由于高温烟气具有向上漂浮的特性，排烟开口通常应设置在房间或空间的上部区域，如屋顶、侧墙顶部等，这样能够更直接地捕捉聚集在上部的高温烟气。排烟开口的水平位置则需要结合风压作用进行考虑，宜设置在建筑的负压区域，以充分利用室外风力形成的压力差增强排烟动力。如果排烟开口位置过低，可能导致进入建筑的新鲜空气与烟气发生混合，降低烟气的温度和浮力，从而减弱排烟效果。

（2）排烟开口的面积

排烟开口面积是决定排烟量的关键参数。在一定范围内，排烟开口面积越大，单位时间内能够排出的烟气体积就越多，但开口面积并非越大越好。过大的开口面积会导致建筑内部形成较大的负压，可能引入过多的室外空气，干扰烟气的流动路径，甚至造成烟气在建筑内部的无序扩散。现行的建筑防排烟设计规范中，通常根据房间的体积、火灾的热释放速率以及烟气生成速率等参数，确定最小的排烟开口面积，以确保在火灾发生初期能够有效控制烟气的蔓延范围。

2. 环境气象条件

室外环境气象条件通过影响风压作用和热压作用的强度，间接对自然排烟效果产生影响，主要包括室外风速以及室外温度等因素。

（1）室外风速

室外风速的大小直接决定了风压作用的强弱。风速增大时，建筑表面的正压区和负压区之间的压力差随之增大，排烟动力增强，排烟效率提高。但过高的风速可能导致排烟开口处的气流紊乱，甚至出现烟气倒灌现象，即室外空气从排烟开口流入建筑内部，反而阻碍烟气的排出。在高层建筑中，由于风速随着高度的增加而增大，建筑上部的排烟开口受到风压作用的影响更为显著，设计时需要考虑不同高度处风速的变化规律，必要时采取适当的挡风措施。

（2）室外温度

室外温度通过改变烟气与环境空气之间的密度差，影响热压作用的强度。环境温度越低，烟气与环境空气之间的密度差越大，热压值越高，热压驱动力越强，排烟效果越好；反之，在夏季等高温环境条件下，环境温度较高，烟气与环境空气之间的密度差减小，热压作用减弱，可能导致自然排烟效果下降。此时，需要结合风压作用或采取辅助排烟措施，以满足建筑防排烟的设计要求。

3. 烟气特性参数

火灾烟气的温度、密度以及流动特性等参数直接影响自然排烟的驱动力和烟气流动过程中的阻力，其中烟气温度是最为关键的特性参数之一。

（1）烟气温度

烟气温度越高，其密度越小，与环境空气之间的密度差越大，热压作用越强，同时高温烟气具有更高的浮力，能够更快地向上聚集并从上部排烟开口排出。但烟气温度过高也会带来不利影响，可能导致排烟开口周围的建筑构件或材料发生变形、熔化甚至损坏，从而减小排烟开口的有效面积，影响排烟效果。因此，在排烟开口的设计中，需要考虑对开口周围的建筑构件采取必要的防火保护措施，以确保排烟开口在火灾期间能够保持有效的排烟功能。

（2）烟气密度

烟气密度受到烟气温度和烟气成分的共同影响。可燃物的燃烧特性不同，产生的烟气中固体颗粒物、气体成分的种类和比例也会不同，进而影响烟气的密度。含有大量固体颗粒或水蒸气的烟气密度相对较大，其浮力效应较弱，会降低热压驱动力，导致排烟速度减慢。此外，烟气在流动过程中会与周围的环境空气发生混合，随着混合程度的增加，烟气的温度逐渐降低，密度逐渐增大，浮力效应也会相应减弱，从而对自然排烟效果产生不利影响。

二、自然排烟设施的类型

（一）排烟窗

排烟窗是自然排烟系统中通过窗扇开启实现烟气排出的设施，其工作原理基于烟气的热压效应和室外风力形成的风压效应，借助自然驱动力将室内烟气排至室外。排烟窗的设计需满足烟气排出效率和开启可靠性的要求，确保在火灾发生时能够及时开启并维持有效排烟面积。

1. 按开启方式分类

排烟窗的开启方式直接影响其排烟性能和操作便利性，不同开启方式适用于不同的建筑空间和使用场景。

（1）手动开启排烟窗

手动开启排烟窗需要通过人工操作实现窗扇的开启，通常设置在人员易于接触的位置，如走廊、楼梯间附近。手动开启装置包括手柄、拉杆或锁链等，操作力应符合相关规范要求，确保在紧急情况下人员能够快速开启。此类排烟窗适用于小型建筑或排烟量要求较低的区域，其可靠性依赖于人员的及时操作。

（2）自动开启排烟窗

自动开启排烟窗通过温控、烟控或电控装置实现自动开启，无须人工干预，能够在火灾初期迅速响应并开启排烟。温控开启方式通常采用易熔合金或玻璃球喷头，当环境温度达到设定值时，开启装置动作使窗扇打开；烟控开启方式通过烟感探测器触发，与火灾报警系统联动；电控开启方式则可通过消防控制室远程控制或手动按钮控制。自动开启排烟窗适用于大型建筑、人员密集场所或难以手动操作的位置，能够提高排烟系统的响应速度和可靠性。

2. 按安装位置分类

排烟窗的安装位置需根据建筑平面布局和烟气流动特性确定，以保证烟气能够顺利排出并避免烟气在室内积聚。

（1）外墙排烟窗

外墙排烟窗设置在建筑外墙面上，通过开启窗扇将烟气直接排至室外大气。其安装高度应高于室内净高的1/2，且宜设置在防烟分区的迎风面，以利用室外风力增强排烟效果。外墙排烟窗适用于有外墙可利用的建筑空间，如办公室、商业用房等，其开启面积需根据防烟分区面积和排烟量计算确定。

（2）屋顶排烟窗

屋顶排烟窗设置在建筑屋顶，利用热压效应将烟气从室内顶部排出，适用于无外墙或外墙设置排烟窗受限的建筑，如中庭、大空间厂房等。屋顶排烟窗的开启方向宜向上或向两侧，以减少对烟气排出的阻力，同时需考虑屋顶坡度和风向对排烟效果的影响，必要时应设置挡风板或导流装置。

（二）排烟口

排烟口是自然排烟系统中用于引导和排出烟气的开口装置，通常设置在房间或走道的上部区域，与排烟风道或室外空间直接连通。排烟口的构造和设置需满足烟气流动阻力小、开启状态稳定的要求，确保在火灾时能够有效排除防烟分区内的烟气。

1. 功能特点

排烟口的主要功能是在火灾发生时形成烟气排出通道，将高温烟气从室内排至室外，同时防止烟气向非火灾区域扩散。排烟口的设计应保证在关闭状态下具有良好的密封性，避免正常使用时空气泄漏影响室内环境；在开启状态下能够提供足够的排烟面积，满足排烟量要求。此外，排烟口还应具备一定的防火性能，防止火焰通过排烟口蔓延至室外或其他区域。

2. 设置要求

排烟口的设置位置应根据防烟分区的划分和烟气流动规律确定，通常应设置在防烟分区内的顶棚或靠近顶棚的墙面上，距离最远点的水平距离不应超过30m。排烟口的尺寸应根据排烟量和烟气流速计算确定，排烟口的有效面积不应小于计算所需面积，且每个排烟口的面积不宜过大，以保证烟气均匀排出。对于净高大于6m的空间，排烟口可设置在侧墙或顶棚，其设置高度应保证烟气能够有效进入排烟口。

（三）其他自然排烟设施

除排烟窗和排烟口外，建筑中还存在其他形式的自然排烟设施，这些设施通常根据建筑功能和结构特点进行特殊设计，以满足特定场景下的自然排烟需求。

1. 排烟竖井

排烟竖井是设置在建筑内部的垂直通道，通过上下贯通的竖井将各楼层的烟气汇集并排至屋顶或室外。排烟竖井适用于高层建筑或多个防烟分区共用排烟通道的建筑，其截面尺寸需根据总排烟量和竖井内烟气流速计算确定，内壁应采用不燃材料制作，且竖井内应避免设置其他管道或障碍物，以减少烟气流动阻力。排烟竖井的顶部应设置防雨、防风装置，防止室外环境对排烟效果产生不利影响。

2. 可开启幕墙排烟口

可开启幕墙排烟口是结合建筑幕墙设置的排烟设施，通过开启幕墙的部分单元或专门设计的排烟扇实现自然排烟。此类排烟口适用于采用玻璃幕墙的建筑，能够与建筑外观设计相结合，保持建筑立面的完整性。可开启幕墙排烟口的开启方式可采用手动或自动控制，其开启面积和位置应符合排烟要求，同时需考虑幕墙结构的安全性和开启时的稳定性。

三、自然排烟设施的设置条件与要求

（一）设置场所条件

1. 建筑类型适用范围

自然排烟设施的设置需要结合建筑的使用功能和类型确定适用范围。在民用建筑中，对于普通办公室、旅馆客房、住宅的公共活动区域等人员密度适中、火灾蔓延速度相对较慢的场所，当具备自然排烟条件时可优先采用自然排烟方式。工业建筑中，对于生产车间或辅助用房，若火灾危险性较低、产生的烟量较小，且空间布局有利于烟气自然流动，也可设置自然排烟设施。但对于歌舞、娱乐、放映、游艺场所以及地下商业建筑等空间封闭性强、人员疏散难度大的特殊场所，由于自然排烟受外界环境影响较大，难以保证排烟效果的稳定性，通常不适合采用自然排烟设施。

2. 建筑高度限制条件

建筑高度是影响自然排烟效果的关键因素，过高的建筑会因外界风压和热压的复杂变化导致排烟不可靠。根据建筑设计防火规范，建筑高度不超过50m的公共建筑，当防烟分区内设有可开启外窗或排烟窗且满足面积要求时，可设置自然排烟设施。建筑高度不超过100m的住宅建筑，其防烟楼梯间、前室及合用前室若设有符合要求的可开启外窗，也可采用自然排烟方式。对于建筑高度超过上述限制的建筑，由于自然排烟受室外气象条件影响较大，排烟效果难以控制，应采用机械排烟设施以确保发生火灾时的排烟可靠性。

3. 空间环境基本要求

自然排烟设施的设置需要具备良好的空间环境条件以保证烟气顺利排出。排烟区域应直接与室外大气相通，避免排烟路径被其他封闭空间阻隔，确保烟气能够通过热压或风压作用自然扩散到室外。室外环境应无高大建筑物或障碍物遮挡排烟口，防止排出的烟气因外部遮挡而倒灌回室内。排烟口下方不应堆积可燃物，避免高温烟气引燃下方物品引发二次火灾，同时排烟区域的楼板、隔墙等构件应具有足够的耐火极限，防止烟气通过建筑缝隙扩散到其他区域。

（二）位置与高度要求

1. 排烟设施设置位置

自然排烟设施应设置在防烟分区内烟气容易聚集的区域以提高排烟效率。火灾烟气具有热浮力特性，会向上聚集并向顶部扩散，因此排烟口应优先设置在防烟分区的顶部或靠近顶部的外墙上。对于矩形或方形平面的防烟分区，排烟口宜设置在长边或短边的中部位置，避免设置在角落区域，防止烟气在角落聚集难以排出。对于中庭、高大厂房等高大空间，排烟口应设置在空间的最高处，如中庭顶部的屋面或侧墙最高位置，确保烟气能够在热压作用下自然上升并通过排烟口排出。

2. 排烟口高度要求

排烟口的高度设置需满足规范规定的距离要求以保证排烟效果。排烟口的中心距顶棚或顶板的距离不应大于 1.0m，当排烟口设置在顶棚上时，应尽量贴近顶棚安装，减少烟气在顶棚下的聚集高度，提高排烟速度。当排烟口设置在外墙上时，排烟窗的下沿距室内地面的高度不宜小于 2.0m，这样可以避免人员疏散时受到高温烟气的直接影响，同时保证排烟口下方有足够的空间供烟气流动。对于倾斜顶棚或斜屋面，排烟口的高度应按顶棚或屋面的平均高度计算，确保排烟口始终位于烟气层的上部区域。

3. 与障碍物的距离要求

排烟口周围不应有影响烟气排出的障碍物，以保证排烟路径畅通。排烟口与附近凸出构件如梁、风管、灯具等的水平距离不应小于 1.5m，当凸出构件的高度超过 0.6m 时，距离应适当增大，防止构件阻挡烟气进入排烟口。排烟口下方不应设置高度大于 1.0m 的遮挡物如柜台、货架等，避免遮挡物形成烟气流动的屏障，影响烟气进入排烟口。在设置排烟口时，还应考虑建筑结构和风荷载的影响，避免因风压作用导致烟气无法排出或倒灌，必要时应采取挡风措施保证排烟效果。

（三）开启方式与控制要求

1. 手动开启方式

手动开启是自然排烟设施的基本开启方式，应保证火灾发生时人员能够快速方便地操作。手动开启装置应设置在疏散出口附近或便于操作的位置，如疏散楼梯间门口、走廊墙壁等显眼位置，装置上应有明显的标识，标明“排烟窗开启装置”等字样，便于人员在紧急情况下识别。手动开启装置的操作力不应大于100N，操作行程不宜过长，确保老年人、儿童等不同人群均能正常操作。对于设置在高处的排烟窗，应设置手动开启的拉绳或连杆机构，拉绳末端距地面高度应为1.3~1.5m，方便人员站立操作。

2. 自动开启方式

自动开启方式可在火灾初期自动启动排烟，减少对人员操作的依赖，提高排烟的及时性。自动开启可通过温控释放装置实现，温控释放装置应安装在排烟窗的开启机构上，当环境温度达到动作温度（通常为280℃）时，装置中的易熔元件熔断或记忆合金发生变形，使排烟窗在重力或弹簧力作用下自动开启。自动开启也可通过火灾自动报警系统联动控制，当火灾探测器探测到火灾信号并经消防控制室确认后，消防控制室发出控制指令，启动排烟窗的电动开启机构，实现排烟窗的自动开启。

3. 联动与反馈要求

自然排烟设施的开启应与火灾报警系统、疏散系统等形成联动，确保整体火灾防控效果。同一防烟分区内的多个排烟设施应能同时开启，保证排烟面积满足要求，避免因部分排烟口未开启导致排烟效果不足。当火灾确认后，排烟设施应能在15s内可靠开启，从火灾探测到排烟开启的时间间隔不应过长，以防止烟气在室内大量扩散。排烟设施的开启状态应通过信号反馈至消防控制室，消防控制室的显示装置应能准确显示每个排烟口的开启或关闭状态，便于操作人员实时监控排烟系统的运行情况，及时发现并处理异常问题。

（四）有效排烟面积计算

1. 有效排烟面积的基本概念

有效排烟面积是指自然排烟设施中实际能够用于排出烟气的净面积，计算时需扣除窗框、窗扇型材、遮挡物等非排烟部分所占的面积。排烟口的有效排烟面积不包括固定结构如窗棂、框架等的面积，仅计算可开启部分的净面积。不同形式的排烟设施如平开窗、推拉窗、百叶窗等，由于开启方式和结构不同，其有效排烟面积的计算方法也存在差异，需根据具体的排烟设施类型进行计算。

2. 不同开启方式的面积计算

对于平开窗，当开启角度大于70°时，窗扇已接近垂直状态，可认为整个开启部分均参与排烟，此时有效排烟面积等于窗的开启扇面积。当开启角度小于或等于70°时，窗扇处于倾斜状态，实际排烟面积为开启扇面积在垂直于烟气流动方向上的投影面积，即有效排烟面积 A = 开启扇面积 × $\sin\theta$，其中 θ 为窗扇的开启角度［单位为（°）］。对于推拉窗，其有效排烟面积为窗扇开启后形成的净通风面积，即推拉扇移动后与窗框之间的开口面积。对于百叶窗，当百叶的开启角度大于45°时，有效排烟面积按百叶窗的开孔面积计算；当开启角度小于或等于45°时，需考虑百叶的遮挡作用，有效排烟面积按开孔面积乘以百叶的有效通风系数（通常取0.6~0.8）计算。

3. 防烟分区排烟面积的整体要求

每个防烟分区的有效排烟面积都应满足规范规定的最小面积要求，以保证排烟效果。根据建筑防排烟系统技术标准，防烟分区的有效排烟面积不应小于该防烟分区面积的2%，即 $A \geqslant 0.02S$，式中，A 为有效排烟面积，m^2；S 为防烟分区面积，m^2。单个排烟口的有效排烟面积不宜小于0.6m^2，当防烟分区面积较大时，可设置多个排烟口，多个排烟口的有效排烟面积之和应满足防烟分区的总排烟面积要求。排烟口之间的距离不宜过近，避免烟气在排烟口之间相互干扰，影响排烟效率，通常排烟口之间的水平距离不应小于排烟口直径或长边尺寸的3倍。

第三节 机械排烟设施与设置

一、机械排烟系统的组成与工作原理

（一）系统组成

机械排烟系统的组成包含多个关键功能部件，这些部件相互配合以实现建筑内火灾烟气的有效排出。

1. 排烟风机

排烟风机是系统的动力装置，其主要作用是通过机械动力将建筑物内的烟气抽入排烟管道并输送至室外。排烟风机的类型根据工作原理可分为离心式风机和轴流式风机，选择时需综合考虑设计排烟量、系统阻力以及安装位置的空间条件。通常情况下，排烟风机应设置在排烟系统的最高处或者排烟支管上，这样的设置方式能减少烟气在管道内的积聚，提高排烟效率。

2. 排烟管道

排烟管道是连接排烟口与排烟风机的烟气输送通道，其材质需要具备一定的耐高温性能，常见的有镀锌钢板和不锈钢板。排烟管道的尺寸设计需依据设计排烟量和烟气在管道内的流速确定，流速过高会增加管道的磨损和系统阻力，流速过低则可能导致烟气在管道内滞留，影响排烟效果。管道的安装还需保证密封性，避免烟气泄漏到非排烟区域。

3. 排烟口

排烟口是烟气进入排烟系统的入口部件，通常设置在房间或防烟分区的顶部，或者靠近顶部的墙面上。排烟口的设置位置应确保能够有效捕捉火灾产生的烟气，一般需要远离空气流通的出口，防止外部气流对排烟口的烟气吸入产生干扰。排烟口的开启方式包括手动开启和自动开启，自动开启方式通常与建筑物的火灾报警系统联动，在火灾发生时能够快速响应并开启。

4. 防火阀与排烟防火阀

防火阀与排烟防火阀是系统中的安全控制部件。防火阀主要安装在排烟管道与通风空调系统相连通的部位，当管道内的烟气温度达到70℃时，防火阀会自动关闭，以防止火灾通过管道蔓延到其他区域。排烟防火阀则安装在排烟风机的入口处或者排烟支管上，当管道内的烟气温度达到280℃时，排烟防火阀关闭，同时联动排烟风机停止运行，避免高温烟气损坏风机设备以及防止火灾进一步扩大。

5. 控制系统

控制系统负责协调系统各部件的运行，其核心功能包括接收火灾信号、控制排烟口的开启以及启动排烟风机等操作。控制系统通常与建筑物的火灾自动报警系统集成，当火灾探测器检测到火情并发出信号后，火灾报警控制器对信号进行确认，随后向控制系统发出指令，开启对应防烟分区的排烟口，并启动排烟风机，使系统进入排烟工作状态。

（二）工作原理

机械排烟系统的工作原理是基于烟气流动特性和机械动力作用，通过有组织的气流运动将火灾产生的烟气排出室外，以保障人员疏散和火灾扑救安全。

1. 启动机制

启动机制是系统开始工作的触发环节，通常由火灾探测系统启动。当建筑物内发生火灾时，设置在房间或防烟分区内的火灾探测器，如感烟探测器或感温探测器，会感知到烟气浓度的升高或者环境温度的异常，并将探测信号传输至火灾报警控制器。火灾报警控制器在对信号进行分析和确认火情后，向机械排烟系统的控制系统发出启动指令，控制相应区域的排烟口开启，并启动排烟风机。

2. 排烟过程

排烟过程是系统运行的核心阶段，在排烟风机启动后，排烟口在控制系统的作用下开启，此时排烟风机通过机械抽力在排烟管道内形成负压环境。由于火灾产生的烟气具有热浮力特性，会自然向上流动并聚集在房间或防烟分区的顶部，靠近顶部设置的排烟口能够有效捕捉这些聚集的烟气，使烟气在负压作用下进入排烟管道。烟气在排烟管道内流动时，受到管道内壁的摩擦阻力和风机提供的动力作用，沿着管道向排烟风机方向流动，最终通过排烟风机排至室外的安全区域，避免烟气在建筑内扩散。

3. 风量调节

风量调节是保证系统排烟效果的重要环节，系统在设计时需要根据防烟分区的面积、高度以及火灾荷载等因素计算确定所需的排烟量，排烟风机的额定风量应满足设计排烟量的要求，同时还需考虑排烟管道和部件的漏风损失。在实际运行过程中，如果多个防烟分区同时发生火灾需要排烟，系统会通过设置在排烟支管上的风量调节阀来调节各支管的风量分配，确保每个防烟分区都能获得足够的排烟量。此外，当排烟管道内的烟气温度升高到 280℃时，安装在管道上的排烟防火阀会自动关闭，此时控制系统会接收到阀门关闭的信号，并立即停止排烟风机的运行，以防止高温烟气对风机造成损坏，同时避免高温烟气通过管道扩散到其他区域。

二、机械排烟设施的主要设备

（一）排烟风机

排烟风机是机械排烟系统的核心动力设备，主要功能是在火灾发生时通过机械强制排风方式将建筑物内火灾区域产生的烟气排出室外，以降低烟区内烟气浓度，保障人员疏散通道的可见度和空气质量。排烟风机的设置位置需结合建筑物结构特点和排烟效率综合确定，通常优先安装在屋顶或室外空旷区域，这样可以减少烟气在室内的迂回路径，同时降低风机运行时产生的噪声和振动对室内环境的影响。常用的排烟风机类型包括离心式排烟风机和轴流式排烟风机，离心式排烟风机具有较高风压，适用于需要克服较大管道阻力的复杂排烟系统；轴流式排烟风机则具有较大风量，适用于排烟路径较短、阻力较小的场景。排烟风机的性能参数必须满足设计规范要求，风量和风压需根据排烟区域体积、烟气流速及管道阻力计算确定，同时必须具备耐高温性能，按照现行消防标准应能在280℃高温烟气环境下连续稳定工作不少于30min，以确保火灾持续期间有效发挥排烟作用。排烟风机与普通通风机在结构设计上有明显差异，其叶轮、机壳等部件通常采用耐高温金属材料制作，电机部分需设置独立冷却系统，防止高温烟气损坏电机，保障设备在火灾工况下的可靠性。

（二）排烟防火阀

排烟防火阀是机械排烟系统中控制烟气流动和防止火灾蔓延的关键组件，主要作用是在火灾发生时根据预设条件自动或手动关闭排烟管道，阻断烟气和火焰通过管道扩散至其他区域，有效划分防火分区，保障建筑物防火安全。排烟防火阀的安装位置有明确规范要求，通常设置在排烟系统与通风空调系统共用的风道处，防止火灾发生时通风空调系统成为烟气传播通道；同时需安装在排烟管道穿越防火分区的隔墙或楼板处，以及穿越通风机房、重要房间的隔墙和楼板处等关键节点。排烟防火阀的动作温度是核心性能参数，现行标准中用于排烟系统的防火阀动作温度通常设定为280℃，因为当烟气温度达到280℃时，烟气中含有大量可燃成分，具备引发二次火灾的风险，此时关闭阀门可阻止火势通过排烟管道蔓延。排烟防火阀的工作原理基于温度敏感元件动作，阀门内部设置温度熔断器，当流经阀门的烟气温度达到设定值时，熔断器熔断，阀门在弹簧力作用下自动关闭；同时阀门具备手动关闭功能，便于火灾初期或自动控制失效时由人员手动操作关闭。排烟防火阀关闭后应能向消防控制室发送动作反馈信号，使消防控制中心及时掌握排烟系统工作状态，为火灾扑救和人员疏散决策提供依据。

（三）排烟口与排烟管道

排烟口与排烟管道共同构成机械排烟系统的烟气收集和输送通道，排烟口是烟气进入排烟系统的入口部件，排烟管道是将烟气从排烟口输送至排烟风机并最终排至室外的通道结构。排烟口的设置需遵循“有效收集烟气”原则，按照设计规范要求应设置在防烟分区内的顶棚或靠近顶棚的墙面上，这是由于火灾烟气具有热浮力特性，通常向上流动并聚集在顶棚区域，此位置设置排烟口可最大限度收集高温烟气。排烟口的数量和间距需根据防烟分区面积与形状确定，确保烟区内烟气被均匀、及时吸入排烟系统，避免局部烟气滞留。排烟口的开启方式包括手动开启、电动开启及与火灾自动报警系统联动开启等，火灾发生时通常由火灾探测器探测火情后，通过消防控制中心联动控制相应防烟分区内的排烟口开启，也可由现场人员手动操作开启，提高系统响应可靠性。排烟管道的材料选择和结构设计直接影响排烟系统安全性和效率，根据消防规范要求必须采用不燃材料制作，常用材料包括钢板、镀锌钢板等，对于需满足一定耐火极限要求的排烟管道，需在外侧设置防火隔热层或采用耐火风管。排烟管道尺寸设计应根据排烟风量和允许烟气流速确定，烟气流速过高会增加管道阻力和噪声，过低可能导致烟气在管道内滞留，通常排烟支管内烟气流速不宜大于 10m/s，排烟主干管内不宜大于 15m/s。安装过程中排烟管道需设置适当坡度以利凝结水排出，管道支架采用不燃材料制作并具有足够承载能力，同时与空调风管、给排水管道等其他管线保持一定安全距离，避免相互影响。

三、机械排烟设施的设置规范

（一）设置场所要求

1. 高层建筑设置要求

高层建筑中机械排烟设施的设置需结合建筑高度和使用功能综合确定。建筑高度超过 50m 的公共建筑，其防烟楼梯间前室、消防电梯前室及合用前室，当自然排烟方式无法满足排烟需求时，必须设置机械排烟设施。这类场所由于楼层较高，自然排烟受外界风压影响较大，机械排烟能更稳定地保障烟气排除。高层建筑内的歌舞、娱乐、放映、游艺场所，无论所在楼层高度如何，均应设置独立的机械排烟系统，这是因为该类场所人员密集且可燃物较多，发生火灾时烟气生成速度快，独立系统可避免与其他区域排烟系统相互干扰，确保排烟效果。

2. 地下建筑设置要求

地下建筑因自然排烟条件受限，机械排烟设施的设置标准更为严格。建筑面

积大于 $50m^2$ 且经常有人停留或可燃物较多的地下房间，必须设置机械排烟设施。地下车库的排烟系统设置需根据建筑面积和层高确定，总建筑面积大于 $2000m^2$ 时，应划分防烟分区并设置机械排烟系统，每个防烟分区的建筑面积不宜大于 $2000m^2$，且防烟分区不得跨越防火分区。地下建筑空间相对封闭，烟气一旦积聚则难以扩散，合理划分防烟分区并设置机械排烟能有效控制烟气蔓延范围，为人员疏散争取时间。

3. 特定功能场所设置要求

中庭建筑的机械排烟设施设置需依据中庭高度确定，当中庭高度超过 12m 时，应设置机械排烟设施，排烟量按中庭体积每小时换气次数不小于 6 次计算。中庭空间高大，烟气易在顶部积聚，机械排烟可通过强制换气将烟气排出，防止烟气层下降影响人员疏散。医院的手术室、重症监护室等特殊医疗场所，机械排烟设施应独立设置，避免与其他区域排烟系统共用，以满足医疗环境对空气洁净度和压力控制的特殊要求，确保火灾情况下不影响医疗设备正常运行和患者安全。

（二）设备安装位置要求

1. 排烟风机安装位置

排烟风机应安装在专用风机房内，风机房采用耐火极限不低于 2.00h 的隔墙和 1.50h 的楼板与其他部位隔开，隔墙上的门选用甲级防火门，以防止火灾蔓延至风机房影响排烟风机运行。当排烟风机设置在屋顶时，需采取防雨、防雷措施，风机出风口朝向应与建筑主体结构主导风向相反，减少烟气倒灌风险。排烟风机与风管的连接部位应设置柔性短管，应选用不燃材料，长度宜为 150～300mm，柔性短管可减少风机运行时的振动传递，保护风管系统。

2. 排烟口安装位置

排烟口应设置在防烟分区内的顶棚或靠近顶棚的墙面上，与附近安全出口沿走道方向相邻边缘之间的最小水平距离不应小于 1.5m，避免排烟口排出的烟气影响人员从安全出口疏散。顶棚高度超过 3m 的场所，排烟口可设置在侧墙，但距离顶棚的距离不应大于0.5m，以保证烟气能及时进入排烟口。排烟口的开启状态需与火灾报警系统联动，火灾发生时自动开启着火区域排烟口，同时关闭其他区域排烟口，防止烟气通过排烟系统扩散到非着火区域。

3. 排烟管道安装位置

排烟管道采用不燃材料制作，金属管道的钢板厚度根据管道尺寸确定，且不应小于0.8mm，确保管道在高温下的结构稳定性。排烟管道敷设应沿直线布置，减少转弯，转弯时弯头曲率半径不小于管道直径的1.5倍，降低烟气流动阻力。排烟管道与其他管线的水平净距不应小于150mm，垂直净距不应小于200mm，与空调风管、给水管等并行敷设时应设置在这些管线的上方，避免因其他管线遮挡影响排烟效果，同时便于管道检修和维护。

（三）与其他系统的协调要求

1. 与空调系统的协调

机械排烟系统与空调系统需独立设计，不得共用风管和设备。建筑内同时设置空调系统和机械排烟系统时，空调系统的送风口和回风口与排烟口保持一定距离，送风口不应设置在排烟口正下方，水平距离不小于3m，防止空调送风干扰排烟气流组织，确保排烟口能有效捕捉烟气。空调系统风管上应设置防火阀，火灾发生时防火阀自动关闭，切断空调系统与排烟系统之间的气流通道，避免烟气通过空调系统扩散到其他区域。

2. 与通风系统的协调

机械排烟系统与通风系统的协调重点在风压平衡和系统联动。通风系统与排烟系统共用风机时，选用双速风机，平时作为通风风机低速运行，火灾时切换至高速排烟模式，满足不同工况的风量需求。通风系统风管与排烟系统风管交汇处设置排烟防火阀，排烟系统启动时排烟防火阀自动关闭通风系统风管，确保排烟系统风压满足排烟要求，避免通风系统运行对排烟效果产生负面影响。通风系统排风口不应与排烟口设置在同一防烟分区内，防止排烟时将新鲜空气排出，降低排烟效率。

3. 与消防系统的协调

机械排烟系统应与火灾自动报警系统、自动喷水灭火系统等消防系统实现联动控制。火灾探测器报警后，火灾自动报警系统立即启动着火区域的排烟风机和排烟口，同时关闭空调系统和通风系统，快速建立排烟通道。排烟系统的启动信号反馈至消防控制室，便于消防人员实时监控排烟系统运行状态，及时发现和处理系统故障。排烟风机的供电采用消防电源，确保火灾情况下不会因断电停止运行，保障排烟系统持续工作，为人员疏散和火灾扑救创造有利条件。

第四节　补风系统

一、补风系统的功能与作用

补风系统作为建筑防排烟系统的关键组成部分，其功能与作用主要围绕保障排烟有效性、控制区域压力平衡及优化疏散环境展开，通过合理的空气补充机制，协同排烟系统实现火灾烟气的有效控制与人员安全保障。

（一）维持排烟效果

排烟系统在火灾工况下的核心目标是将燃烧产生的烟气及时排出建筑外，而补风系统通过向排烟区域补充空气，为排烟过程提供必要的气流来源。当排烟口启动排烟时，若缺乏补风，排烟区域会因空气被大量排出而形成局部低压，导致排烟口的实际排烟量低于设计值，烟气排出速度减缓，甚至出现烟气在区域内滞留的情况。补风系统通过按设计流量向排烟区域输送空气，能够维持排烟口处的空气流速处于规范要求的范围内，确保排烟系统持续高效地将烟气排出，避免烟气在建筑内部积聚扩散，从而保障排烟效果的稳定性与可靠性。

（二）防止负压危害

排烟系统运行时会从排烟区域抽取大量空气，若不进行补风，该区域与相邻区域之间会形成显著的压力差，即负压状态。过大的负压可能引发多方面危害：

一方面，负压会促使非排烟区域的空气向排烟区域流动，可能将其他区域的可燃物、助燃物带入火灾区域，加剧火势蔓延；另一方面，负压可能导致建筑内门、窗等可开启构件因内外压力差过大而难以开启，影响人员疏散通道的畅通性，同时可能对建筑围护结构的稳定性产生不利影响。补风系统通过向排烟区域补充等量或近似等量的空气，能够有效平衡区域压力，将负压控制在安全范围内，避免上述负压危害的发生。

（三）改善人员疏散环境

火灾发生时，人员疏散通道及疏散区域的环境条件直接关系到疏散的安全性和效率。补风系统可通过向疏散通道、前室等人员疏散关键区域补充新鲜空气，稀释该区域内可能侵入的烟气浓度，降低环境温度，提升能见度。同时，补风形成的定向气流组织能够引导烟气向排烟口方向流动，减少烟气向疏散通道的扩散，为疏散人员创造相对安全的逃生路径。通过改善疏散环境的空气品质和可见度，补风系统能够为人员疏散争取宝贵时间，降低疏散过程中的风险，提高人员疏散的成功率。

二、补风系统的设计要求

（一）补风量确定

补风量是补风系统设计的关键参数，其数值大小直接关系到排烟系统的运行效果和建筑内的气流组织平衡。在机械排烟系统中，补风量的确定需以排烟量为基础，通常补风量不应小于排烟量的 50%，这是为了防止排烟区域形成过度负压，避免影响排烟效率或导致空气倒灌。对于一些特殊功能的建筑空间，如中庭、大型会议室等，由于其空间体积大、排烟量需求高，补风量可能需要进一步提高，具体比例需根据建筑使用功能、空间高度以及排烟系统的设计形式综合确定。自然补风系统的补风量确定则需考虑室外气象条件的影响，包括室外风速、风压以及进风窗口的有效面积，需通过计算确保在最不利工况下仍能满足排烟所需的补风要求，当自然补风无法达到设计标准时，应转换为机械补风系统。

（二）补风风速限制

补风风速的控制需结合补风口的设置位置和建筑使用场景，避免风速过高对室内人员造成不适或干扰排烟气流组织。在人员活动区域，如办公室、商场、餐厅等，补风口的风速应严格限制，通常不应大于3m/s，这是因为过高的风速会直接吹向人体，导致体感温度下降或产生吹风感，影响室内人员的舒适度，同时过快的气流还可能在局部区域形成紊流，干扰排烟系统的稳定运行。在非人员活动区域，如吊顶内部、设备层、管道井等，补风风速可适当提高，但一般不应超过10m/s，这个限制主要是为了控制风管的尺寸，避免风管过粗增加建筑空间占用，同时降低气流流经风管和风口时产生的噪声，确保系统运行的安静性。

（三）补风温度控制

补风温度需与建筑室内设计温度保持协调，以减少对室内热环境的不利影响并降低系统能耗。补风温度与室内设计温度的温差不宜过大，在冬季供暖工况下，补风温度不应低于室内设计温度8℃以下，夏季供冷工况下不应高于室内设计温度8℃以上，过大的温差会导致补风进入室内后迅速改变局部温度，影响室内热环境的稳定性，增加空调或供暖系统的负荷。在极端气候条件下，如寒冷地区的冬季或炎热地区的夏季，需对补风进行预处理，设置空气加热器或冷却盘管等装置，将补风温度处理至接近室内设计温度后再送入室内，通过这种方式可以有效降低补风对室内环境的干扰，同时减少空调系统的额外能耗，提高整体系统的运行效率。

三、补风方式与设备选型

（一）自然补风

自然补风是补风系统中依赖自然作用力实现空气补充的方式，其运行过程不依赖机械动力，主要通过建筑内外的压力差、温差或风力推动空气流动。自然补风的驱动力来源于自然因素形成的压力差，包括热压作用和风压作用。热压作用是由于室内外空气温度差异导致空气密度不同，温度较高的空气密度较小而上升，温度较低的空气密度较大而下降，从而形成空气流动；风压作用则是由于室外风力在建筑表面产生的压力分布差异，当风吹向建筑时，迎风面形成正压区，背风面及侧风面形成负压区，空气从正压区向负压区流动，实现补风。自然补风通常适用于建筑高度较低、空间布局较为简单且室外气象条件较为稳定的场所。在设计中，需要确保补风路径畅通，补风口的设置位置应有利于空气顺利进入排烟区域，同时避免补风与排烟气流相互干扰。一般情况下，当排烟区域所需补风量较小，且自然补风能够满足排烟系统对补风的要求时，可以优先采用自然补风方式，以降低系统能耗和初投资。自然补风的补风量和补风速度受室外环境因素影响较大，具有较强的不稳定性。在冬季寒冷地区，大量室外冷空气直接进入室内可能导致室内温度显著下降，影响室内热环境；在夏季炎热地区，室外热空气进入则可能增加空调系统的负荷。此外，当建筑周围存在较高的障碍物或处于静风环境时，自然补风的效果可能无法保证，此时需要考虑与机械补风方式结合使用。

（二）机械补风

机械补风是通过机械设备强制输送空气实现补风的方式，能够有效克服自然补风的不稳定性，确保补风量和补风效果。机械补风系统主要由送风机、风道、补风口及相关控制部件组成。送风机是系统的动力源，通过消耗电能产生使空气流动的动力；风道用于输送空气，将送风机提供的空气引导至需要补风的区域；补风口则是空气进入排烟区域的终端部件，其形式和布置直接影响补风的均匀性和有效性。根据送风机的设置位置，机械补风可分为集中式机械补风和分散式机械补风。集中式机械补风系统的送风机集中设置在机房内，通过主风道和支风道向多个补风区域送风，适用于补风区域较多且相对集中的建筑；分散式机械补风系统的送风机则分散设置在各个补风区域附近，直接向该区域送风，适用于补风区域分散或对补风独立性要求较高的场所。根据补风压力的不同，机械补风还可分为正压补风和负压补风，正压补风是通过送风机将空气加压后送入排烟区域，使排烟区域维持一定的正压，防止烟气倒灌；负压补风则是利用送风机在补风路径上形成负压，将室外空气吸入排烟区域。机械补风系统的设计需满足排烟系统对补风量的要求，通常补风量不应小于排烟量的 50%，对于地下建筑或面积较大的排烟区域，补风量宜增大至排烟量的 80%~100%。补风风速应根据补风口的类型确定，采用百叶式补风口时，风速不宜大于 7m/s；采用侧送式补风口时，风速不宜大于 5m/s，以避免产生过大的气流噪声和对人员造成不舒适感。

（三）补风设备选型要点

补风设备的选型直接关系到补风系统的运行效果、能耗及可靠性，需要综合考虑多个因素进行合理选择。补风设备的风量应根据排烟区域的排烟量和相关设计规范确定，确保补风量满足系统要求。风压计算则需要考虑风道阻力、局部阻力及末端压力损失等因素，送风机的全压应大于系统总阻力，同时留有一定的余量，通常余量可取系统总阻力的 10%~15%，以应对系统运行过程中可能出现的阻力变化。补风设备类型的选择需结合建筑功能、空间条件、运行工况及节能要求等因素。在噪声要求较高的场所，如医院、办公楼等，应选择低噪声型送风机，必要时可采取减振、隔声措施；在需要调节补风量的系统中，宜选用变频调速送风机，通过改变风机转速实现风量的连续调节，降低运行能耗；对于高温排烟区域附近的补风设备，应选用具有耐高温性能的风机，其持续工作温度应满足所在环境的温度要求。补风设备的安装位置应便于设备的检修和维护，送风机应设置在空气洁净度较高的场所，避免吸入含有腐蚀性气体、粉尘或易燃物质的空气。风道的布置应短捷、顺畅，减少弯头、三通等局部阻力部件，以降低系统能耗。补风口的安装应保证其有效通风面积，避免被遮挡或堵塞，同时与排烟口保持合理的距离，防止补风气流直接干扰排烟气流的运动方向。

第五节　防排烟系统控制

一、防排烟系统的控制方式

（一）手动控制

手动控制是防排烟系统运行中基础且直接的控制方式，主要通过人工操作实现对系统设备的启停或状态调整，适用于系统调试、日常维护以及自动控制逻辑失效等场景。手动控制的核心特点在于操作的独立性和即时性，不受系统自动控制程序的干扰，能够在紧急情况下快速响应实际需求。

1. 现场手动操作

现场手动操作装置通常设置在排烟风机、正压送风机、防火阀、排烟口等关键设备的附近，操作人员可通过设备本体的手动启停按钮、手柄或拉杆直接控制设备运行状态。例如排烟风机控制柜上的手动启动按钮，当按下时可直接接通电源使风机运转；排烟口的手动开启装置则允许操作人员在现场手动打开排烟口叶片，确保烟气能够及时排出。这种控制方式的优势在于操作路径短、响应速度快，无须依赖外部信号传输，适用于设备附近发生局部火情或需要临时调整系统状态的情况。

2. 应急手动控制

应急手动控制主要通过设置在消防控制室的手动控制盘或专用控制模块实现，用于在火灾发生时或自动控制失效时，由消防值班人员对防排烟系统进行紧急操作。应急手动控制功能需要与系统主电源直接连接，确保在火灾情况下即使是自动控制回路故障，仍能通过手动操作强制启动或停止相关设备。例如当火灾报警控制器显示自动控制逻辑未正常启动排烟风机时，值班人员可通过消防控制室的手动控制盘按下对应风机的启动按钮，强制启动风机运行，保障防排烟系统的有效工作。

（二）自动控制

自动控制是防排烟系统实现智能化运行的核心方式，通过火灾探测系统、控制逻辑模块与系统设备的联动，实现无须人工干预的自动响应。自动控制的运行基础是预设的控制程序和火灾参数判断，能够根据火灾发展阶段自动调整系统运行状态，提高防排烟效率并减少人为操作失误。

1. 基于火灾探测器的联动控制

基于火灾探测器的联动控制是自动控制的主要形式，其工作流程为：火灾探测器（如感烟探测器、感温探测器）探测到火灾产生的烟气或温度变化后，将报警信号传输至火灾报警控制器；火灾报警控制器接收到信号并确认火灾后，根据预设的防排烟控制逻辑，向相应的控制模块发送指令；控制模块执行指令，启动或停止排烟风机、正压送风机，打开或关闭排烟口、送风口，关闭防火阀等。例如当某一防烟分区内的感烟探测器报警后，火灾报警控制器会指令该防烟分区内的排烟口打开，同时启动对应的排烟风机，并关闭与该防烟分区无关的通风空调系统，防止烟气扩散。

2. 系统设备间的连锁控制

系统设备间的连锁控制是自动控制的重要补充，通过设备之间的直接信号传递实现协同工作，确保系统运行的安全性和协调性。常见的连锁控制包括排烟风机与排烟口的连锁、排烟风机与防火阀的连锁、正压送风机与送风口的连锁等。例如当排烟风机启动时，系统会连锁打开对应防烟分区的排烟口，确保烟气能够通过排烟口进入排烟风道并被排出；当排烟风道内的防火阀因温度达到动作阈值（通常为 280℃）关闭时，会向排烟风机发送停止信号，连锁停止排烟风机运行，防止高温烟火通过风道蔓延至其他区域。

（三）远程控制

远程控制是指在远离系统设备现场的位置（通常为消防控制室），通过专用控制设备或网络通信技术对防排烟系统进行控制和监控的方式。远程控制能够实现对系统全局的集中管理，便于操作人员实时掌握系统运行状态并进行统一调度。

1. 消防控制室远程操作

消防控制室远程操作通过火灾报警控制器或专用的防排烟系统控制主机实现，操作人员在消防控制室内通过操作界面（如按键、触摸屏）向系统设备发送控制指令。远程操作指令通常具有较高的优先级，可覆盖自动控制逻辑，确保在紧急情况下操作人员能够根据实际火情灵活调整系统运行。例如当火灾范围扩大需要启动多个防烟分区的排烟设备时，操作人员可在消防控制室内通过远程操作同时启动相应的排烟风机和排烟口，提高排烟效率；当某一区域排烟口因故障无法自动打开时，可通过远程控制强制打开该排烟口。

2. 远程监控与状态反馈

远程监控与状态反馈是远程控制的重要组成部分，系统设备将自身的运行状态参数（如风机运行状态、电流、电压，阀门开闭状态，风口风速等）通过信号传输线路实时反馈至消防控制室的监控设备，操作人员可通过监控界面直观了解系统各设备的工作情况。状态反馈信号包括正常运行信号、故障信号、动作信号等，例如排烟风机运行时，监控界面显示“运行”状态并反馈实时电流值；当风机发生过载故障时，监控界面显示“故障”报警并提示故障类型。通过远程监控与状态反馈，操作人员能够及时发现系统异常并采取相应措施，保障防排烟系统的持续稳定运行。

防排烟系统控制方式对比见表 3-2。

表 3-2　防排烟系统控制方式对比

控制方式	操作主体	核心特点	适用场景	优势	局限性
手动控制	现场操作人员、消防值班人员	人工直接操作，独立性强	系统调试、日常维护、自动控制失效、局部火情	操作路径短、响应快，不受自动程序干扰	依赖人工，可能因人为失误影响效果
自动控制	火灾探测系统、控制模块	无须人工干预，按预设程序联动	火灾发生时的常规响应，智能化运行	响应及时，可根据火灾发展调整状态，减少失误	依赖预设程序和设备正常运行，复杂情况适应性有限
远程控制	消防控制室操作人员	集中管理，远程操控与监控	全局调度、紧急情况灵活调整、实时监控	便于全局管理，可灵活调整，能实时掌握状态	依赖信号传输，可能受通信故障影响

二、系统联动控制要求

（一）火灾探测器与排烟设施的联动

1. 火灾探测信号的触发条件

火灾探测器与排烟设施的联动控制依赖火灾探测信号的有效触发。建筑防排烟系统中常用的火灾探测器包括感烟火灾探测器和感温火灾探测器，这些探测器需按照设计规范在保护区域内合理布置，以捕捉火灾初期的烟气或温度变化。当探测器探测到的烟气浓度达到预设阈值，或环境温度升高至设定值时，探测器会向消防联动控制器发送火灾报警信号，这个信号是启动后续排烟设施联动控制的基础条件。

2. 排烟设施的联动启动逻辑

消防联动控制器接收到火灾探测器的报警信号后，按照预设逻辑程序启动相应排烟设施。排烟设施的联动启动遵循区域对应原则，火灾发生区域内的排烟口首先开启，随后联动启动该排烟系统的排烟风机。对于不同防火分区的排烟系统，联动控制器根据火灾探测器位置信息识别火灾所在防火分区，仅启动该分区内的排烟设施，避免非火灾区域排烟系统误动作，确保排烟效果同时减少能耗。

（二）防烟设施与排烟设施的联动

1. 防烟设施启动的触发机制

防烟设施与排烟设施的联动控制通过协同动作阻止烟气扩散并排出火灾区域烟气，保障疏散通道安全。防烟设施启动通常与火灾探测信号或排烟设施启动信号相关联。火灾探测器发出报警信号后，消防联动控制器向防烟设施发送启动指令，这些防烟设施包括防烟楼梯间的加压送风口、前室的加压送风口及相应加压送风机。部分系统设计中，防烟设施启动也可能与排烟设施启动状态相关联，即排烟设施启动后，防烟设施随即启动，形成防排烟协同工作模式。

2. 防烟设施与排烟设施的动作顺序协调

防烟设施与排烟设施联动过程中，动作顺序协调是确保系统有效性的关键。

一般情况下，排烟设施启动略早于防烟设施，优先排出火灾区域产生的烟气，减少烟气向疏散通道扩散可能性。随后防烟设施启动，通过向防烟楼梯间、前室等疏散空间送入新鲜空气形成正压环境，阻止外部烟气进入。这种动作顺序设定通过消防联动控制器程序编程实现，确保排烟与防烟设施在时间上合理衔接，避免因动作顺序混乱导致烟气控制失效。

（三）补风系统与排烟系统的联动

1. 补风系统的启动条件

补风系统与排烟系统的联动控制维持排烟区域空气平衡、保障排烟效果。补风系统启动条件主要取决于排烟系统运行状态。当排烟系统中的排烟口开启且排烟风机启动后，排烟区域因烟气排出产生负压，此时补风系统立即启动向该区域补充新鲜空气。补风系统启动信号通常由消防联动控制器根据排烟风机运行状态或排烟口开启信号发送，确保补风动作与排烟动作同步，避免因负压过大导致排烟效率下降或空气流动紊乱。

2. 补风量与排烟量的联动控制关系

补风系统与排烟系统的联动体现在启动时机和补风量与排烟量的匹配控制上。根据建筑防排烟系统设计规范，补风量通常不应小于排烟量的50%，某些特定场所补风量需达到排烟量的80%以上。为实现这个要求，补风系统风机需具备与排烟量联动调节功能，即排烟量因火灾规模变化调整时，补风量随之按比例变化。这种联动控制关系通过消防联动控制器与风机变频控制模块实现，确保补风量维持在合理范围，保证排烟系统稳定运行和排烟效果。

三、应急控制与故障处理

（一）应急启动机制

应急启动机制是防排烟系统在火灾等紧急情况下实现快速响应的核心环节，其设计目标是确保系统能够在最短时间内启动并发挥防排烟功能。该机制的启动条件通常与火灾自动报警系统联动，当火灾探测器检测到火情信号或手动报警按钮被触发时，系统会接收到有效的启动指令。应急启动方式主要包括自动启动和手动启动两种类型，自动启动过程中，系统会依据预设的逻辑程序，自动开启相应区域的排烟风机、关闭防火阀、打开排烟口等设备，以形成有效的排烟路径；手动启动则作为自动启动的补充，当自动启动功能失效或需要人为干预时，操作人员可通过消防控制中心的手动操作盘或现场设置的手动控制装置，直接启动防排烟设备。在应急启动过程中，系统需遵循优先级原则，优先保障疏散楼梯间、前室等人员疏散关键区域的防烟功能，同时确保排烟区域与非排烟区域之间的防火分隔有效，避免烟气扩散至安全区域。

（二）故障报警与处理

故障报警与处理是维持防排烟系统长期稳定运行的重要保障，其主要作用是及时发现系统运行中的异常情况并采取针对性措施。系统通过分布在各关键设备处的传感器和监测模块，对排烟风机的运行状态、防火阀的开闭位置、电源电压、电机温度等参数进行实时监测。当监测到参数超出正常范围时，故障报警装置会立即发出信号，该信号通常以声光报警的形式在消防控制中心的报警控制器上显示，同时提示故障发生的具体位置和可能的故障类型。故障处理流程：首先需要技术人员对报警信息进行确认，通过调取系统运行记录和现场检查相结合的方式，准确判断故障原因和部位；随后根据故障类型采取相应的排除措施，例如对于风机电机故障，需进行电机检修或更换，对于线路故障则需排查线路连接并修复；故障排除后，还需对系统进行功能测试，通过模拟启动等方式验证设备是否恢复正常工作状态，确保故障处理后的系统能够满足应急运行要求。

（三）备用电源保障

备用电源保障是确保防排烟系统在主电源中断时持续运行的关键措施，其设计需符合建筑防火规范中对消防设备供电可靠性的要求。备用电源的形式主要包括柴油发电机组和蓄电池应急电源，柴油发电机组适用于需要长时间供电的场景，其容量需根据防排烟系统的最大负荷进行配置，确保能够带动排烟风机、补风机等所有用电设备同时运行；蓄电池应急电源则通常作为短时间应急供电的补充，适用于主电源中断后至柴油发电机组启动前的过渡阶段，或小型防排烟系统的应急供电。备用电源的切换应实现全自动控制，当主电源电压低于设定阈值或发生中断时，电源切换装置需在规定时间内完成从主电源到备用电源的切换，切换时间应满足相关规范要求，一般不应大于30s。为保证备用电源的可靠性，需定期对其进行维护和测试，包括每月进行启动试验、每季度进行负荷试验、每年进行全负荷运行试验等，同时对蓄电池的容量和充放电性能进行检查，确保备用电源在紧急情况下能够可靠投入使用。

四、系统监控与维护要求

（一）运行状态监控

1. 监控参数设置

防排烟系统运行状态监控需明确关键监控参数，这些参数是反映系统运行有效性的基础。主要包括系统内的风压值、风量值、排烟口开启状态、风机运行电流与转速以及相关区域的温度。风压和风量需维持在设计值的允许偏差范围内，确保火灾时能有效排除烟气；排烟口的开启状态直接影响烟气流动路径，需实时监控其是否按设计要求动作；风机的电流和转速反映设备运行负荷，异常波动可能预示机械故障；区域温度监控则能及时发现火源位置及烟气蔓延情况，为系统调控提供依据。

2. 监控方式与技术手段

防排烟系统的监控方式主要分为自动监控与就地监控两类。自动监控系统通过设置在系统关键部位的传感器采集数据，经控制模块处理后传输至消防控制室的监控主机，实现对系统整体运行状态的实时显示、数据记录与异常报警。就地监控通过设备自带的仪表和手动操作装置，供维护人员现场查看设备运行参数及进行应急操作。两类监控方式协同工作，自动监控，确保对系统整体状态的实时掌握，就地监控为局部设备检查和故障处理提供直接手段。

3. 异常状态响应机制

当监控系统检测到异常状态时，需具备明确的响应机制以保障系统功能。常见的异常状态包括风压或风量低于设计值、排烟口未按指令开启或关闭、风机运行故障等。针对这些情况，系统应能立即发出声光报警信号，提示值班人员故障位置及类型；对于设置有备用设备的系统，监控系统应能自动切换至备用设备运行，维持系统基本排烟能力；若故障无法自动恢复，需触发故障锁定功能，防止误操作，并记录故障发生时间、类型及处理过程，为后续维护提供数据支持。

（二）定期维护内容

1. 日常检查项目

防排烟系统的日常检查是确保系统随时可用的基础工作，检查频率通常为每日一次。检查内容包括排烟风机、正压送风机的外观是否完好，有无明显损坏或变形；风机控制柜的电源指示灯、运行指示灯是否正常亮起，控制开关位置是否处于自动状态；排烟口、送风口的外观有无变形、锈蚀，手动开启装置是否灵活；系统中的风阀、防火阀是否处于正常工作位置，有无被异物遮挡或卡住；消防控制室监控主机显示的系统状态是否与现场实际一致，有无未处理的报警信息。

2. 定期清洁与保养

定期清洁与保养需根据设备运行环境和使用频率确定周期，一般每季度进行一次。对于排烟风机和正压送风机，需清理叶轮表面积尘和杂物，检查轴承润滑情况，添加或更换润滑油，确保风机运行平稳无异常噪声；对于风道系统，需检查内壁有无积尘、油污或杂物堆积，特别是排烟口附近和水平风道底部，需采用专用工具进行清理，防止积尘受热燃烧或影响风量；对于排烟口、送风口的活动部件，需涂抹润滑剂，确保开启和关闭动作灵活，密封件无老化开裂现象；传感器表面需定期擦拭，去除灰尘和水汽，保证检测数据的准确性。

3. 易损部件更换要求

防排烟系统中的易损部件需根据其使用寿命和老化程度定期更换，以避免影响系统性能。常见的易损部件包括排烟口和送风口的密封垫、弹簧、微动开关，这些部件在频繁动作或长期使用后易出现老化、失效，更换周期一般为2~3年，若发现密封不严或动作卡顿应提前更换；风机的皮带、轴承等运动部件，根据运行时间和磨损情况，一般每5年进行一次检查评估，必要时更换；系统中的传感器，其精度会随使用时间下降，通常每3~5年进行一次校准，校准不合格的需及时更换；控制线路的绝缘层若出现老化、破损，需立即更换，防止短路或信号传输故障。

（三）性能检测要求

1. 检测周期与频次

防排烟系统的性能检测需按照规定周期进行，以验证系统是否持续满足设计要求。常规检测频次包括季度检测和年度检测，季度检测主要针对系统的基本功能和关键参数进行快速核查，如风机启停功能、排烟口动作响应时间、监控系统报警功能等；年度检测则为全面性能检测，需对系统的风压、风量、排烟效果等关键指标进行详细测试。对于新建系统或经过大修、改造的系统，还需在投入使用前进行首次性能检测，合格后方可正式运行；对于运行环境恶劣或使用频率较高的系统，可适当缩短检测周期，增加检测频次。

2. 关键性能指标

性能检测的关键指标需依据设计文件和相关国家标准确定，主要包括排烟量、正压送风量、风压损失、系统联动响应时间和烟气控制效果。排烟量需满足设计值的90%~110%，确保发生火灾时能在规定时间内排除区域内的烟气；正压送风量需保证加压送风区域的压力值维持在设计要求的范围内，防止烟气侵入；风压损失指空气流经风道、阀门、风口等部件时的压力降低值，需控制在设计允许范围内，避免因阻力过大导致风量不足；系统联动响应时间是指从火灾探测器报警到排烟口开启、风机启动的时间间隔，一般不应大于60s；烟气控制效果通过模拟火灾场景测试，验证烟气是否被有效控制在设定区域内，未出现蔓延至疏散通道或非火灾区域的情况。

3. 检测方法与标准

防排烟系统性能检测需采用规范的方法和标准，确保检测结果的准确性和可比性。排烟量和送风量的检测通常使用热线风速仪或皮托管风速计，在风口或风道截面测量风速，根据风速和截面积计算风量，测量时需选取多个测点取平均值；风压检测使用微压计，分别测量风机进出口压力、风道各段压力及加压区域静压，计算风压损失和正压值；系统联动响应时间通过模拟火灾信号，使用秒表记录从信号发出到设备动作完成的时间；烟气控制效果检测可采用示踪气体法或计算机模拟软件，示踪气体法通过在模拟火源处释放示踪气体，检测疏散通道或相邻区域的气体浓度，评估烟气蔓延情况；所有检测数据都需记录并与设计值及国家标准中的要求进行比对，判定系统性能是否合格。

第四章　建筑空调系统分类与选择

第一节　空调系统的分类与选择

一、空调系统的分类依据

（一）按空气处理设备的集中程度分类

空调系统按空气处理设备的集中程度可划分为集中式空调系统、半集中式空调系统和全分散式空调系统。集中式空调系统的所有空气处理设备，包括空气过滤器、加热器、冷却器、加湿器等，都集中设置在空调机房内，处理后的空气通过送风管输送到各个空调房间。这种系统便于集中管理和维护，适用于负荷集中、空间较大的建筑。半集中式空调系统则是集中处理部分或全部风量，然后在各空调房间内再进行局部处理，例如风机盘管加新风系统，其中新风集中处理后送入房间，风机盘管负责处理室内负荷，该系统兼具集中式和分散式的特点，灵活性较强。全分散式空调系统又称局部式空调系统，每个空调房间的空气处理设备都分散设置在房间内，如分体式空调器、单元式空调器等，无须集中的空调机房和送风管，安装方便，适用于小型建筑或独立房间。

（二）按负担室内负荷的介质种类分类

按负担室内负荷的介质种类，空调系统可分为全空气系统、空气-水系统、全水系统和制冷剂系统。全空气系统是指空调房间的热湿负荷全部由经过处理的空气来承担，空气既是输送冷量和热量的介质，也是满足室内新风需求的介质，该系统需要较大的风管输送空气，适用于对空气品质要求较高的场所。空气-水系统由空气和水共同负担室内热湿负荷，通常由集中处理的新风系统承担部分负荷，水系统则通过末端设备如风机盘管、辐射板等承担另一部分负荷，这种系统结合了全空气系统和全水系统的优点，能有效减少风管尺寸。全水系统仅依靠水作为介质来负担室内负荷，空气的处理过程主要在室内完成，如风机盘管系统中，水在盘管内流动与室内空气进行热交换，但该系统无法独立满足新风需求，需配合新风系统使用。制冷剂系统是指制冷剂直接在室内末端设备中蒸发或冷凝，与室内空气进行热交换来负担负荷，如分体式空调的蒸发器直接置于室内，制冷剂在其中蒸发吸热，系统能效较高且安装灵活。

（三）按系统风量调节方式分类

空调系统按风量调节方式可分为定风量系统和变风量系统。定风量系统在运行过程中送风量保持不变，通过调节送风温度或送风含湿量来适应室内负荷的变化，系统的空气处理设备和送风管设计基于最大负荷时的风量，在部分负荷时风机仍以额定风量运行，能耗相对较高，但系统结构简单，控制方便。变风量系统则是通过改变送风量来适应室内负荷的变化，当室内负荷减小时，系统减小送风量，反之则增大送风量，该系统可根据不同房间的负荷需求独立调节风量，能有效降低风机能耗，提高系统运行的经济性，但需要配备风量调节装置和相应的控制设备，系统复杂度和初期投资相对较高。

（四）按服务对象的规模分类

按服务对象的规模大小，空调系统可分为大型空调系统、中型空调系统和小型空调系统。大型空调系统服务于面积较大、空间开阔的建筑或建筑群，如大型商场、体育场馆、机场航站楼等，这类系统通常需要大容量的冷热源设备、复杂的空气处理系统和庞大的风管管网，以满足大面积区域的空调需求，系统运行管理要求较高。中型空调系统适用于中等规模的建筑，如办公楼、酒店、医院等，服务面积一般在数千平方米至数万平方米，系统配置相对灵活，可根据建筑功能分区设置多个子系统，兼顾舒适性和经济性。小型空调系统主要服务于小型建筑或独立房间，如住宅、小型办公室、商铺等，通常采用分体式空调器、多联机等局部式空调设备，安装简单，使用方便，能满足小面积区域的独立空调需求，且用户可根据使用需求灵活启停。

二、空调系统的主要分类方法

空调系统主要分类具体见表4-1。

表4-1　空调系统主要分类及特点

分类方式	系统类型	核心特征	典型应用场景	主要优势	主要劣势
按空气处理设备设置情况	集中式空调系统	空气处理设备集中于机房，风管输送空气	酒店、商场、大型办公楼	处理量大，控制精度高，便于集中管理	风管占用空间大
	半集中式空调系统	集中新风+分散末端处理	高层住宅、办公楼、医院病房	兼顾新风效果与灵活性，占用空间较小	末端设备维护相对分散
	全分散式空调系统	设备分散于各区域，无大型机房和风管	家庭住宅、小型办公室、商铺	安装灵活，可独立控制	维护分散，可能影响建筑外观

续表

分类方式	系统类型	核心特征	典型应用场景	主要优势	主要劣势
按处理空气的来源	封闭式空调系统	仅处理室内回风，无新风引入	仓库、设备机房、地下人防工程	能耗低	室内空气品质差
	直流式空调系统	全用室外新风，不循环利用	医院手术室、实验室、大型体育馆	空气新鲜，能有效排除污染物	能耗高
	混合式空调系统	室内回风与室外新风混合处理	多数民用及公共建筑	平衡空气品质与能耗，应用广泛	需合理控制新风与回风比例
按风管中空气流速	低速风管系统	主风管风速 < 15m/s，噪声小	医院病房、住宅、酒店客房	能耗低，噪声小	风管截面积大，占用空间多
	高速风管系统	主风管风速 15～25m/s，风管截面小	层高较低的高层建筑、大型商场	节省建筑空间	噪声大，需消声装置，初投资较高
按系统用途	舒适性空调系统	以人体舒适为目标，控制温湿度等参数范围	住宅、办公楼、商场、酒店	运行经济，符合人体主观感受	控制精度较低
	工艺性空调系统	满足特定工艺对环境参数的严格要求	电子厂房、制药车间、精密制造车间、科研实验室	参数控制精度高，适应特殊工艺需求	系统复杂，成本较高，能耗可能较大

（一）按空气处理设备设置情况分类

按空气处理设备设置情况分类是空调系统最基本的分类方式之一，主要依据空气处理设备（如空气处理机组、冷热源设备等）的集中程度和布置方式进行划分，常见类型包括集中式、半集中式和全分散式三类。

1. 集中式空调系统

集中式空调系统的空气处理设备（包括过滤、冷却、加热、加湿等功能段）集中设置在专用的空调机房内，处理后的空气通过送风管系统输送到各空调区域，使用后的空气经回风管返回机房或直接排至室外。这类系统的冷热源设备（如冷水机组、锅炉等）也通常集中布置，具有空气处理量大、空气参数（温度、湿度等）控制精度较高、便于集中管理和维护等优点。但由于需要大型风管输送空气，系统占用建筑空间较大，适用于大型公共建筑如酒店、商场、办公楼等。

2. 半集中式空调系统

半集中式空调系统结合了集中处理与局部处理的特点，通常由集中处理的新风系统和分散在各空调区域的末端处理设备（如风机盘管、诱导器、变风量末端等）组成。新风经集中处理（过滤、冷却/加热、加湿/除湿）后通过新风管送入各区域，与室内空气混合后再由末端设备进行进一步的加热或冷却处理。这种系统兼具集中式系统新风处理效果好和分散式系统灵活性高的优点，风管和水管系统占用空间较集中式小，广泛应用于高层住宅、办公楼、医院病房等建筑。

3. 全分散式空调系统

全分散式空调系统又称局部式空调系统，其空气处理设备、冷热源设备均分散设置在各空调区域或其附近，如分体式空调器、单元式空调器、多联机空调系统等。系统无须集中的空调机房和大型风管，安装灵活，可根据各房间的使用需求独立控制，使用方便。但由于设备分散，维护管理相对分散，且部分设备（如分体式空调室外机）可能影响建筑外观，适用于小型建筑或房间数量少、使用时间不同的场合，如家庭住宅、小型办公室、商铺等。

（二）按处理空气的来源分类

依据空调系统处理空气的来源不同进行划分，直接影响系统的能耗、室内空气质量及运行经济性，主要包括封闭式、直流式和混合式三类。

1. 封闭式空调系统

封闭式空调系统处理的空气全部来自空调房间内部的循环空气，不引入室外新风。系统仅对室内回风进行过滤、加热或冷却等处理后再送入室内，因此无须处理室外空气负荷，能耗较低。但由于无法引入新风，室内空气品质较差，氧气含量逐渐降低，污染物浓度升高，仅适用于无人停留或对空气品质要求极低的场合，如某些仓库、设备机房、地下人防工程等。

2. 直流式空调系统

直流式空调系统处理的空气全部来自室外新风，经过滤、冷却/加热、加湿/除湿等处理后送入室内，使用后的空气直接排至室外，不进行循环利用。这类系统能最大限度地保证室内空气新鲜度，有效排除室内污染物，适用于对室内空气品质要求极高、有有害气体产生或人员密集且需大量新风的场合，如医院手术室、实验室、某些工业车间、大型体育馆等。但由于需要处理全部室外空气，夏季需消除室外空气的显热和潜热负荷，冬季需加热和加湿室外冷空气，系统负荷较大，能耗较高。

3. 混合式空调系统

混合式空调系统处理的空气由室内回风与室外新风混合而成，是目前空调系统中应用最广泛的类型。通过合理控制新风与回风的混合比例，既能保证室内空气品质（引入必要的新风量），又能利用回风的冷量或热量，降低系统能耗。根据混合次数的不同，混合式系统可分为一次回风系统和二次回风系统。一次回风系统是新风与回风在空气处理设备前混合后共同进行处理；二次回风系统则是新风先经空气处理设备处理到一定参数，再与部分回风混合，以适应不同的送风温度要求，可减少再热能耗，提高系统经济性。

（三）按风管中空气流速分类

基于空调系统送风风管内空气的流动速度进行划分，直接关系到风管尺寸、系统噪声及初投资，主要分为低速风管系统和高速风管系统两类。

1. 低速风管系统

低速风管系统通常指主风管内空气流速低于15m/s的空调系统，送风支管风速一般为6~10m/s。由于风速较低，空气在风管内流动时产生的摩擦阻力和局部阻力较小，系统能耗相对较低，同时气流噪声较小，无须复杂的消声措施。但较低的风速使得风管截面积较大，需要占用较多的建筑空间（如吊顶高度、管井尺寸等）。这类系统对噪声要求较高，适用于医院病房、办公室、住宅、酒店客房等民用建筑，是目前民用建筑空调系统中最常用的类型之一。

2. 高速风管系统

高速风管系统主风管内空气流速通常为15~25m/s，送风支管风速可达10~18m/s。较高的风速使得在相同风量下风管截面积显著减小，从而节省建筑空间，尤其适用于层高较低或对空间要求严格的高层建筑、大型商场等。但由于风速较高，空气流动时产生的噪声较大，需要在系统中设置专门的消声装置（如消声器、消声静压箱等），且对风管的制作和安装精度要求较高，以减少气流阻力和噪声。高速风管系统的初投资（风管材料、消声设备等）可能较高，但可节省建筑空间，常见于某些大型公共建筑或工业建筑的空调系统中。

（四）按系统用途分类

根据空调系统服务的对象和使用功能的不同进行划分，可明确系统的设计目标和技术要求，主要分为舒适性空调系统和工艺性空调系统两大类。

1. 舒适性空调系统

舒适性空调系统以满足人体舒适感为主要目的，通过控制室内空气的温度、湿度、风速及洁净度等参数，为人们提供适宜的生活或工作环境。其设计参数通常根据人体舒适范围确定，夏季温度一般控制在24~28℃，相对湿度40%~65%，冬季温度18~22℃，相对湿度30%~60%，风速不大于0.3m/s。舒适性空调系统对温湿度的控制精度要求相对较低，更注重运行的经济性和人体的主观感受，广泛应用于住宅、办公楼、商场、酒店、影剧院、体育馆等民用建筑中。

2. 工艺性空调系统

工艺性空调系统又称工业空调系统，主要用于满足特定生产工艺过程或科学实验对环境参数的严格要求，如电子厂房的空气洁净度、精密仪器车间的恒温恒湿、制药车间的无菌环境、纺织车间的湿度控制等。与舒适性空调相比，工艺性空调系统对温湿度精度、空气洁净度、气流组织、压力控制等参数有更高的要求。根据具体工艺需求，工艺性空调系统还可进一步分为恒温恒湿空调系统、洁净空调系统、低温空调系统、高温高湿空调系统等不同类型，广泛应用于电子、医药、精密制造、科研实验室、食品加工等领域。

三、空调系统选择的基本原则

（一）满足室内环境参数要求原则

室内环境参数是空调系统选择的核心依据，这些参数主要包括空气温度、相对湿度、空气流速、空气洁净度以及新风量等。不同类型的建筑对室内环境参数的要求存在显著差异，例如住宅建筑通常注重温度和湿度的舒适性，办公建筑需要兼顾空气清新度与人员密集区域的通风效果，而医院手术室则对空气洁净度和无菌环境有极高标准。在选择空调系统时，需明确建筑的使用功能和具体环境需求，通过计算确定各参数的设计范围，如夏季室内设计温度一般控制在 24～28℃，冬季控制在 18～22℃，相对湿度维持在 40%～60%。系统的选型必须确保在不同季节、不同室外气象条件下，能够稳定维持这些参数在设计范围内，避免因参数波动影响人员的舒适性、工作效率或工艺生产的质量。

（二）安全可靠运行原则

空调系统的安全可靠运行直接关系到建筑使用的持续性和人员的生命财产安全，这个原则要求系统在设计和选型过程中充分考虑各类潜在风险。设备选型应优先选择技术成熟、质量可靠的产品，避免因设备本身的质量问题导致运行故障。电气系统需符合相关安全规范，设置过载保护、漏电保护等装置，防止电气火灾或触电事故的发生。对于存在可燃气体、粉尘的特殊场所，空调系统的设备和管道应采取防火、防爆措施，如选用防爆型风机和电机。系统的压力控制也至关重要，对于水系统和蒸汽系统，需设置安全阀、压力表等附件，确保系统压力不超过设计限值。此外，在一些对空调系统依赖性强的建筑中，如大型医院、数据中心，还应考虑设置备用冷热源或备用设备，以应对突发故障时的系统切换，保障关键区域的空调服务不中断。

（三）经济合理性原则

经济合理性原则要求在空调系统选择过程中综合考虑初期投资和长期运行费用，实现两者的平衡。初期投资包括设备购置费用、材料费用、安装工程费用等，不同类型的空调系统初期投资差异较大，例如集中式空调系统的初期投资通常高于分散式空调系统，但在大型建筑中可能因规模效应降低单位面积投资。运行费用主要包括能源消耗费用、维护保养费用、人工管理费用等，这部分费用在系统全生命周期中占比较大，因此不能单纯追求初期投资最低而忽略运行费用。在选型时，需结合建筑的规模和使用时间进行经济分析，对于长期使用且负荷稳定的建筑，应优先选择能效比高的设备，虽然初期投资可能较高，但长期运行费用的节省能够弥补初期投入。同时，还需考虑当地的能源结构和能源价格，选择与当地能源供应条件相适应的系统形式，如在天然气价格较低的地区，可优先考虑燃气空调系统以降低运行成本。

（四）节能与环保原则

节能与环保是当前建筑空调系统选择的重要导向，这个原则要求系统在满足使用需求的前提下，最大限度地降低能源消耗并减少对环境的负面影响。节能方面，应选择能效等级高的空调设备，如冷水机组的能效比（COP）应符合国家现行标准的节能要求，风机、水泵等输送设备应选用高效节能型产品。系统设计中可采用余热回收技术，如利用空调系统的冷凝热制备生活热水，提高能源的综合利用率。此外，优化系统的运行调节方式，如采用变风量、变水量等变流量技术，使系统能够根据实际负荷变化自动调节输出，避免无效能耗。环保方面，应优先选用环保型制冷剂，如采用 R410A、R32 等对臭氧层破坏系数（ODP）为零、全球变暖潜能值（GWP）较低的制冷剂，减少对大气环境的影响。系统运行过程中还需控制噪声和振动，风机、水泵等设备应采取减振、隔声措施，避免对周边环境和建筑内部造成噪声污染，同时确保空调系统的废气、废水排放符合环境保护相关标准。

（五）便于施工与维护管理原则

空调系统的选择需充分考虑施工的可行性和后期维护管理的便利性，以降低工程实施难度和运营维护成本。在施工方面，系统的设计应与建筑结构相协调，管道、风管的布置应尽量利用建筑空间，避免与其他专业管线发生冲突，减少现场开孔、凿洞等作业量。设备的安装位置应便于运输和吊装，特别是大型设备如冷水机组、锅炉等，需考虑建筑入口、电梯、通道的尺寸是否满足运输要求。对于风管、水管等部件，应优先采用工厂预制、现场组装的方式，减少现场加工量，提高施工效率和工程质量。在维护管理方面，设备的布置应留有足够的检修空间，如冷水机组、空调箱等设备周围应设置操作通道，便于管理人员进行巡检、维修和更换部件。控制系统应具备良好的人机交互界面，操作简单直观，能够实现对系统运行参数的实时监测和故障报警，便于管理人员及时发现和处理问题。此外，系统选用的设备和材料应尽量标准化、通用化，备品备件易于采购，降低维护过程中的物料成本和时间成本。

四、空调系统选择的影响因素

（一）建筑类型与使用功能

建筑类型直接决定空调系统的基本形式选择，不同类型建筑在空间规模和使用特征上的差异对系统提出不同要求。公共建筑如大型商场和办公楼，通常具有大面积连续空间和集中的人员活动，这类建筑需要能够实现区域统一调控的系统，集中式空调系统通过集中处理空气和输送冷热量，可满足大面积空间的温湿度控制需求。居住建筑如住宅和公寓，空间相对独立且使用时间分散，全分散式空调系统如分体式空调器更为适用，能够满足不同住户独立调节的需求。使用功能的差异进一步细化系统选择方向，办公建筑需要稳定的室内环境以保证工作效率，系统需具备较好的恒温恒湿性能；商业建筑如购物中心人员密度变化大，新风需求量高，全空气系统因能处理大量新风而成为常见选择；医疗建筑对空气洁净度有严格要求，必须配备带有高效过滤功能的专用空调系统，以确保医疗环境的卫生安全标准。

（二）室内负荷特性与变化规律

室内负荷特性包括冷负荷、热负荷和湿负荷的大小及分布情况，其变化规律影响系统的容量配置和运行调节方式。冷负荷主要来源于围护结构传热、太阳辐射、设备散热和人体散热等，热负荷则受室外温度、围护结构保温性能和室内散热设备影响。负荷的日内波动表现为办公建筑在工作日白天达到峰值，夜间降至低谷；季节波动则体现为夏季以冷负荷为主，冬季以热负荷为主。对于负荷波动较大的场所如会议室，空调系统需具备较强的变负荷调节能力，变风量系统通过调节送风量适应负荷变化，变频多联机系统则通过改变压缩机频率实现容量调节。负荷相对稳定的场所如实验室，定风量系统或恒温恒湿空调机组更为合适，可通过稳定的空气处理维持室内参数恒定。

（三）所在地区气候条件

所在地区的气候条件是空调系统选择的重要外部因素，不同气候区的室外空气参数差异显著。严寒地区冬季寒冷漫长，供暖负荷远大于制冷负荷，系统选择需优先考虑供暖性能，燃气锅炉或市政热力供暖结合风机盘管系统能有效满足供暖需求。寒冷地区冬季需要供暖，夏季有一定制冷需求，空气源热泵冷热水系统可实现冬夏两用，在该气候区具有较好的适用性。夏热冬暖地区夏季炎热潮湿，制冷负荷全年占比高，蒸发冷却空调系统利用空气加湿降温原理，能在降低制冷能耗的同时改善室内空气品质。夏热冬冷地区呈现“夏热冬冷”的双重负荷特征，地源热泵系统利用土壤恒温特性，全年运行效率较高，是该地区的理想选择。

（四）能源供应状况与价格

能源供应状况与价格直接影响空调系统的经济性，不同能源类型的供应稳定性和价格水平决定系统的选择方向。电力供应充足且电价较低的地区，电动压缩式制冷机组如离心式冷水机组应用广泛，这类机组制冷效率高且运行稳定。燃气资源丰富的地区可选择燃气吸收式制冷机组，利用燃气燃烧热量驱动制冷循环，在夏季用电高峰期能缓解电力供应压力。能源价格波动影响系统长期运行成本，电价存在峰谷差异的地区，冰蓄冷空调系统通过夜间低价电制冰，白天融冰供冷，可显著降低运行费用。能源供应不稳定的地区，应避免依赖单一能源，采用多能源互补系统如空气源热泵与燃气壁挂炉结合的方式，能提高系统运行的可靠性。

（五）建筑层高与空间条件

建筑层高与空间条件对空调系统的形式和设备布置有直接约束作用，不同空间特征需匹配相应的系统方案。层高较高的大空间建筑如体育馆和剧院，垂直空间温度分布不均匀，分层空调系统通过在人员活动区域设置送风口，仅处理下部空间空气，可有效减少空调负荷。置换通风系统利用空气密度差，将新鲜空气从地面送出，污浊空气从顶部排出，能提高人员呼吸区的空气品质，适用于层高较高的工业厂房和大型厅堂。层高较低且空间狭小的建筑如住宅，空调设备安装空间有限，分体式空调器室内机可隐藏在吊顶内或采用壁挂方式安装，户式中央空调通过集中的室内机和风管布置，减少对室内空间的占用。建筑结构的承重能力也需考虑，大型空调设备如冷水机组重量较大，需要在建筑设计阶段预留设备机房和承重结构，确保系统安装的可行性。

第二节　集中式与半集中式空调系统

一、集中式空调系统的组成与工作原理

（一）空气处理设备的组成

空气处理设备是集中式空调系统实现空气热湿处理和净化的核心装置，主要

由过滤段、热交换段、加湿/除湿段及风机段等功能区域组成。其工作过程是将室外新风与回风混合后，依次通过各处理段完成空气参数的调节，以满足空调房间对温度、湿度和洁净度的要求。主要功能组件如下。

（1）过滤组件

过滤组件的作用是去除空气中的悬浮颗粒物，包括灰尘、花粉、微生物等杂质，防止其进入后续处理设备或空调房间影响室内空气质量。常见的过滤器类型有初效过滤器和中效过滤器，初效过滤器通常采用无纺布或金属网材质，用于去除粒径较大的颗粒物；中效过滤器多为玻璃纤维或合成纤维材料，可过滤粒径更小的微粒，两者通常组合使用以提高过滤效率。

（2）热交换组件

热交换组件通过冷热媒与空气进行热量交换，实现空气的加热或冷却。表面式换热器是最常用的热交换设备，其结构由金属盘管和翅片组成，当需要加热空气时，盘管内通入热水或蒸汽；当需要冷却空气时，盘管内通入冷水或制冷剂，空气流经翅片表面时与盘管内的冷热媒进行热交换，从而改变空气温度。

（3）加湿与除湿组件

加湿组件用于提高空气湿度，常见的加湿方式有蒸汽加湿和超声波加湿，蒸汽加湿通过将水加热产生蒸汽混入空气中，加湿效率高且湿度控制精确；超声波加湿则利用超声波振动将水雾化成微小水滴融入空气，适用于对湿度要求不高的场合。除湿组件主要用于降低空气湿度，常用的冷却除湿法是通过将空气冷却至露点温度以下，使空气中的水蒸气凝结成水滴分离出来，从而降低空气含湿量。

（4）风机组件

风机组件为空气在处理设备内的流动提供动力，同时将处理后的空气输送至风道系统。常用的风机类型有离心风机和轴流风机，离心风机具有风压高、风量调节范围大的特点，适用于需要长距离输送空气的系统；轴流风机则适用于风量大、风压要求较低的场合，风机的选型需根据系统所需风量和风压进行计算确定。

（二）空气输送与分配系统

空气输送与分配系统的作用是将空气处理设备处理后的空气按照设计要求输

送到各个空调房间，并将室内空气合理组织后排回系统或排出室外，该系统主要由风道系统和送回风口装置两部分组成，其设计合理性直接影响空调系统的运行效果和室内环境质量。

1. 风道系统

（1）风道材料与规格

风道是空气流动的通道，其材料选择需考虑强度、耐腐蚀性能和空气阻力等因素。目前工程中常用的风道材料为镀锌钢板，具有良好的耐腐蚀性能和加工性能，且价格适中；对于大型空调系统或有特殊要求的场合，也可采用复合材料风道或玻璃钢风道，复合材料风道重量轻、保温性能好，玻璃钢风道则具有较强的耐腐蚀性。风道的规格（截面尺寸）需根据通过的风量和允许的风速进行计算确定，风速过高会导致风道阻力增大和噪声增加，风速过低则会使风道尺寸过大，占用过多建筑空间。

（2）风道布置原则

风道布置应遵循阻力最小原则，尽量缩短风道长度，减少弯头、三通等局部管件的数量，以降低系统阻力和能量消耗。在布置过程中，需根据建筑结构和空调房间的位置合理规划主风道和支风道的走向，主风道通常布置在吊顶或设备层内，支风道则从主风道引出后连接至各送风口。同时，为了保证各支风道的风量平衡，需在风道上设置风阀等调节装置，通过调节风阀的开度来改变风道阻力，使各空调区域的送风量达到设计值。

2. 送回风口装置

（1）送风口类型与安装要求

送风口的作用是将处理后的空气以特定的气流形式送入空调房间，其类型需根据室内气流组织要求进行选择。散流器是常用的送风口类型之一，适用于层高较高的房间，其送出的气流呈贴附射流状，可均匀分布在房间各个区域；百叶风口则适用于局部区域送风或对气流方向有特定要求的场合，通过调节百叶的角度可改变气流的送出方向。送风口的安装位置应避免对着人体直接送风，且与灯具、消防喷头等其他设备保持一定距离，以保证送风效果和室内装修的美观性。

(2) 回风口设置位置

回风口的作用是将室内空气抽回系统进行处理或排出室外，其设置位置应有利于室内空气的循环流动，减少气流死角。通常情况下，回风口设置在房间下部或气流停滞区。对于有热源的房间，回风口宜设置在热源附近，以便及时将热空气抽回系统；对于恒温恒湿房间，回风口可均匀布置在房间四周，以保证室内温度场和湿度场的均匀性。回风口的数量和尺寸需根据回风量进行计算，回风量一般为送风量的80%~90%，以维持室内正压或负压状态。

（三）冷热源系统的连接方式

冷热源系统是集中式空调系统的能量来源，为空气处理设备提供所需的冷量或热量，其与空气处理系统的连接方式直接影响系统的运行效率、初投资和维护管理难度，常见的连接方式包括直接连接方式和间接连接方式。

1. 直接连接方式

直接连接方式是指冷热源设备（如冷水机组、锅炉）的出口与空气处理设备的换热器进口通过管道直接连接，冷热媒（冷水、热水或制冷剂）在冷热源设备和空气处理设备之间直接循环流动。这种连接方式的系统结构简单，管道布置紧凑，不需要额外设置中间换热设备，因此初投资较低，能量传递效率高。直接连接方式适用于中小型空调系统或冷热源设备与空气处理设备距离较近的场合，当系统规模较小时，管道阻力较小，冷热媒输送能耗低，运行经济性较好。但该方式下，冷热源设备与空气处理设备的水质相互影响，若空气处理设备的换热器发生泄漏，可能导致冷热源系统的水质污染，因此对系统的水质处理要求较高。

2. 间接连接方式

间接连接方式是通过中间换热器将冷热源系统与空气处理系统进行隔离，冷热源设备产生的冷热媒进入中间换热器，与空气处理系统的二次冷媒（如冷冻水、热水）进行热量交换，然后由二次冷媒进入空气处理设备的换热器。中间换热器的作用是将两个系统的工质分开，避免冷热源系统与空气处理系统之间的水质相互污染，同时可通过调节中间换热器的换热面积和二次冷媒的流量来控制空气处理设备的供冷（热）量。间接连接方式适用于大型空调系统或对水质要求严格的场合，当系统中空气处理设备数量较多且分布较广时，采用间接连接可减少冷热源设备的容量，降低系统的输送能耗；对于使用地下水等特殊冷热源的系统，间接连接方式还可避免地下水直接进入空气处理设备，保护地下水资源。但该方式需要增加中间换热器和二次冷媒循环泵，系统初投资较高，且由于存在两次换热过程，能量传递效率相对直接连接方式有所降低。

（四）集中式空调系统的工作流程

集中式空调系统的工作流程是一个连续的空气处理和输送过程，通过各个组成部分的协同作用，实现对空调房间空气参数的调节。该流程主要包括空气采集与混合、空气处理、空气输送与分配、室内空气循环四个阶段，每个阶段的运行状态直接影响系统的整体性能。

1. 空气采集与混合阶段

室外新风通过设置在建筑外墙上的新风入口进入系统，新风入口处通常设有防雨百叶和初效过滤器，以防止雨水和大颗粒杂质进入。同时，从空调房间返回的回风通过回风口被吸入系统，新风与回风在混合段按照一定的比例混合，混合比例需根据室内空气质量要求和节能要求确定。一般情况下，新风量应满足室内人员的卫生要求，回风量则根据系统的热回收效率和运行经济性进行调整。

2. 空气处理阶段

混合后的空气进入空气处理设备，依次经过过滤、热交换、加湿或除湿处理。在过滤段，空气通过初效和中效过滤器去除悬浮颗粒物，净化后的空气进入热交换段，与表面式换热器内的冷热媒进行热交换，当需要降温除湿时，通入冷水或制冷剂使空气温度降低至露点温度以下，空气中的水蒸气凝结成水滴分离出来；当需要加热时，通入热水或蒸汽使空气温度升高。根据室内湿度要求，处理后的空气可能进入加湿段或除湿段，通过蒸汽加湿或冷却除湿等方式调节空气含湿量，使空气的温度和湿度达到设计参数。

3. 空气输送与分配阶段

处理后的空气由风机驱动，进入风道系统。风机提供的风压克服风道系统的阻力，将空气通过主风道、支风道输送到各个空调区域，在风道的分支处设置风阀等调节装置，通过调节风阀的开度来分配各支风道的风量，保证每个空调房间的送风量符合设计要求。空气最终通过送风口以特定的气流形式送入室内，送风口的类型和安装位置决定了室内气流的组织形式，合理的气流组织可使室内空气温度、湿度分布均匀，满足人体舒适性要求。

4. 室内空气循环阶段

送入房间的空气与室内空气进行热湿交换，吸收室内的余热和余湿，使室内空气参数维持在设定范围内。部分吸收余热余湿后的空气作为回风，通过回风口返回空气处理设备，与新风混合后重新处理；另一部分空气作为排风直接排出室外，排风量一般为新风量与回风量的差值，通过设置排风出口和排风机实现排风的排出，以维持室内的正压或负压状态，防止室外未处理空气渗入或室内空气外泄。通过以上四个阶段的循环运行，集中式空调系统持续为空调房间提供符合要求的空气环境。

二、集中式空调系统的类型与特点

（一）单风管集中式系统

单风管集中式系统是集中式空调系统中结构最为简单的类型之一。该系统的核心特征是通过一条主风管将经集中处理后的空气输送至建筑内的各个空调区域。空气处理过程通常在集中设置的空气处理机组中完成，处理后的空气参数（温度、湿度、洁净度等）需满足系统内所有区域的基本需求。在风管末端，可设置简易的风量调节装置或百叶风口，以实现各区域风量的初步分配，但无法独立调节每个区域的送风温度或湿度。单风管集中式系统的主要优势在于系统构造简单，风管数量少，初期投资和安装成本较低，同时维护管理相对简便。不过，由于所有区域共用同一风管输送相同参数的空气，当各区域负荷变化或需求差异较大时，系统难以实现精准的独立调节，因此该系统更适用于空调区域面积较大、负荷特性相近且对温湿度控制精度要求不高的建筑，如大型商场、展厅等公共空间。

（二）双风管集中式系统

双风管集中式系统在单风管系统的基础上进行了改进，通过设置两条独立的主风管分别输送高温空气和低温空气。其中一条风管输送经过加热处理的热风，另一条风管输送经过冷却减湿处理的冷风，两条风管内的空气参数保持稳定。在每个空调区域的送风入口处设置混合箱，通过调节混合箱内冷热风的混合比例，使送出的空气达到该区域所需的温度和湿度。这种设计使得各区域能够根据自身负荷变化独立调节送风参数，极大提升了系统的调节灵活性和控制精度。双风管集中式系统的显著特点是调节性能优良，可满足不同区域差异化的温湿度需求，尤其适用于负荷波动大、各区域使用功能不同的建筑，如高档酒店、办公楼等。但该系统需要设置两条主风管，增加了风管的占用空间和材料消耗，初期投资和运行能耗相对较高，同时混合箱等末端装置的维护也更为复杂。

（三）定风量与变风量集中式系统

1. 定风量集中式系统

定风量集中式系统的送风量在设计工况下保持恒定，系统通过改变送风温度来适应空调区域的负荷变化。空气处理机组根据室内负荷的变化，调节冷水或热水的供应量，从而改变送风温度，使送入室内的空气在定风量的条件下与室内空气进行热交换，维持室内温度稳定。末端装置通常为普通的送风口，部分系统会在末端设置再热盘管，以满足局部区域的微调需求。定风量系统的控制方式简单，设备稳定性高，初期投资较低，适用于负荷变化较小、对风量波动敏感的场合，如医院的手术室、实验室等。但在部分负荷工况下，由于送风量不变，系统需要通过再热或旁通等方式调节，可能导致能源浪费，运行效率相对较低。

2. 变风量集中式系统

变风量集中式系统与定风量系统的主要区别在于送风量可随负荷变化而调

节，而送风温度基本保持恒定。系统通过在各空调区域设置变风量末端装置，根据室内温度传感器的反馈信号，自动调节末端送风量，以匹配实时负荷需求。当室内负荷降低时，末端装置减少送风量；当负荷升高时，增加送风量，从而维持室内温度稳定。变风量系统能够实现按需送风，在部分负荷工况下可显著降低风机的能耗，具有较好的节能效果。同时，由于送风量可独立调节，系统对各区域负荷变化的适应性更强，适用于大型办公楼、商业综合体等负荷波动较大的建筑。不过，变风量系统的末端装置结构相对复杂，需要配备压力控制和风量调节设备，初期投资较高，且对系统的设计和调试要求更为严格。

（四）集中式空调系统的优缺点

集中式空调系统的优点主要体现在空气处理的集中性和管理的便捷性。系统的空气处理设备集中设置在机房内，便于进行统一的空气过滤、加热、冷却、加湿等处理，能够有效保证建筑内各区域的空气品质，尤其适用于对空气洁净度要求较高的场所。设备集中布置也有利于维护管理，减少了分散设备的维护工作量，同时可通过集中控制实现系统的高效运行。此外，集中式系统的空气处理量大，能够满足大型建筑或大面积空间的空调需求，在设计合理的情况下可实现较好的气流组织和温度分布均匀性。

集中式空调系统的缺点则主要集中在灵活性和空间占用方面。由于风管系统通常需要覆盖整个建筑，主风管尺寸较大，会占用较多的建筑空间，如吊顶高度、管井面积等，对建筑布局的灵活性造成一定限制。系统的调节灵活性相对较差，尤其是单风管和定风量系统，难以完全满足各区域差异化的需求，当建筑功能发生变化或局部区域负荷调整时，系统改造难度较大。此外，集中式系统的初期投资较高，风管和设备的材料及安装成本占比较大，且在部分负荷运行时，若控制不当容易出现能耗偏高的问题，需要通过优化控制策略和采用节能技术来改善。

三、半集中式空调系统的组成与工作原理

（一）集中处理部分与局部处理部分

半集中式空调系统的组成主要包括集中处理部分和局部处理部分，这两部分通过协同作用实现对建筑内空气环境的综合调节。集中处理部分负责对空气进行基础性的集中处理，为系统提供符合基本参数要求的空气；局部处理部分则根据各个空调区域的具体需求，在集中处理空气的基础上进行进一步的调节，使系统既具备集中式系统的高效性，又拥有分散式系统的灵活性。

1. 集中处理部分的构成

集中处理部分是半集中式空调系统的重要核心，主要由空气处理机组、风道系统以及相关的辅助设备共同构成。空气处理机组作为集中处理空气的关键设备，内部集成了过滤器、冷却盘管、加热盘管、加湿器等多个功能部件，能够对引入的室外新风和室内回风进行过滤、冷却或加热、加湿或除湿等一系列处理流程，使处理后的空气达到设定的温度、湿度和洁净度参数。风道系统则承担着将集中处理后的空气输送到建筑内各个区域的任务，其设计需要充分考虑空气流量的合理分配、系统的阻力损失以及运行时的噪声控制等因素，以确保空气能够均匀、稳定地输送至各个局部处理设备。

2. 局部处理部分的构成

局部处理部分设置在各个空调区域内部，主要由末端处理设备及其连接管线组成，是实现空气参数最终调节的关键环节。常见的末端处理设备有风机盘管、诱导器等，这些设备通常安装在空调房间内或者吊顶空间中，能够直接与室内空气接触。末端处理设备通过与集中处理部分输送来的空气（即一次风）以及水系统输送的冷热水进行热交换，对空气进行进一步的温度和湿度调节，从而满足不同房间或区域的个性化需求。连接管线包括用于输送一次风的风管和用于输送冷热水的水管，其布置需要考虑安装空间的大小、建筑的美观性以及系统运行的可靠性等多方面因素。

（二）空气-水系统的工作原理

空气-水系统是半集中式空调系统中一种典型的形式，其工作原理是通过集中处理的空气（即一次风）和水系统输送的冷热量共同承担空调区域的负荷。在这个系统中，一次风主要承担新风负荷和部分室内显热负荷，水系统则通过末端设备承担大部分室内显热负荷和潜热负荷，两者相互配合、协同作用，实现对室内空气环境的精准控制。

1. 一次风系统的作用

一次风系统是空气-水系统中输送集中处理空气的重要组成部分，其主要作用是向各个空调区域提供经过集中处理的新风和部分回风的混合空气。一次风首先在空气处理机组中完成过滤、冷却、加热、加湿等处理过程，然后通过风道系统输送至各个区域的末端处理设备，如风机盘管、诱导器等。一次风不仅为室内提供必要的新鲜空气，满足室内人员的卫生要求，同时作为携带冷热量的介质之一，与末端设备中的水系统协同调节室内空气参数。一次风的风量和参数（如温度、湿度）需要根据建筑的使用功能、人员密度以及室内负荷特性进行详细的设计计算，以确保系统的运行效率和室内环境质量。

2. 水系统的热交换过程

水系统是空气-水系统中输送冷热量的关键环节，其主要功能是通过循环水泵将冷水机组制备的冷水或锅炉制备的热水输送至各个末端处理设备的换热盘管，使冷热水与通过盘管的空气进行热交换，从而实现对空气的冷却或加热。当空调区域需要降温时，冷水在换热盘管内流动，吸收空气的热量使空气温度降低；当需要升温时，热水在换热盘管内流动，向空气释放热量使空气温度升高。水系统的设计需要考虑水流量的合理分配、管网的阻力平衡、管道的保温措施以及水质处理等问题，以保证热交换效率和系统的稳定运行。水系统的循环水量和供回水温度需要根据末端设备的负荷需求及换热性能进行准确的计算确定。

3. 空气与水协同处理的机制

在空气-水系统中，通过末端处理设备实现一次风与水介质的协同处理，完成对空气的调节与能量交换过程。一次风进入末端设备后，与室内回风（或诱导进来的室内空气）进行混合，然后流经末端设备的换热盘管，与盘管内的冷水或热水进行热交换，使混合空气的温度和湿度达到设计要求，最后由末端设备的风机（或诱导作用）送入室内。在这个过程中，一次风的风量和参数决定了空气处理的基础条件，水系统的水温与水量则决定了热交换的强度，两者共同作用可以灵活调节室内空气参数，以适应不同区域的负荷变化。当室内负荷增加时，可以通过增大一次风量或降低冷水温度（增加热水温度）来提高处理能力，确保室内环境的稳定性。

（三）诱导器系统的工作机制

诱导器系统是半集中式空调系统中一种利用诱导原理工作的末端处理系统，其工作机制主要依靠集中处理后的一次风以高速从诱导器的喷嘴喷出，在喷嘴出口处形成负压，诱导室内空气（即二次风）进入诱导器，一次风与二次风在诱导器内混合后流经换热盘管进行热交换，处理后的混合空气被送入室内，从而实现对室内空气环境的调节。

1. 诱导器的结构组成

诱导器主要由静压箱、喷嘴、换热盘管、混合段和出风口等部分组成。静压箱是一次风进入诱导器的缓冲空间，能够使一次风在箱内均匀分布，为喷嘴提供稳定的气流；喷嘴是诱导器的核心部件，通常采用圆形或条形，具有较小的出口截面积，一次风通过喷嘴时流速显著提高，形成高速射流；换热盘管位于混合段之后，内部通有冷水或热水，用于对混合后的空气进行冷却或加热处理；混合段是一次风与诱导进来的二次风混合的区域，确保两种空气能够充分混合均匀；出风口则将处理后的空气以适当的速度和方向送入室内。

2. 诱导过程的空气动力学原理

诱导器的诱导过程基于空气动力学中的射流诱导原理。当一次风在风机的作用下进入静压箱并通过喷嘴高速喷出时，射流周围的空气被带动，在喷嘴出口附近形成低压区，室内空气（即二次风）在压差的作用下被吸入诱导器的混合段，与一次风形成混合气流。诱导器的诱导比（即二次风量与一次风量的比值）是衡量诱导效果的重要参数，其大小与喷嘴的形状、尺寸、数量以及一次风的进口风速有关。通常，诱导比越大，说明诱导器利用室内空气的能力越强，一次风的用量相对越少，可减小风道尺寸，降低系统能耗。射流在混合段内逐渐扩散，与二次风充分混合，使混合空气的参数趋于均匀，为后续的热交换创造有利条件。

3. 热交换盘管的工作方式

热交换盘管是诱导器实现空气温度调节的关键部件，其工作方式是通过盘管内流动的冷热水与管外的混合空气进行热量交换。当混合空气流经盘管外表面时，若盘管内通冷水，则空气向冷水释放热量，温度降低，空气中的部分水蒸气可能凝结成水，实现冷却减湿处理；若盘管内通热水，则冷水从空气中吸收热量，温度升高，实现加热处理。盘管的传热面积、管排数、翅片结构以及冷热水的流量和温度都会影响热交换效率。为确保换热效果，盘管外表面需保持清洁，避免积灰影响传热；同时，盘管的布置应使混合空气能够均匀流过其表面，避免出现气流短路或死区。处理后的空气经出风口送入室内，与室内空气混合后维持室内所需的温度和湿度。

（四）风机盘管系统的运行流程

风机盘管系统是半集中式空调系统中应用最为广泛的末端处理系统之一，其运行流程主要包括空气处理流程和水系统循环流程两部分，通过风机驱动空气流经换热盘管进行热交换，同时水系统输送冷热水至盘管，实现对室内空气的温度调节，具有结构紧凑、安装方便、调节灵活等特点。

1. 风机盘管的基本构造

风机盘管主要由风机、换热盘管、过滤器、凝水盘、壳体以及控制装置等部分组成。风机是驱动空气流动的动力部件，通常采用离心式或轴流式风机，其风量可通过变速装置或多速开关进行调节，以适应不同的负荷需求；换热盘管是实现空气与水热交换的核心部件，多采用铜管串铝翅片结构，具有较高的传热效率，盘管的进口和出口分别与水系统的供水管和回水管连接；过滤器安装在空气入口处，用于过滤空气中的灰尘和杂质，防止盘管堵塞和影响室内空气品质；凝水盘位于盘管下方，用于收集空气冷却过程中产生的凝结水，并通过排水管排出；壳体用于固定各部件并形成空气流动通道，其材料通常为金属或塑料，表面可进行保温处理以防止结露；控制装置包括温度控制器、电动二通阀或三通阀等，用于根据室内温度自动调节进入盘管的水流量或风机的运行状态。

2. 空气处理流程

风机盘管的空气处理流程是指室内空气（或室内空气与少量新风的混合空气）经过过滤、换热、送风的过程。在风机的作用下，室内空气从回风口进入风机盘管，经过过滤器过滤，去除空气中的灰尘、毛发等悬浮颗粒物，净化后的空气随后流经换热盘管。当空气流过盘管外表面时，与盘管内流动的冷热水进行热交换：若为夏季制冷工况，盘管内通冷水，空气向冷水放热，温度降低，含湿量减少，处理后的冷空气由送风口送入室内；若为冬季制热工况，盘管内通热水，冷水从空气中吸热，温度升高，处理后的热空气由送风口送入室内。空气在风机盘管内的流速、与盘管的接触时间以及盘管的传热面积直接影响空气的处理效果，合理设计这些参数可确保空气处理后的温度和湿度满足室内要求。

3. 运行控制方式

风机盘管系统的运行主要通过调节水流量和风机风量来实现对室内温度的控制，以适应室内负荷的变化。常用的控制方式包括手动控制和自动控制两种。手动控制是通过人工操作风机的“三速”开关（高速、中速、低速）来调节风量，或通过手动阀门调节水流量，适用于负荷变化较小或对温度控制精度要求不高的场合。自动控制则是通过温度控制器检测室内温度，并与设定温度进行比较，然后控制电动二通阀或三通阀的开启度来调节进入盘管的水流量，或控制风机的运行速度。当室内温度高于设定温度时，温度控制器发出信号，增大电动二通阀的开启度，增加冷水流量，提高冷却能力；当室内温度达到设定温度时，阀门关小或关闭，减少水流量。自动控制能够实现室内温度的精准调节，降低人工操作强度，提高系统的节能性和舒适性。

四、半集中式空调系统的类型与特点

（一）风机盘管加新风系统

风机盘管加新风系统是半集中式空调系统中应用最为广泛的形式之一，其核心设计思路是将空气处理过程分为集中处理与局部处理两部分。该系统主要由集中式新风处理机组和分散设置在各空调区域的风机盘管组成，其中新风处理机组负责对室外新鲜空气进行过滤、加热、冷却及加湿等处理，处理后的新风通过独立的送风管道直接送入室内；风机盘管则安装在各空调房间内，主要处理室内回风或新风与回风的混合空气，通过调节风机转速和盘管内冷热水流量来控制送风温度和风量。

1. 系统工作原理

新风处理机组通常设置在建筑的机房内，室外空气经新风口进入机组后，依次经过初效过滤器去除大颗粒杂质，再通过表冷器或加热器进行热湿处理，使其达到设计的新风状态参数，随后由送风机通过风管系统输送至各房间的新风送风口。风机盘管则由风机、盘管、过滤器和温控装置等部件构成，室内空气经回风口进入风机盘管，经过滤后流经盘管进行热交换，被冷却或加热后由送风口送入室内，从而实现对房间空气温度的局部调节。新风与风机盘管送风在室内混合，共同维持室内的温湿度和空气品质要求。

2. 系统主要特点

该系统的显著优点在于局部调节性能良好，各房间可根据实际需求通过温控器独立调节风机盘管的运行状态，满足不同使用者对温度的个性化需求；新风系统独立设置，能够确保各房间获得足够的新鲜空气，有效改善室内空气品质；与全空气系统相比，风管尺寸较小，可节省建筑空间，尤其适用于层高较低的建筑。其缺点主要包括风机盘管设备需要定期清洗维护，以防止盘管表面积尘和滋生微生物影响空气质量；风机盘管运行时会产生一定的噪声，需要通过合理的选型和安装措施进行控制；此外，系统中存在冷凝水排放问题，若处理不当可能导致漏水隐患。

（二）诱导器空调系统

诱导器空调系统是依靠空气诱导作用实现室内空气循环处理的半集中式空调系统，其工作原理基于高速喷射气流的诱导效应，通过集中处理的高压新风诱导室内空气进行混合，从而达到调节室内空气参数的目的。该系统主要由诱导器、新风处理机组、送回风管道及冷热源设备等组成，其中诱导器是安装在空调房间内的末端装置，新风处理机组则负责将室外空气处理至特定状态并以较高压力输送至诱导器。

1. 诱导原理

新风处理机组将室外空气处理到一定的温度和湿度后，经风机加压通过风管送入诱导器的静压箱，在静压箱内形成稳定的高压气流，随后通过静压箱上的若干个喷嘴高速喷出。高速喷射的新风气流会在喷嘴出口处形成负压区，从而诱导室内空气（称为二次风）进入诱导器，与新风（称为一次风）在诱导器内混合。若诱导器设置有二次风盘管，混合后的空气还会流经盘管进行进一步的热湿处理，最后通过送风口送入室内。二次风盘管可根据需要通入冷水或热水，以增强系统对室内负荷的调节能力。

2. 系统性能特点

诱导器空调系统的主要优点是一次风风速高、风管断面尺寸小，可显著减少风管占用的建筑空间，尤其适用于对吊顶高度要求严格的建筑；诱导器无风机部件，运行噪声较低，能够营造较为安静的室内环境；系统通过调节一次风风量即可实现对室内温度的控制，控制方式相对简单。其局限性在于诱导器的诱导比有限，当室内负荷变化较大时，调节能力不如风机盘管系统灵活；一次风需维持较高压力，导致新风处理机组的风机能耗相对较高；此外，诱导器内部容易积尘，需要定期清理以保证空气流通顺畅和室内空气品质。

（三）辐射板与新风组合系统

辐射板与新风组合系统是一种将辐射换热与新风换气相结合的半集中式空调

系统，该系统通过辐射板以辐射和对流的方式与室内环境进行热交换，同时依靠独立的新风系统满足室内空气的新鲜度和湿度控制要求。辐射板通常安装在天花板、墙面或地面等位置，内部通入冷水或热水作为热媒，新风系统则负责将室外空气处理到适宜的状态后送入室内，两者协同工作以维持室内的热舒适环境和空气品质。

1. 系统协同工作机制

辐射板的工作原理是利用金属板表面与室内空气及围护结构之间的辐射传热和自然对流传热。当通入热水时，辐射板表面温度高于室内空气温度，向室内释放热量，实现供暖；当通入冷水时，辐射板表面温度低于室内空气温度，从室内吸收热量，实现供冷。辐射板主要承担室内的显热负荷，通过调节热媒的温度和流量来控制其换热量。新风系统则需要对室外空气进行过滤、加热、冷却、加湿或减湿等处理，使其达到设计的温湿度参数后送入室内，不仅为室内提供必要的新鲜空气，还承担了室内的潜热负荷以及部分显热负荷，同时通过合理的气流组织将室内的污浊空气排出，防止辐射板表面结露（在供冷工况下）。

2. 应用特性

该系统的突出优点是舒适性高，辐射换热方式使得室内温度分布均匀，垂直温差小，无强制吹风感，人体感觉更为自然舒适；辐射板不占用室内有效空间，且表面温度较低（供冷时）或较高（供暖时），安全性好；系统运行噪声低，因为辐射板本身无运动部件，新风系统的风机可设置在远离使用房间的机房内。其应用限制主要包括辐射板的传热面积较大，需要与建筑装修相结合进行设计和安装，对建筑层高和吊顶形式有一定要求；在供冷工况下，辐射板表面温度必须高于室内空气的露点温度，否则会产生结露现象，因此对新风系统的湿度控制要求严格；系统的初投资相对较高，且辐射板的热响应速度较慢，对负荷变化的调节不够迅速。

（四）半集中式空调系统的适用特性

半集中式空调系统结合了集中式空调系统和分散式空调系统的特点，通过集中处理部分空气（如新风）和分散处理室内负荷（如末端装置），使其在不同建筑类型和使用条件下具有独特的适用性。分析半集中式空调系统的适用特性，需要从建筑功能需求、负荷特性、空间条件及运行管理等多个方面进行综合考量，以明确其在实际工程应用中的优势场景和限制条件。

1. 建筑类型适配性

半集中式空调系统适用于建筑功能分区明确、各区域使用时间和负荷需求差异较大的建筑。例如，高层酒店的客房区域，每个客房需要独立的温度控制，同时需保证新风供应，风机盘管加新风系统能够很好地满足这个需求；办公楼的标准层，各办公室的人员数量和设备负荷变化较大，采用半集中式系统可实现分区域独立调节，提高使用灵活性。此外，医院的病房、门诊楼，以及商业建筑中的商铺、餐饮区等，也因对空气品质和局部调节的要求，常选用半集中式空调系统。对于大型体育场馆、候机大厅等空间高大、负荷分布均匀的建筑，半集中式系统的适用性则不如全空气系统。

2. 运行条件适应性

在运行条件方面，半集中式空调系统适用于室外气象参数变化较大、室内负荷波动显著的场合。系统中的集中处理部分（如新风处理机组）可根据室外空气参数的变化进行集中调节，而末端装置（如风机盘管、诱导器）则能快速响应室内负荷的局部变化，从而在保证室内环境参数稳定的同时，降低系统的整体能耗。过渡季节时，部分半集中式系统（如风机盘管加新风系统）可通过增大新风量或采用全新风运行模式，充分利用室外空气的自然冷量，实现节能运行。但该系统对水质和维护管理有一定要求，例如风机盘管的盘管和过滤器需要定期清洗，辐射板系统需要保证热媒水质以防止结垢堵塞，因此在运行管理水平较低的场所应用时需谨慎。

五、集中式与半集中式空调系统的应用场景

集中式与半集中式空调系统的应用场景选择需综合考虑建筑类型、使用功

能、空调负荷特性及运行管理需求。不同建筑类型在空间规模、人员密度、温湿度控制精度等方面存在差异，这些因素直接影响系统形式的适用性。以下从大型公共建筑、工业建筑及不同空调负荷条件三个维度，分析两类系统的典型应用场景及选择依据。

（一）大型公共建筑应用

大型公共建筑通常具有空间体量大、功能复杂、人员流动性强等特点，对空调系统的空气处理能力、运行稳定性及调节灵活性有较高要求。集中式与半集中式空调系统在这类建筑中应用广泛，具体表现为不同子类型建筑的适配性差异。

1. 商业综合体中的应用

商业综合体包含购物中心、餐饮、娱乐等多种功能区域，各区域空调负荷特性差异显著。集中式空调系统通过设置集中的冷热源和空气处理机组，可实现对整个建筑的统一供冷和供热，便于集中管理和能效监控。同时，针对餐饮区油烟处理和娱乐区独立温湿度需求，半集中式空调系统的末端装置如风机盘管加新风系统，能在集中供冷和供热的基础上实现局部区域的精准调节，减少不同功能区域之间的相互干扰，提升室内环境品质。

2. 交通枢纽中的应用

机场航站楼、火车站候车大厅等交通枢纽建筑具有空间高大、人员密集且流动频繁的特点，空调系统需满足大空间空气分布均匀和快速负荷响应的要求。集中式空调系统的组合式空气处理机组可提供大风量、高焓差的空气处理能力，配合吊顶式空气分布器或喷口送风方式，能有效覆盖高大空间，保证人员活动区域的温湿度达标。半集中式系统中的变风量末端装置可根据候车区域实时人员数量调整送风量，在客流低谷期降低能耗，实现节能运行。

3. 文化与体育场馆中的应用

剧院、体育馆等文化体育场馆在使用过程中存在明显的负荷波动，如演出或比赛期间人员密集、发热量大，非使用期间负荷较低。集中式空调系统可通过双工况冷水机组和蓄冷装置，应对短时间内的高峰负荷，保证系统稳定运行；半集中式空调系统中的风机盘管与新风系统组合，可在观众席区域实现分区温度控制，满足不同区域观众的舒适性需求，同时在舞台或比赛场地等特殊区域，通过独立的空气处理单元实现更高精度的温湿度和气流组织控制。

（二）工业建筑中的应用特点

工业建筑的空调系统不仅需满足人员舒适性要求，更要服务于生产工艺，如恒温恒湿、洁净度、有害气体控制等特殊需求。集中式与半集中式空调系统在工业场景中的应用，需重点考虑工艺参数的稳定性和系统的可靠性。

1. 恒温恒湿车间的应用

电子元器件、精密仪器等生产车间对环境温湿度波动范围有严格要求，通常温度波动需控制在±1℃，相对湿度波动控制在±5%以内。集中式空调系统通过采用高精度传感器、比例–积分–微分控制调节的空气处理机组，配合冷水机组的变频调节和热水系统的稳定供热，可实现对车间温湿度的精确控制。系统中的空气处理单元设置多级过滤、加热、冷却、加湿、除湿等功能段，能有效应对室外气象参数变化和室内工艺设备发热带来的负荷扰动，保证生产环境的稳定性。

2. 洁净厂房的应用

制药、半导体等行业的洁净厂房要求空气中的悬浮粒子浓度、微生物含量控制在极低水平，同时需维持一定的正压环境，防止外界污染侵入。集中式空调系统采用高效空气过滤器或超高效空气过滤器的空气处理机组，通过集中送风、回风、排风的气流组织形式，确保洁净区内的空气洁净度等级达标。半集中式系统中的局部净化单元，如洁净工作台或层流罩，可在集中系统的基础上对关键操作区域进行更高级别的洁净度保障，形成“集中控制+局部强化”的洁净空调方案，既满足整体洁净要求，又降低局部区域的建设和运行成本。

3. 高温车间的通风空调结合

冶金、铸造等高温车间存在大量工艺余热，夏季室内温度较高，单纯的空调降温能耗巨大。集中式空调系统可与机械通风系统结合，通过设置屋顶排风天窗或轴流风机排除车间内的高温空气，同时利用集中式空调系统的空气处理机组对送入车间的新风进行降温处理，以较低的能耗实现人员工作区域的舒适性改善。半集中式空调系统中的局部岗位送风装置，可将经过降温处理的空气直接送至工人操作位置，提高局部环境的舒适性，减少整体空调负荷，实现节能与舒适性的平衡。

（三）不同空调负荷下的系统选择

空调负荷的大小、分布特性及时间变化规律是影响集中式与半集中式空调系统选择的核心因素。合理匹配系统形式与负荷特性，可提高空调系统的运行效率，降低能耗。

1. 大负荷且稳定区域的系统选择

对于空调负荷大且全年运行稳定的区域，如大型数据中心、24h 连续生产的工业车间等，集中式空调系统具有明显优势。集中式空调系统可通过大容量的冷水机组、锅炉等冷热源设备，实现规模效应，降低单位冷热量的制备成本。同时，集中式空调系统的水系统或风系统管路布置集中，便于统一维护和管理，减少分散设备的维护工作量。系统运行过程中，可通过冷热源设备的群控策略，根据实际负荷调节运行数量（台），提高设备的运行效率，避免“小马拉大车”的能耗浪费。

2. 负荷波动大且分区明显区域的系统选择

商场的不同楼层、办公楼的不同朝向区域，空调负荷存在显著的时间和空间波动。半集中式空调系统通过集中制备冷热源，结合末端装置的独立调节能力，可实现分区负荷的精准控制。例如在办公楼中，南向房间冬季太阳辐射得热大，空调负荷较小，北向房间空调负荷较大，半集中式空调系统中的风机盘管可独立调节水流量或风速，满足不同房间的温度需求。同时在过渡季节，可利用新风系统直接引入室外空气进行自然冷却，减少冷机运行时间，进一步降低系统能耗。

3. 小负荷分散区域的系统选择

对于小型办公室、酒店客房等小负荷且分散的区域，半集中式空调系统中的风机盘管加新风系统是常用选择。该系统形式中，新风由集中的空气处理机组处理后送入各房间，保证室内空气品质；风机盘管作为末端装置承担房间的显热负荷，可根据房间实际使用情况独立开关和调节，避免集中式系统在部分区域不使用时的无效能耗。同时分散布置的风机盘管安装灵活，对建筑空间要求较低，便于与室内装修协调，提升建筑的美观性。

第三节　全分散式与变风量空调系统

一、全分散式空调系统的组成与工作原理

（一）室内机与室外机的构成

全分散式空调系统的室内机与室外机是实现空气处理和能量交换的核心部件。室内机主要由蒸发器、贯流风机、空气过滤器和外壳组成。蒸发器作为热交换部件，在制冷工况下通过制冷剂蒸发吸收室内空气的热量，在制热工况下则通过制冷剂冷凝向室内空气释放热量。贯流风机负责驱动室内空气流经蒸发器，完成热交换后将处理后的空气送入室内环境，其转速可通过控制系统调节以改变送风量。空气过滤器安装在室内机进风口处，用于过滤空气中的灰尘和颗粒物，减少蒸发器表面的污垢积累，维持系统的换热效率。室外机的核心构成包括压缩机、冷凝器、轴流风机、节流装置和外壳。压缩机作为系统的“心脏”，通过消耗电能驱动制冷剂在系统内循环流动，实现能量的转移。冷凝器在制冷工况下将制冷剂携带的热量释放到室外环境，制热工况下则从室外环境吸收热量。轴流风机通过强制空气流动增强冷凝器的换热效果，节流装置则通过调节制冷剂流量控制蒸发器的换热效率。

（二）制冷剂管路连接方式

制冷剂管路是连接室内机与室外机的关键通道，其连接方式直接影响系统的运行效率和可靠性。全分散式空调系统的制冷剂管路通常由气管和液管组成，气管用于输送气态制冷剂，液管用于输送液态制冷剂，两者均采用紫铜管作为主要

材质，因其具有良好的导热性和柔韧性，便于安装时的弯曲和连接。管路连接主要采用扩口连接和焊接连接两种方式，扩口连接通过专用工具将铜管端口扩成喇叭口，利用螺母与室内外机的接口紧密连接，适用于小管径管路和可拆卸场景；焊接连接则通过氧乙炔火焰或电弧将铜管与接口熔合，形成永久性密封连接，适用于大管径管路和对密封性要求较高的场合。管路的长度和管径需根据系统的制冷（热）量、制冷剂类型以及室内外机的安装距离确定，过长或过细的管路会增加制冷剂流动阻力，导致系统效率下降。管路外侧需包裹保温材料，常用的保温材料有橡塑海绵和聚乙烯泡沫，以减少冷量或热量损失，防止管路表面结露或结霜。

（三）空气循环与热交换过程

全分散式空调系统的空气循环过程是实现室内空气温度调节的基础。在运行过程中，室内空气通过室内机的回风口被吸入，首先经过空气过滤器去除部分杂质，随后流经蒸发器表面。在制冷模式下，蒸发器内的低温低压液态制冷剂吸收空气的热量并蒸发为气态，使空气温度降低，同时空气中的水分因温度下降达到露点而凝结，形成冷凝水并通过排水管排出；处理后的低温干燥空气由贯流风机通过送风口送入室内，与室内空气混合后再次进入循环。在制热模式下，通过四通换向阀改变制冷剂的流向，此时室内机的蒸发器转变为冷凝器，高温高压的气态制冷剂在其中冷凝放热，加热流经的室内空气，处理后的热空气送入室内提升环境温度，而室外机的冷凝器则转变为蒸发器，从室外环境吸收热量。热交换过程的核心是制冷剂的相变，制冷剂在系统内经历压缩、冷凝、节流、蒸发四个热力过程，通过状态变化实现热量的转移。在压缩过程中，压缩机将低压气态制冷剂压缩为高温高压气态；冷凝过程中，高温高压气态制冷剂在冷凝器向外界释放热量并冷凝为高压液态；节流过程中，高压液态制冷剂经节流装置降压降温，变为低温低压气液混合物；蒸发过程中，低温低压气液混合物在蒸发器中吸收外界热量并完全蒸发为低压气态，随后再次进入压缩机完成循环。

（四）控制系统的基本功能

全分散式空调系统的控制系统用于实现对系统运行状态的监测、调节和保护，确保系统按照用户需求稳定工作。控制系统主要由温度传感器、微处理器、执行器和操作面板组成。温度传感器安装在室内机回风口或室内环境中，用于实时检测室内温度，并将温度信号转换为电信号传输给微处理器。微处理器作为控制核心，接收温度传感器的信号后与用户设定温度进行比较，通过内置算法计算出所需的运行参数，如压缩机运行频率、风机转速等，并向执行器发送控制指令。执行器包括压缩机变频模块、风机电机、四通换向阀电磁阀等，根据微处理器的指令调节压缩机的输出功率、改变风机的转速或切换制冷剂的流向，实现制冷、制热、送风等模式的转换。操作面板供用户进行参数设置，如设定温度、选择运行模式、调节风速和定时开关等，部分系统还具备远程控制功能，通过手机 APP 或智能家居系统实现远程操作。控制系统还具备故障保护功能，当系统出现异常情况时，如压缩机过载、制冷剂泄漏导致压力异常、风机故障等，传感器检测到异常信号后，微处理器会立即发出指令停止相关部件的运行，并通过指示灯或显示屏显示故障代码，便于维修人员排查问题。

二、全分散式空调系统的类型与特点

（一）窗式空调器系统

窗式空调器系统是全分散式空调系统中结构最为紧凑的类型之一，其核心特征是将制冷循环所需的压缩机、蒸发器、冷凝器、风机以及空气过滤部件集成在单个箱式结构内。这种集成化设计使得设备整体体积较小，通常通过窗户预留洞口或墙体专门开设的安装孔进行固定，安装过程无须复杂的管路连接。系统运行时，室内侧空气被吸入设备内部，经过蒸发器冷却或加热后，由风机直接送入室内环境；同时，室外侧空气流经冷凝器完成热量交换，通过另一侧的排风结构排出室外，形成完整的空气处理循环。该系统的控制方式多为手动旋钮或简单的电子温控，可实现对单区域温度的基础调节，适用于面积较小的独立空间，如住宅卧室、小型办公室等场所。

（二）分体式空调器系统

分体式空调器系统通过将空调设备的室内侧与室外侧分离设置，有效解决了窗式空调器的安装空间限制和噪声问题。系统主要由室内机和室外机两部分构成，室内机包含蒸发器、贯流风机、空气过滤器及温度传感器，安装于室内墙面或吊顶处；室外机则集成压缩机、冷凝器、轴流风机和节流装置，通常放置在建筑外墙或屋顶平台。室内外机之间通过制冷剂管路和电气控制线连接，管路内充注的制冷剂在压缩机驱动下循环流动，实现室内外热量的转移。根据室内机形式的不同，分体式系统可分为壁挂式、柜式、吊顶式等多种类型，其中壁挂式适用于家庭或小型办公空间，柜式则多用于面积较大的客厅或会议室，这种多样化的形式使其能够适应不同建筑空间的布局需求。

（三）多联机空调系统

多联机空调系统是一种采用变容量控制技术的全分散式空调系统，其核心构成包括一台或多台变频室外机、多台不同类型的室内机以及连接两者的制冷剂管路和控制系统。室外机内部配置变频压缩机和高效换热器，可根据室内负荷变化自动调节制冷剂的流量和压力；室内机则根据安装位置和功能需求设计为壁挂式、嵌入式、风管式等多种形式，通过分歧管与室外机管路相连，形成一个闭合的制冷剂循环网络。系统运行时，控制系统实时采集各室内机的温度信号，通过调节变频压缩机的转速和电子膨胀阀的开度，实现对不同室内区域的独立温度控制，满足多房间同时使用且负荷各异的需求。这种系统在制冷剂分配和能量调节上具有较高的灵活性，特别适用于大型办公楼、酒店客房等需要分区域控制的建筑场所。

（四）全分散式空调系统的优缺点分析

1. 优点

全分散式空调系统的显著优势在于安装灵活性高，由于无须设置集中的空调机房和大型风管，系统可直接根据房间布局进行设备定位，尤其适用于既有建筑的空调改造或空间布局频繁调整的场所。系统的独立控制性能较强，每个室内区域均可通过自身的温控装置单独调节温度、风速等参数，能够满足不同使用者的个性化需求，减少区域间的相互干扰。此外，系统的初期投资相对较低，无须大规模的土建工程和风管制作安装，设备采购和施工周期较短，可快速投入使用。

2. 缺点

全分散式空调系统的整体能效水平相对较低，当多个房间同时运行时，多台室外机独立工作会导致压缩机频繁启停，增加能耗损失，尤其在部分负荷工况下运行效率明显低于集中式系统。系统的维护管理较为分散，室内外机数量较多且分布在不同位置，设备检修和保养需要逐台进行，增加了后期的维护工作量和成本。同时，室外机的安装受建筑外立面空间限制较大，过多的室外机可能影响建筑外观的整体性，且设备运行时产生的噪声和振动也可能对周边环境造成一定影响。

三、变风量空调系统的基本原理与组成

变风量空调系统是通过调节送入空调区域的风量来适应室内负荷变化，从而维持室内温度等参数稳定的空调系统。其基本原理基于负荷与风量的动态匹配，组成部分包括末端装置、空气处理机组、送回风系统及控制环节，各部分协同工作实现系统的节能与高效运行。

（一）风量调节的基本原理

风量调节是变风量空调系统实现负荷适应的核心机制。当室内冷负荷或热负荷发生变化时，系统通过改变送入室内的风量，使空气携带的冷量或热量与实际负荷需求相匹配，从而维持室内温度在设定范围内。例如，当室内人员减少或设备散热降低导致冷负荷减小时，系统会相应减少送风量，避免过度供冷；而当负荷增加时，则增大送风量以满足需求。风量调节的实现方式主要包括两种：一是通过改变风机的转速，利用变频技术调节风机出力，从而改变总送风量；二是通过调节末端装置的风阀开度，改变局部送风阻力，进而调节各区域的送风量。这两种方式可单独使用或组合应用，以适应不同系统的设计要求。

（二）变风量末端装置的类型

变风量末端装置是连接空气处理机组与空调区域的关键部件，直接负责根据

室内负荷调节送风量。根据工作原理和结构特点，常见的末端装置类型主要有以下几种。

1. 节流型末端装置

其核心是一个可调节开度的风阀，通过风阀开度的变化改变送风通道的截面积，从而调节风量。这种末端装置结构简单、成本较低，适用于负荷变化幅度不大、对温度控制精度要求不高的区域。

2. 旁通型末端装置

当室内需风量减少时，末端装置会将部分多余的送风通过旁通口直接引入回风管，而不送入空调区域，以此保持空气处理机组的总送风量基本稳定。这种类型的末端装置适用于需要维持风机恒定运行状态的系统。

3. 风机动力型末端装置

内置小型送风机或回风机，可对经过处理的一次风进行二次加压或混合处理，如与室内回风混合后再送入室内，或对一次风进行再热、再冷处理。该类型末端装置能提高区域温度控制精度，适用于负荷变化较大或有独立温度调节需求的区域。

（三）空气处理机组与送回风系统

空气处理机组是变风量空调系统中对空气进行处理的核心设备，送回风系统则负责空气的输送与循环。空气处理机组通常由多个功能模块组成，包括空气过滤器、表冷器、加热器、加湿器等，这些模块根据系统设计要求进行组合，对引入的室外新风和回风进行过滤、冷却、加热、加湿等处理，使空气参数达到送风状态要求。送回风系统包括送风管道、回风管道及相关附件。送风管道的设计需考虑静压控制，以避免因各末端装置风量调节导致的管道内压力波动，影响其他末端装置的正常运行；回风管道则负责将室内空气回收至空气处理机组，部分回风可与新风混合后重新处理，以提高能源利用效率，回风方式通常有集中回风或区域回风两种，具体根据建筑布局和空调需求选择。

（四）变风量系统的控制环节

变风量系统的控制环节通过传感器、控制器和执行器的协同工作，实现对系统风量、温度等参数的精确调节，确保系统稳定运行和节能效果。

1. 室温控制

通过设置在空调区域的温度传感器实时检测室内温度，并将检测信号传递给控制器，控制器将实际温度与设定温度进行比较，根据偏差控制末端装置的风量调节机构（如风阀开度或风机转速），使室内温度维持在设定范围内。

2. 送风静压控制

在送风管道的适当位置设置静压传感器，检测管道内的静压值，控制器根据静压检测值与设定值的偏差，调节空气处理机组风机的转速或总风阀的开度，改变风机的送风量，从而维持管道内静压稳定，避免因静压过高或过低导致末端装置风量异常。

3. 系统协调控制

当多个末端装置同时进行风量调节时，系统需协调处理各末端的需求与风机出力之间的关系，避免出现风机出力与末端总需求不匹配导致的系统压力失衡。同时，系统还需结合室外气象参数、室内人员变化等因素，动态调整新风量和处理参数，实现整体运行的节能与舒适。

四、变风量空调系统的类型与控制方式

（一）单风道变风量系统

单风道变风量系统是变风量空调系统中结构最为简单的类型，其主要组成包括空气处理机组、送风道、变风量末端装置和回风道。系统运行时，空气处理机组对室外新风与室内回风的混合空气进行过滤、冷却或加热处理，处理后的空气通过单一送风道输送至各个空调区域的变风量末端装置。变风量末端装置根据室内温度传感器的信号，自动调节风阀开度以改变送入室内的风量，从而实现对室

内温度的控制。这种系统的突出特点是初投资低、管道布置简便，适用于空调区域负荷变化较为平缓且对温湿度控制精度要求不高的建筑，如普通办公楼、学校教室等。不过，由于仅通过调节风量来维持室温，在室内负荷过低时可能导致送风温度偏低，需要通过再热装置或湿度补偿措施来改善室内空气品质。

（二）双风道变风量系统

双风道变风量系统设有两条独立的送风道，分别输送冷风和热风。空气处理机组分为冷风处理段和热风处理段，冷风道内的空气经降温除湿处理，热风道内的空气经加热处理，两条风道的空气在变风量末端装置处按照一定比例混合。末端装置根据室内负荷需求，同时调节冷、热风的混合比例和总送风量，使混合后的送风参数满足室内温度要求。双风道系统能够在较大范围内实现送风温度和风量的精确调节，可同时满足同一建筑内不同区域的冷热负荷需求，适用于负荷波动大或对温湿度控制精度要求高的场所，如大型酒店、医院手术室等。但该系统需要布置两条风道，增加了建筑空间占用和初投资成本，且系统控制逻辑较为复杂，对安装和调试的要求更高。

（三）定静压控制方式

定静压控制方式通过维持送风道内某一固定监测点的静压值来实现风量调节。系统在送风道的特定位置（通常为风道长度的 2/3 处或最不利环路末端）设置静压传感器，实时监测该点的静压。当室内负荷变化导致变风量末端装置风阀开度改变时，风道内静压会随之波动，静压传感器将信号传递给送风机控制系统，控制系统通过调节风机转速或入口导叶开度，使监测点静压恢复至设定值，确保各末端装置能获得所需风量。这种控制方式的优点是控制逻辑简单、易于实现，系统运行稳定性较好，早期在中小型变风量系统中应用广泛。但在部分负荷工况下，送风机需维持固定静压，可能导致风机运行效率降低，造成能耗浪费，同时当多数末端风阀关小时，风道内静压过高还可能产生气流噪声。

（四）变静压控制方式

变静压控制方式是基于动态调整静压设定值的节能控制方式，其核心是通过监测所有变风量末端装置的风阀开度来优化静压设定。系统运行时，持续采集各末端风阀的开度信号，当多数末端风阀处于接近最大开度（通常为 80%~90%）时，此时的静压为当前最小需求静压；随着部分末端负荷减小，风阀开度关小，系统逐渐提高静压设定值，直至所有末端风阀均能满足风量需求且不过度关小。通过这种动态调节，送风机可始终运行在高效工况，显著降低风机能耗，尤其在部分负荷率较高的时段节能效果更为明显。变静压控制需要高精度的末端风阀开度传感器和先进的控制算法，对控制系统的响应速度和稳定性要求较高，初始投资和调试难度相对较大，但长期运行的节能效益可弥补初期成本。

（五）总风量控制方式

总风量控制方式直接以系统总送风量为控制目标，通过汇总各变风量末端装置的需求风量来调节送风机运行。系统中每个末端装置均设有风量传感器或通过风阀开度与风量的对应关系计算需求风量，控制器将所有末端的需求风量累加得到总需求风量，然后控制送风机的转速或导叶开度，使实际总送风量等于总需求风量。这种控制方式无须设置风道静压传感器，控制逻辑基于风量平衡，可避免静压控制中可能出现的能耗浪费问题，适用于末端数量较少、系统规模较小的变风量系统，如小型商业建筑、办公楼的局部区域。总风量控制的优点是系统结构简单、控制响应直接，但在末端数量较多或负荷变化频繁时，总风量的计算和调节可能存在滞后，影响系统控制精度，需要配合快速响应的控制算法和可靠的末端风量检测装置。

五、全分散式与变风量空调系统的适用范围

（一）中小型建筑的全分散式系统应用

全分散式空调系统是将空气处理设备与冷热源设备分散设置在各个空调房间或区域的系统形式，常见类型包括分体式空调器、多联机空调系统等。中小型建筑通常具有建筑面积较小、房间数量不多且功能相对独立的特点，比如小型办公楼、多层住宅、社区商业用房等。这类建筑在选择空调系统时，往往需要优先考虑安装空间限制、初期投资成本以及日常运行管理的便捷性。全分散式系统不需

要设置集中的空调机房和复杂的风管系统，室内机可以根据房间布局灵活安装，能够有效节省建筑空间，尤其适用于层高较低或没有预留机房位置的中小型建筑。同时，全分散式系统中每个房间的空调设备都可以独立控制运行状态，用户能够根据自身需求调节温度、风速等参数，既满足个性化的舒适需求，又可以避免无效能耗，符合中小型建筑用户对空调系统灵活性和经济性的双重要求。

（二）大空间建筑的变风量系统应用

变风量空调系统通过改变送风量来维持空调区域内的温度稳定，其核心组成包括空气处理机组、变风量末端装置、风管系统以及控制系统等。大空间建筑一般指具有较大层高和开阔平面布局的建筑类型，如大型体育馆、会展中心、机场航站楼、大型商场等。这类建筑的空调区域空间尺度大，内部人员密度、设备发热以及室外气象条件等因素容易导致空调负荷在不同区域和不同时段产生显著差异。变风量系统能够通过末端装置实时调节各分区的送风量，使每个空调区域的温度保持在设定范围内，有效解决大空间建筑中负荷分布不均的问题。此外，变风量系统采用集中空气处理方式，可以对空气进行统一的过滤、加湿或除湿处理，保证大空间内空气品质的一致性，同时集中式的冷热源系统也有利于实现能源的高效利用和集中管理，降低大空间建筑的整体运行能耗。

（三）负荷变化较大场所的系统选择

负荷变化较大的场所通常表现为空调负荷在时间或空间上存在显著波动，比如商业综合体中的商铺、大型会议室、多功能厅堂、医院手术室等。在选择空调系统时，需要结合场所的负荷变化特征、使用功能需求以及节能目标进行综合考量。全分散式空调系统适用于负荷变化主要表现为单个房间或独立区域独立波动的场所，由于各房间的空调设备相互独立，当某个区域负荷变化时，仅需调节该区域的设备运行状态，不会对其他区域造成影响，运行调节灵活且响应速度快。变风量空调系统则更适合负荷变化表现为大面积区域整体波动但需要分区精确控制的场所，通过集中送风系统的总风量调节和末端装置的分区风量分配，可以在保证各区域温度稳定的同时，实现系统总能耗的优化。当大型会议室从空置状态转变为满员状态时，变风量系统能够通过增加送风量快速消除室内余热余湿，而在散场后逐渐减少送风量，避免能源浪费。

第四节　户式中央空调系统

一、户式中央空调系统的特点与区别

（一）舒适性与美观性特点

户式中央空调系统在舒适性与美观性方面具有显著优势，其设计理念注重提升室内环境质量与空间视觉效果的统一。

1. 温度分布与室内环境舒适性

（1）温度均匀性表现

户式中央空调系统通过合理规划送风口与回风口的位置及数量，实现室内空气的均匀扩散与循环。系统运行时，冷量或热量经风管或冷媒管输送至各房间，借助气流组织设计使不同区域的温度梯度控制在较小范围内，避免传统空调因局部送风导致的温度忽高忽低现象，让人体在不同位置都能感受到稳定的舒适温度。

（2）空气循环与湿度控制

该系统通常集成空气过滤、除湿或加湿功能，在空气循环过程中可去除空气中的尘埃、异味及部分有害颗粒物，同时根据季节变化调节室内湿度。在高温高湿的夏季，系统能有效降低室内相对湿度至40%～60%的适宜范围；在干燥的冬季，通过加湿功能保持空气湿润，减少因空气干燥引起的人体不适，提升整体室内环境的舒适度。

2. 安装美观性与空间利用率

（1）隐蔽式安装设计

户式中央空调系统的室内机多采用吊顶嵌入式或壁挂式隐蔽安装方式，机身主体嵌入天花板或墙体内部，仅预留送回风口与控制面板外露，与室内装修风格

融为一体。这种设计避免了传统空调室内机裸露在外的突兀感，尤其适用于追求简约、现代装修风格的住宅或商业空间，保持了室内视觉的完整性与统一性。

（2）空间占用优化

系统室外机数量大幅减少，一般情况下一台室外机可连接多台室内机，减少了室外机安装所需的墙面或地面空间，避免传统分体式空调多台室外机分散安装导致的建筑外立面杂乱问题。室内机的隐蔽安装也节省了地面或墙面的摆放空间，为家具布置和空间利用提供了更大的灵活性，使室内空间显得更加宽敞整洁。

（二）节能性与灵活性特点

户式中央空调系统在节能运行与灵活使用方面展现出独特优势，其技术设计充分考虑了能源效率提升与用户多样化需求的满足。

1. 系统运行节能性

（1）能效比与负荷匹配

户式中央空调系统普遍采用变频压缩机或变容量技术，能够根据室内实际冷负荷或热负荷的变化自动调节压缩机的运行频率和输出功率。当室内负荷较小时，系统降低运行功率，避免传统定频空调因频繁启停造成的能源浪费；当负荷增大时，系统自动提升功率以满足需求，使机组始终运行在高效区间，部分高效机型的能效比（COP）可达到3.5以上，长期使用能显著降低能源消耗。

（2）分区控制与能耗优化

系统支持对不同房间或区域进行独立的温度设定与开关控制，用户可根据各区域的使用情况灵活调节。例如，白天可关闭卧室空调，仅开启客厅和书房空调；夜间仅开启卧室空调，关闭其他闲置区域空调。这种分区控制方式避免了传统空调需整屋运行的弊端，实现了“按需供能”，有效降低了整体运行能耗，尤其适合家庭成员作息时间不同或房间使用频率差异较大的场景。

2. 安装与使用灵活性

（1）安装场景适应性

户式中央空调系统适用于多种建筑类型和结构，无论是新建住宅、旧房改造还是小型商业场所，均可根据建筑格局、层高及用户需求进行个性化设计。系统的风管或冷媒管可灵活布置于吊顶、墙体空腔或地面垫层中，适应复杂的建筑结构，减少对原有空间布局的改动，尤其在旧房改造中，能在不破坏主要装修结构的前提下完成安装。

（2）使用调节灵活性

用户可通过遥控器、线控器或智能控制系统对空调进行多模式调节，包括制冷、制热、除湿、送风等，满足不同季节和使用场景的需求。部分系统还支持远程控制功能，用户可通过手机 APP 在回家前提前开启空调，到家后即可享受舒适环境；也可在外出时关闭遗忘的空调，避免能源浪费，提升使用的便捷性与灵活性。

（三）与传统空调系统的区别

户式中央空调系统与传统空调系统在结构组成、运行控制及安装维护等方面存在本质差异，这些差异决定了两者在性能表现和适用场景上的不同。

1. 系统结构差异

（1）整体式与分散式布局

传统空调系统多为分散式结构，如分体式壁挂空调、柜式空调等，每个室内机需对应一台独立的室外机，各机组之间无直接关联，系统独立性强但整体协调性差。户式中央空调系统则采用“一拖多’的整体式布局，由一台室外机连接多台室内机，通过集中的管路系统实现冷量或热量的分配，系统结构紧凑，整体布局更合理，减少了室外机的数量和安装空间。

（2）冷媒输送方式区别

传统分体式空调通过室内外机之间的铜管直接输送冷媒，管路长度受限于室内外机的安装距离，过长易导致冷媒流动阻力增大、冷量损失增加。户式中央空调系统根据类型不同，可采用风管输送处理后的空气或冷媒管输送冷媒，风管系统通过空气作为介质进行换热，冷媒系统则通过室内机换热器与空气换热，管路设计更灵活，可适应较长距离的输送，冷量损失控制更优。

2. 运行控制方式不同

（1）集中控制与独立控制

传统空调系统各室内机独立运行，需分别进行温度设定和开关操作，无法实现整体协调控制，容易出现各房间温度不一致、能源浪费等问题。户式中央空调系统配备集中控制器，可对所有室内机进行统一管理，设定整体运行模式、温度范围或联动控制逻辑，同时保留各房间的独立调节功能，既满足了整体环境的协调，又兼顾了个体使用需求。

（2）智能调节功能差异

户式中央空调系统普遍集成智能控制技术，能够实时监测室外环境温度、室内各区域温度及负荷变化，自动调节压缩机频率、风机转速等运行参数，实现精准控温。部分高端系统还具备学习用户使用习惯的功能，根据用户日常调节规律自动优化运行策略，提升舒适性和节能性。传统空调系统智能功能相对简单，多依赖手动调节，控温精度和自动化程度较低。

3. 安装与维护特点

（1）安装复杂度与周期

户式中央空调系统安装需与建筑装修工程紧密配合，在装修初期进行管路设计、吊顶预留、电源配置等前期准备工作，安装流程涉及设计、施工、调试等多个环节，复杂度较高，安装周期较长。传统空调系统安装相对简便，通常在装修完成后进行，只需连接室内外机管路和电源即可，安装周期短，对装修的影响较小。

（2）维护成本与便捷性

户式中央空调系统结构复杂，维护涉及室内机、室外机、管路系统、控制器等多个部件，需要专业技术人员定期进行清洗、检查和调试，维护成本相对较高。传统空调系统结构简单，维护主要集中在室内机滤网清洗、室外机散热片清洁及部件更换，用户可自行进行简单清洁，专业维护频次较低，维护成本和便捷性更具优势。

二、户式中央空调系统的分类与组成

（一）按冷热源形式分类

户式中央空调系统按冷热源形式可分为多种类型，不同类型的系统在能源利用和适用场景上存在显著差异。

1. 空气源热泵型户式中央空调系统

空气源热泵型户式中央空调系统是目前应用较广泛的类型之一，其工作原理是通过空气源热泵机组从室外空气中吸收热量或释放热量，实现对室内环境的加热或冷却。该系统无须依赖外部水源或地源，安装便捷且初投资相对较低，适用于大多数气候区，尤其是冬季气温不极端寒冷的地区。

2. 水源热泵型户式中央空调系统

水源热泵型户式中央空调系统以地下水、地表水或工业废水等作为冷热源，通过水源热泵机组与水体进行热量交换。由于水体温度全年相对稳定，系统运行效率较高，但受水源条件限制较大，需要确保水源的可获取性和稳定性，同时需注意水资源保护相关要求。

3. 地源热泵型户式中央空调系统

地源热泵型户式中央空调系统通过埋设在土壤中的换热器与大地进行热量交换，利用土壤温度的稳定性实现高效运行。该系统能效比高且对环境影响较小，但地埋管的施工需要一定的场地条件，初投资相对较高，适合有足够场地且对长期运行节能要求较高的建筑。

4. 变频多联式户式中央空调系统

变频多联式户式中央空调系统属于空气源热泵的一种特殊形式，其核心是通过变频压缩机调节制冷剂流量，实现多台室内机与一台室外主机的连接。系统可根据室内负荷变化自动调节输出，具有较好的节能性和灵活性，适用于户型复杂、房间数量较多的住宅或小型商用建筑。

（二）按空气处理方式分类

按空气处理方式的不同，户式中央空调系统可分为风管式、水管式和制冷剂式三大类，各类系统在空气输送和处理过程中具有不同的特点。

1. 风管式户式中央空调系统

风管式户式中央空调系统通过集中式空气处理机组对室外新风和室内回风进行混合、过滤、加热或冷却等处理，再经风管将处理后的空气输送到各个房间。该系统能够实现较好的空气品质控制，可有效过滤空气中的颗粒物和有害气体，但风管的布置需要占用一定的建筑空间，对层高较低的建筑可能存在局限性。

2. 水管式户式中央空调系统

又称水系统户式中央空调，其工作原理是通过室外主机产生的冷热水，经水管输送至室内的风机盘管等末端设备，末端设备与室内空气进行换热后实现温度调节。水系统的温度调节精度较高，室内温度波动较小，舒适性较好，且风机盘管安装灵活，对建筑空间的占用较少，适合对室内舒适度要求较高的住宅。

3. 制冷剂式户式中央空调系统

即多联机系统，通过室外主机直接将制冷剂输送到室内机，在室内机中进行蒸发或冷凝换热，实现对室内环境的温度调节。该系统无须水系统管路，减少了管路漏水的风险，且室内机形式多样，可根据装修需求选择壁挂式、嵌入式等不同类型，安装便捷性较高，近年来在中小户型住宅中应用日益广泛。

（三）系统主要组成部分

户式中央空调系统由多个核心部分协同工作，共同实现对室内环境的温度、湿度等参数的调控，各组成部分在系统运行中发挥着不可替代的作用。

1. 室外主机

室外主机是户式中央空调系统的核心设备，其主要功能是提供冷热源，通常包括压缩机、冷凝器、蒸发器、风机等关键部件。不同冷热源形式的主机结构存在差异，例如空气源热泵主机包含空气换热器和风扇，而水源热泵主机则需要与水源连接的换热器。主机的性能直接影响系统的运行效率和能耗，其容量需根据建筑的冷热负荷进行合理匹配。

2. 室内末端设备

室内末端设备是实现室内换热和空气输送的关键装置，常见的类型包括风机盘管、风管式室内机、多联机室内机等。风机盘管主要由盘管和风机组成，通过冷热水在盘管内流动与室内空气换热，适用于水系统；风管式室内机则通过风管送出处理后的空气，常用于风管式系统；多联机室内机直接与制冷剂管路连接，通过制冷剂的相变实现换热。末端设备的选型需考虑房间的功能、面积和装修风格，以确保良好的换热效果和美观性。

3. 新风处理装置

新风处理装置用于引入室外新鲜空气并进行处理，以改善室内空气质量。该装置通常包括过滤器、热交换器、风机等部件，可对新风进行过滤、加热或冷却处理，同时通过热交换器回收排风能量，减少新风处理能耗。在户式中央空调系统中，新风处理装置可独立设置，也可与室内末端设备结合，确保送入室内的新风满足卫生标准和舒适度要求。

（四）管路与控制系统构成

户式中央空调系统的管路与控制系统是保障系统正常运行和高效调节的重要组成部分，其设计和安装质量直接影响系统的性能及可靠性。

1. 管路系统

根据系统类型的不同可分为制冷剂管路、水系统管路和风管系统。

第一，制冷剂管路主要应用于多联机系统，用于输送制冷剂，通常采用铜管作为管材，具有良好的导热性和密封性。管路安装时需进行严格的保压试验，防止制冷剂泄漏，同时需对管路进行保温处理，减少冷热量损失。

第二，水系统管路用于输送冷热水，常见的管材有 PPR 管、镀锌钢管、铜管等，不同管材的适用场景和连接方式有所差异。水系统管路需设置坡度以利于排气和排水，同时配备补水装置、排气阀、过滤器等辅助部件，确保系统水循环顺畅。

第三，风管系统用于输送处理后的空气，常用的材质包括镀锌钢板、复合风管等，风管的尺寸需根据风量和风速进行设计，以减少阻力损失。风管安装时需采取消声措施，避免气流噪声影响室内环境，同时确保风管的密封性，防止空气泄漏。

2. 控制系统

负责对户式中央空调系统的运行状态进行监测和调节，以实现室内环境参数的精准控制和系统的高效运行。

第一，温度控制是控制系统的核心功能，通过安装在室内的温控器检测室内温度，并将信号传递给控制器，控制器根据设定温度与实际温度的偏差，调节末端设备的运行状态或主机的输出功率。

第二，运行模式控制允许用户根据需求选择制冷、制热、送风、除湿等不同运行模式，控制器通过切换主机和末端设备的工作状态实现模式转换。

第三，联动控制是指系统中各设备之间的协同工作，例如当室内末端设备开启时，主机自动启动；新风系统与空调系统联动运行，根据室内 CO_2浓度调节新风量等。联动控制可提高系统的整体运行效率，减少能源浪费。

三、户式中央空调系统的主要设备选型

（一）冷热源设备选型

户式中央空调系统的冷热源设备是提供系统所需冷量和热量的核心部件，其选型直接关系到系统的运行效率、初投资成本及使用效果。选型过程需综合考虑建筑冷热负荷、气候条件、安装空间及能效要求等多方面因素，以确保设备性能与系统需求相匹配。

1. 负荷匹配原则

冷热源设备的容量应基于建筑冷热负荷计算结果确定，负荷计算需考虑房间面积、朝向、围护结构传热系数、室内外设计温湿度等因素。设备容量不宜过大

或过小，容量过大可能导致设备频繁启停，降低运行效率并增加能耗；容量过小则无法满足室内舒适性要求。通常设备额定容量宜为计算负荷的1.0~1.2倍，以留有一定余量应对极端工况。

2. 气候适应性选型

不同气候区应选择适宜的冷热源设备类型。在夏热冬暖地区，空气源热泵机组因安装方便、初投资较低而应用广泛；在寒冷地区，空气源热泵制热效率可能下降，可考虑地源热泵机组或带辅助电加热的空气源热泵；在具有燃气供应条件的地区，燃气壁挂炉与空气源热泵组合系统也是常用选择，可提高冬季制热稳定性。

3. 安装条件考量

户式中央空调系统安装空间有限，冷热源设备的外形尺寸、重量及安装位置需与建筑条件相适应。例如，空气源热泵室外机需安装在通风良好的阳台或外墙，应避免阳光直射和强风直吹，同时考虑噪声对周边环境的影响；地源热泵需考虑土壤换热条件或地下水情况，确保地下换热器的换热效率。

4. 能效指标要求

冷热源设备的能效比（COP）是衡量其节能性能的关键指标，选型时应优先选择符合国家能效标准的高效设备。例如，空气源热泵机组的制冷COP不应低于2.8，制热COP不应低于2.5［按《蒸气压缩循环冷水（热泵）机组　第2部分：户用及类似用途的冷水（热泵）机组》（GB/T 18430.2—2016）标准］；地源热泵机组的能效指标应符合《水（地）源热泵机组》（GB/T 19409—2013）的相关要求，以降低系统长期运行能耗。

（二）末端设备选型

末端设备是户式中央空调系统与室内环境直接进行热交换的装置，其选型需结合房间功能、负荷特性、安装条件及用户舒适性要求，以保证室内温湿度均匀、空气品质良好且运行噪声低。

1. 基于房间功能的选型

不同功能房间对末端设备的要求不同。卧室、书房等需要安静环境的空间，宜选择低噪声的风机盘管或静音型风管式室内机，其运行噪声应控制在35dB（A）以下；客厅、餐厅等人员活动频繁且面积较大的空间，可选择大风量的风管式室内机或嵌入式室内机，以满足快速制冷制热需求；厨房、卫生间等特殊区域，应选择具有防油污、防水功能的专用末端设备。

2. 空气处理能力匹配

末端设备的制冷量、制热量及送风量需与房间计算负荷相匹配。对于风机盘管，其额定风量和冷热量应根据房间负荷及空气循环次数确定，通常房间空气循环次数宜为每小时5~8次；对于风管式室内机，需考虑送风温差，一般送风温差夏季为8~12℃，冬季为10~15℃，以避免送风温度过低或过高导致的不舒适感。

3. 安装形式与空间适应性

末端设备的安装形式需结合建筑装修方案确定。暗装风机盘管可隐藏于吊顶内，不占用室内空间且美观性好，但需预留检修口；明装风机盘管安装方便，适用于装修要求较低的房间；嵌入式室内机（如四面出风、两面出风型）适用于层高较高的客厅，可实现均匀送风；壁挂式室内机安装灵活，适用于无法安装吊顶的房间。

4. 噪声与空气品质控制

末端设备运行时产生的噪声主要包括风机噪声和气流噪声，选型时应选择低噪声风机和优化的风道设计，以降低噪声对室内环境的影响。同时，部分末端设备可配备空气过滤器、加湿器或净化器等功能模块，以提高室内空气品质，满足用户对健康舒适的需求。

（三）风机与水泵选型

风机与水泵是户式中央空调系统中的重要动力设备，分别负责空气循环和水循环，其选型直接影响系统的运行稳定性、能耗及噪声水平。选型时需根据系统阻力、流量需求及能效要求，选择性能匹配的设备。

1. 风机选型要点

户式系统中的风机主要包括室内机送风机和新风系统风机。送风机选型需根据末端设备的送风量和风压需求确定，风压应能克服送风管、回风管道及过滤器的阻力，通常系统总阻力宜控制在100～300Pa；风机效率应不低于70%，以提高能源利用效率。新风系统风机需根据建筑所需新风量选型，新风量通常按每人每小时30m^{3}或房间体积的0.5～1次/小时计算，同时考虑风机的全压，确保新风能有效送入室内。

2. 水泵选型要点

对于水系统户式中央空调，循环水泵的选型需基于系统水流量和扬程计算。水流量可根据系统总冷量和供回水温差计算，公式为

$$G=\frac{Q}{c\rho\Delta t} \tag{4-1}$$

式中，G为水流量，m^3/h；Q为系统冷量，kW；c为水的比热容，4.186kJ/(kg·℃)；ρ为水的密度，1000kg/m^3；Δt为供回水温差，℃，通常取5℃。

扬程应能克服管道沿程阻力、局部阻力及设备阻力（如换热器、过滤器等），一般户式系统水泵扬程宜为8～15mH_2O。此外，水泵应选择高效节能型，优先考虑变频水泵，可根据系统负荷变化自动调节流量，降低运行能耗。

3. 噪声控制要求

风机和水泵运行时产生的噪声会通过空气或建筑结构传递到室内，影响居住舒适性。选型时应选择低噪声型号，风机的噪声声功率级宜控制在60dB（A）以下，水泵的噪声声功率级宜控制在70dB（A）以下。同时，设备安装时应采取减振措施，如设置减振垫、减振吊架等，以减少振动传递产生的噪声。

（四）控制设备选型要点

控制设备是实现户式中央空调系统自动化运行和精确调节的关键，其选型需满足控制精度、操作便捷性、系统兼容性及节能运行的要求，以提升用户使用体验并降低系统能耗。

1. 控制精度要求

控制设备应能精确调节室内温度、湿度及风量，温度控制精度宜达到

±0.5℃，相对湿度控制精度宜达到±5%，以保证室内环境的稳定性和舒适性。温控器应采用高精度传感器，响应时间快，避免温度波动过大；对于多联机系统，室内外机的通信应实时可靠，确保压缩机频率和电子膨胀阀开度的精确调节。

2. 操作便捷性设计

户式中央空调系统控制设备需满足家庭用户的操作习惯，界面应简洁直观，按键布局合理，显示清晰。常用控制功能如温度设定、模式切换（制冷、制热、送风、除湿）、风速调节、定时开关等应易于操作；部分高端控制设备可支持手机 APP 远程控制，用户可通过移动终端随时随地调节系统运行状态，提高使用便捷性。

3. 系统兼容性与联动控制

控制设备应与系统其他设备（如冷热源设备、末端设备、新风设备等）具有良好的兼容性，支持统一的通信协议（如 Modbus、KNX 等），实现系统联动控制。例如，当新风系统启动时，空调末端设备可自动调节送风量，避免室内冷热量损失；当室内 CO_2 浓度过高时，控制系统可自动开启新风设备，改善室内空气品质。

4. 节能运行功能

控制设备应具备多种节能运行模式，如睡眠模式、节能模式、离家模式等。睡眠模式可根据人体睡眠时的温度需求自动调节设定温度，降低能耗；离家模式可在用户外出时关闭部分末端设备或降低系统负荷，减少不必要的能源消耗。此外，控制系统应具备运行参数记录和能耗分析功能，帮助用户了解系统运行情况，优化使用习惯。

四、户式中央空调系统的设计与安装要点

（一）负荷计算方法与参数确定

户式中央空调系统的设计需以准确的负荷计算为基础，负荷计算结果直接影响设备选型、系统配置及运行效果。同时，设计参数的合理确定是保证负荷计算

准确性的前提，涉及室内外环境参数、建筑热工性能等多方面因素。

1. 负荷计算方法

负荷计算主要包括冷负荷和热负荷计算，需综合考虑建筑使用功能、室内人员活动、设备运行及室外气候条件等因素。

（1）冷负荷计算

冷负荷是指为维持室内设定温度，空调系统在单位时间内从室内除去的热量。常用计算方法有冷负荷系数法和谐波反应法，其中冷负荷系数法通过计算不同时刻各围护结构传热形成的冷负荷及室内热源散热形成的冷负荷，再进行逐时叠加得到总冷负荷。计算过程中需考虑围护结构的传热延迟和衰减特性，以及太阳辐射、室内人员、照明、设备等散热形成的瞬态冷负荷。围护结构传热冷负荷可表示为

$$Q_w = KF(t_{wp} - t_n) \tag{4-2}$$

式中，K 为围护结构传热系数；F 为传热面积；t_{wp} 为室外空气综合温度；t_n 为室内设计温度。

（2）热负荷计算

热负荷是指为维持室内设定温度，空调系统在单位时间内向室内补充的热量。主要包括围护结构耗热量、冷风渗透耗热量和新风耗热量三部分。围护结构耗热量通过计算各房间围护结构（墙、窗、屋顶、地面等）的传热损失得到，公式为

$$Q_h = KF(t_n - t_w) \tag{4-3}$$

式中，t_w 为冬季室外计算温度。

冷风渗透耗热量与建筑门窗缝隙长度、室外风速及室内外温差有关；新风耗热量则根据室内人员所需新风量及空气比热容、密度计算，公式为

$$Q_x = mc\rho(t_n - t_w) \tag{4-4}$$

式中，m 为新风量；c 为空气比热容；ρ 为空气密度。

2. 设计参数确定

设计参数包括室内设计参数和室外设计参数，需根据建筑类型、使用要求及

当地气候条件确定。

（1）室内设计参数

主要包括温度、相对湿度和新风量。居住建筑夏季室内设计温度通常取 24～28℃，冬季取 18～22℃；相对湿度夏季取 40%～65%，冬季取 30%～60%。新风量需满足室内人员卫生要求，一般按每人每小时 30～50m^3确定，同时需考虑房间体积换气次数，确保室内空气品质。

（2）室外设计参数

需依据《民用建筑供暖通风与空气调节设计规范》（GB 50736—2012）选取，夏季空调室外计算干球温度采用历年平均不保证 50h 的干球温度，湿球温度采用历年平均不保证 50h 的湿球温度；冬季空调室外计算干球温度采用历年平均不保证 1 天的干球温度，相对湿度采用累年最冷月平均相对湿度。此外，还需考虑当地海拔对空气密度、大气压力的影响，修正相关计算参数。

（二）管路布置与水力平衡设计

户式中央空调系统的管路布置直接影响系统的水力特性和运行稳定性，合理的管路设计可减少阻力损失，保证各环路流量分配均匀；水力平衡设计则是通过技术措施使系统各末端设备获得设计流量，避免出现水力失调现象。

1. 管路布置原则

管路布置需结合建筑结构、装修要求及系统形式，遵循“近、直、简”的原则，减少管路长度和局部阻力。

（1）主管路布置

主管路应沿建筑梁、柱或吊顶内敷设，尽量避免穿越卧室、客厅等主要功能区域，如需穿越应采取隔声、保温措施。对于水系统，主管路管径应根据系统总流量和经济流速确定，经济流速一般控制在 1.0～2.0m/s，管路过长时需设置伸缩器，补偿温度变形。

（2）支管路布置

支管路连接末端设备，应保证各末端环路长度相近，避免因环路长短差异过大导致水力失调。风机盘管或风管式室内机的支管路管径根据末端设计流量确定，支管与主管连接时宜采用顺流连接方式，减少对主管内流体的干扰，同时支管路需设置阀门，便于调节和检修。

2. 水力平衡设计方法

水力平衡设计的核心是保证系统各环路阻力平衡，使各末端设备实际流量与设计流量偏差不超过 15%。

（1）阻力平衡计算

首先确定系统最不利环路，即阻力最大的环路，计算其总阻力损失，然后以此为基准，调整其他环路的管径或设置调节装置，使各环路阻力损失与最不利环路阻力损失偏差在允许范围内。阻力损失计算包括沿程阻力损失和局部阻力损失，沿程阻力损失计算见式（2-13）；局部阻力损失为

$$h_j = \zeta \frac{v^2}{2g} \tag{4-5}$$

式中，ζ 为局部阻力系数。

（2）平衡装置设置

对于环路间阻力差异较大的系统，可在支管路或末端设备入口处设置静态平衡阀或动态平衡阀。静态平衡阀通过调节阀门开度改变局部阻力，实现环路阻力平衡；动态平衡阀则能在系统压力变化时自动维持设定流量，适用于负荷变化较大的系统。此外，水系统最高点应设置排气阀，最低点设置泄水阀，确保系统运行时无空气积聚和顺利排水。

（三）设备安装位置与空间要求

户式中央空调系统设备包括室内机、室外机及辅助设备，其安装位置需满足气流组织、噪声控制、维护检修及建筑美观要求，同时需保证足够的安装和运行空间，避免因空间不足影响设备性能或增加安装难度。

1. 室内机安装位置与空间要求

室内机安装位置直接影响空调效果和室内环境，需综合考虑房间布局、气流分布及装修协调。

（1）气流组织要求

风机盘管宜安装在房间外墙侧，回风口应远离热源和污染源，送风口应朝向房间主要活动区域，避免气流短路或直吹人体。风管式室内机的送风管应根据房间尺寸设计合理的送风速度和送风口数量，确保室内温度分布均匀，温差不超过2℃。

（2）安装空间要求

室内机安装需预留检修空间，机身与墙面、吊顶之间的距离不应小于300mm，便于过滤器清洗、电机维修等操作。对于暗藏式室内机，吊顶高度需满足设备高度及送风、回风管安装要求，吊顶净空高度一般不低于2.4m，避免压抑感。此外，室内机安装位置应远离卧室床头等对噪声敏感的区域，运行噪声应控制在40dB（A）以下。

2. 室外机安装位置与空间要求

室外机安装需考虑散热、噪声、防雨防晒及承重能力，确保设备安全稳定运行。

（1）散热与通风要求

室外机应安装在通风良好的位置，进风口和出风口处不应有遮挡物，进风口与障碍物之间的距离不应小于1.5m，出风口与障碍物之间的距离不应小于2.0m，以保证空气流通顺畅，避免散热不良导致设备效率下降或故障。多台室外机并列安装时，间距不应小于1.0m，防止热风回流相互干扰。

（2）安装条件要求

室外机安装基础应平整牢固，承重能力需满足设备重量要求，通常采用混凝土基础或型钢支架，基础高度应高于地面300mm以上，防止雨水浸泡。安装位置应远离卧室、书房等对噪声敏感的房间外窗，与建筑物外墙或其他物体之间的距离应满足噪声传播衰减要求，必要时设置隔声屏障。此外，室外机电源线路和连接管路应布置整齐，避免暴露在阳光下或受雨水冲刷，管路保温层应完好无破损。

3. 辅助设备安装位置与空间要求

辅助设备包括水泵、分集水器、过滤器等，安装位置需便于操作和维护，且不影响建筑使用功能。

（1）水泵安装

水泵应安装在干燥、通风的设备间或专用机房内，基础应采用减振措施，如设置减振垫或减振器，减少振动和噪声传递。水泵进出口应安装压力表和阀门，便于系统调试和检修，进出水管路需设置柔性接头，吸收水泵振动产生的位移。

（2）分集水器安装

分集水器用于水系统各环路的分配与汇集，应安装在便于操作的位置，如厨房、卫生间或设备间，安装高度宜为1.2~1.5m，便于观察和调节。分集水器上应设置压力表、温度计和排气阀，每个分支环路应设置阀门，实现独立控制和调节。

（四）系统调试与运行维护要点

户式中央空调系统安装完成后需进行全面调试，确保系统各项性能指标达到设计要求；运行过程中需定期进行维护，延长设备使用寿命，保证系统长期稳定高效运行。

1. 系统调试内容与方法

系统调试包括设备单机调试、系统联动调试及性能参数测试，需按照调试流程逐步进行。

（1）设备单机调试

首先检查各设备电源连接是否正确，接地是否可靠，然后进行单机试运行。室内机试运行时，检查风机转向是否正确，风速调节是否正常，有无异常噪声；室外机试运行时，检查压缩机启动是否正常，制冷（热）循环是否畅通，各传感器信号是否准确。水泵试运行时，检查水泵转向、流量和扬程是否符合设计要求，有无漏水现象。

（2）系统联动调试

设备单机调试正常后，进行系统联动调试。水系统联动调试时，启动水泵，调节平衡阀使各末端设备流量达到设计值，检测系统总流量和各环路阻力是否与设计相符；风系统联动调试时，调整送风口风量，使各房间风量分配均匀，检测室内温度、湿度是否达到设计参数。控制系统调试时，检查温度控制器、湿度控制器等控制设备的动作是否准确，实现自动启停、温度调节等功能。

（3）性能参数测试

系统联动调试完成后，进行性能参数测试。制冷性能测试在夏季工况下进行，测量室内外温度、湿度，系统制冷量、耗电量，计算能效比；制热性能测试在冬季工况下进行，测量室内外温度，系统制热量、耗电量，评估制热效果。同时检测室内空气品质，新风量是否满足设计要求，CO_2浓度是否控制在 1000mL/m^3 以下。

2. 运行维护基本要点

系统运行维护包括日常检查、定期保养和故障处理，需制订维护计划并严格执行。

（1）日常检查

每日检查系统运行状态，包括室内外温度、压力、流量等参数是否正常，设备有无异常噪声、振动或泄漏。检查控制面板显示是否正常，有无故障代码提示。定期清洁室内机过滤器，一般每月清洗一次，避免灰尘堵塞影响风量和换热效率。

（2）定期保养

每半年对系统进行一次全面保养，包括清洗室外机冷凝器翅片，去除灰尘和杂物，提高散热效率；检查管路保温层是否完好，破损处及时修补，防止冷（热）损失；检查水泵轴承润滑情况，必要时添加润滑油；检查电气线路连接是否松动，绝缘性能是否良好。每年对系统进行一次性能检测，调整平衡阀和控制参数，确保系统运行在最佳状态。

（3）故障处理

运行中如出现故障，应及时停机检查，分析故障原因并采取相应措施。常见故障包括制冷（热）效果差，可能是过滤器堵塞、制冷剂泄漏或换热器脏污导致，需清洗过滤器、补充制冷剂或清洗换热器；设备噪声异常，可能是风机叶轮不平衡、水泵气蚀或基础减振不良导致，需校正叶轮、排除水泵内空气或加强减振措施；控制系统故障，可能是传感器损坏或线路接触不良导致，需更换传感器或修复线路连接。

第五章　建筑通风系统设计与应用

第一节　通风系统分类与设计规范

一、通风系统的分类

（一）按通风作用范围分类

通风系统按通风作用范围分类是根据空气流动所覆盖的空间大小和区域特征进行划分，这种分类方式直接关系到系统设计的风量计算和气流组织形式。不同作用范围的通风系统在应用场景和设计要点上存在显著差异，明确分类有助于工程中根据实际需求选择合适的通风方式。

1. 全面通风

全面通风是对整个房间或封闭空间进行整体换气的通风方式，其核心原理是通过送入新鲜空气与室内空气充分混合，稀释室内污染物浓度或调节整体温湿度环境。全面通风需要足够的风量来保证房间内空气参数达到设计要求，通常以空气交换次数作为设计指标，计算公式为

$$n=\frac{Q}{V} \tag{5-1}$$

式中，n 为空气交换量，次/h；Q 为通风量，m^3/h；V 为房间体积，m^3。

这种通风方式适用于污染物散发点分散、空间较大且无法进行局部控制的场

所，例如普通办公室、大型会议室等。设计全面通风系统时，需合理布置送排风口位置，避免出现空气短路或死角，确保新鲜空气能够均匀分布到房间各个区域。

2. 局部通风

局部通风是针对室内特定区域或污染物集中散发点进行定向通风的方式，通过在污染源附近设置风口直接控制污染物扩散，减少对其他区域的影响。与全面通风相比，局部通风具有风量小、效果好、能耗低的优点，是控制局部污染源的有效手段。局部通风系统通常由局部送风和局部排风两部分组成，其中局部排风应用更为广泛，通过在污染源上方或侧面安装排风罩，将污染物在扩散前直接捕捉并排至室外。局部通风的设计重点在于排风罩的形式选择和安装位置确定，排风罩口应尽可能靠近污染源，确保捕捉效率，同时需根据污染物性质和散发速度计算所需的局部排风量。

3. 混合通风

混合通风是结合全面通风和局部通风特点形成的复合通风方式，在局部通风无法完全控制污染物扩散时，配合全面通风形成整体空气流动组织。这种方式能够兼顾局部污染源控制和整体环境调节，适用于既有集中污染源又需要保障整体空气品质的场所，如工业车间中既有固定产尘设备又需维持车间整体空气质量的情况。设计混合通风系统时，需合理分配局部通风和全面通风的风量比例，通常以局部通风为主，全面通风为辅，确保局部排风效果的同时维持室内合理的压力分布，避免污染物向非污染区域扩散。

（二）按通风动力来源分类

按通风动力来源分类是根据驱动空气流动的动力性质进行划分，这种分类直接决定了通风系统的设备组成、运行能耗和维护方式。不同动力来源的通风系统在适用条件和运行特性上存在本质区别，是通风系统设计选型的重要依据。

1. 自然通风

自然通风依靠自然作用力实现空气流动，自然作用力主要包括风压和热压两种形式。风压是由于室外空气流动时在建筑物表面产生的压力差，当风吹向建筑物时，迎风面空气流速降低、静压升高形成正压，背风面及侧面空气流速增加、静压降低形成负压，空气从正压区开口流入，从负压区开口流出。热压是由于室内外空气温度差异导致空气密度不同而产生的浮力作用，温度较高的空气密度较小，会向上流动，温度较低的空气密度较大，则向下流动，形成空气循环。自然通风无须机械设备，运行能耗低，维护简单，但受室外气象条件影响较大，通风效果不稳定，适用于室外空气品质较好、对通风稳定性要求不高的场所，如低层民用建筑中的普通房间。

2. 机械通风

机械通风依靠通风机提供动力实现空气流动，通过风机产生的压力差克服空气流动过程中产生的阻力，使空气按预定路径流动。机械通风可以根据需要精确控制通风量和空气流动方向，不受室外气象条件限制，通风效果稳定可靠，适用于对通风量、空气品质有严格要求的场所，如医院手术室、工业洁净厂房等。机械通风系统由风机、风道、风阀、风口等设备组成，根据系统功能可分为机械送风系统和机械排风系统。设计机械通风系统时，需根据通风要求选择合适的风机类型和规格，常用的风机包括离心式风机和轴流式风机，同时需计算风道阻力并进行合理的管网布置，确保系统在设计工况下稳定运行。

（三）按通风功能与性质分类

按通风功能与性质分类是根据通风系统在建筑中的实际作用和处理空气的特定目标进行划分，这种分类方式能够明确通风系统的核心任务，指导系统的设备配置和工艺设计。不同功能性质的通风系统在空气处理方式、设备选型和运行控制上存在显著差异，是满足特定建筑环境需求的关键。

1. 送风系统

送风系统的主要功能是向室内送入符合要求的空气，以补充室内排风、维持室内正压或直接改善室内空气品质。送入的空气可以是未经处理的室外新风，也可以是经过过滤、加热、冷却、加湿或除湿等处理的空气，处理程度需根据室内对空气参数的要求确定。送风系统的设计需计算送风量，送风量通常根据室内人员数量、排风量或空气品质要求确定，同时需合理布置送风口，选择合适的风口形式和送风速度，使送入空气能够均匀分布到室内各个区域，避免出现局部空气滞留或风速过大影响人体舒适度。

2. 排风系统

排风系统的主要功能是将室内被污染的空气或余热、余湿直接排至室外，以降低室内污染物浓度或改善室内热环境。排风系统的设置应根据污染物的性质、散发量和散发位置确定排风点的位置和数量，例如对于密度大于空气的污染物，排风点应设置在房间下部；对于密度小于空气的污染物，排风点应设置在房间上部。排风罩的形式和安装位置对排风效果有重要影响，应尽量靠近污染源，使污染物在扩散前被有效捕捉。排风系统的排风量需根据室内污染物允许浓度和散发量计算确定，同时需考虑与送风系统的配合，维持室内合理的压力状态，防止污染物倒灌。

3. 除尘系统

除尘系统是专门用于去除空气中粉尘颗粒的通风系统，主要应用于工业厂房、矿山等存在大量粉尘产生的场所，其核心功能是控制粉尘扩散，保护操作人员健康并防止粉尘爆炸等安全事故。除尘系统通过设置在产尘点的吸尘罩将含尘空气吸入，经除尘设备分离去除粉尘后，净化后的空气可直接排放或回用。除尘设备的选择需根据粉尘的性质、粒径分布和浓度确定，常见的除尘设备包括旋风除尘器、袋式除尘器、电除尘器等，其中袋式除尘器具有除尘效率高、适用粉尘范围广的特点，在工业除尘中应用广泛。除尘系统的风道设计应注意避免粉尘在风道内沉积，通常采用较高的气流速度，并在适当位置设置清扫孔，以便定期清理风道内积尘。

4. 排毒系统

排毒系统用于排除室内有毒有害气体或蒸气，保障室内人员健康和安全，主要应用于化工车间、实验室等存在有毒物质散发的场所。排毒系统的设计需根据有毒有害物质的性质、浓度和散发特点确定排风方式和排风量，对于高毒性物质，通常采用局部排风方式，排风罩应尽可能靠近毒物散发源，确保毒物被有效控制。排出的有毒气体如需处理，应根据毒物性质选择合适的净化处理设备，如吸附法、吸收法、催化燃烧法等，处理后的气体需达到国家排放标准后方可排放。排毒系统的风机和风道应采用耐腐蚀材料制作，防止有毒气体对设备造成腐蚀损坏。

5. 事故通风系统

事故通风系统是针对可能发生有毒有害物质泄漏或爆炸事故的场所设置的应急通风系统，其作用是在事故发生时迅速将有毒有害气体排至室外，降低室内浓度，为人员疏散和事故处理争取时间。事故通风系统的设计风量远大于正常通风系统，通常根据房间体积和事故排风时间计算确定，要求在最短时间内将室内有毒气体浓度降至安全范围。对于事故通风系统的风机，应设置独立的电源和控制装置，确保在紧急情况下能够可靠启动，排风出口应远离人员密集区域和进风口，防止排出的有毒气体二次污染。

（四）按空气处理方式分类

按空气处理方式分类是根据通风过程中对空气的处理程度和处理工艺进行划分，这种分类方式直接影响通风系统的设备组成、运行能耗和空气品质保障能力。不同空气处理方式的通风系统适用于不同的空气品质要求和环境条件，是实现特定通风目标的重要技术手段。

1. 一般通风

一般通风是指将室外空气未经处理或仅进行简单过滤后直接送入室内，或将室内空气直接排至室外的通风方式。这种通风方式设备简单，主要由风机、风道和风口组成，投资和运行费用低，适用于室内污染物浓度较低、对空气品质要求不高的场所，如普通仓库、车库等。一般通风的送排风系统设计主要考虑风量计算和风道布置，确保空气能够按预定路径流动，满足基本的通风换气要求。对于送入室内的新风，简单过滤可去除空气中的大颗粒灰尘，减少对室内环境的污染，但无法去除异味、有害气体或微生物等。

2. 净化通风

净化通风是对送入或排出的空气进行净化处理的通风方式，主要目的是去除空气中的污染物，如粉尘、细菌、有害气体等，以满足较高的空气品质要求。净化处理设备根据污染物类型选择，对于粉尘，可采用初效、中效或高效过滤器；对于有害气体，可采用吸附剂（如活性炭）或吸收液处理装置；对于细菌等微生物，可采用紫外线消毒或光催化剂净化装置。净化通风系统的设计需根据净化要求确定净化设备的类型和效率，计算空气通过净化设备的阻力损失，并合理选择风机以保证足够的通风量。例如在医院洁净手术室中，净化通风系统需采用高效过滤器对送风进行三级过滤，确保室内空气洁净度达到规定级别。

3. 热回收通风

热回收通风是在通风过程中对排风中的能量进行回收利用的通风方式，通过热回收装置将排风与新风进行热量交换，回收排风中的显热或潜热，降低新风处理所需的能耗，是实现通风系统节能运行的重要技术措施。热回收装置的类型主要有板式热交换器、转轮式热交换器、热管式热交换器等，不同类型的热交换器具有不同的热回收效率和适用条件，板式热交换器结构简单、维护方便，适用于一般场合；转轮式热交换器热回收效率高，可同时回收显热和潜热，适用于对湿度控制要求较高的场所。热回收通风系统的设计需根据室内外空气参数、通风量和热回收效率要求选择合适的热回收装置，并计算热回收量和节能效益，同时需注意热回收装置的维护和清洁，以保证其长期稳定运行，避免因积尘或结霜影响热交换效率。

二、通风系统设计规范与标准

（一）国内现行通风设计规范

国内现行通风设计规范体系由国家标准、行业标准和地方标准共同构成，其中国家标准具有最高权威性和最广泛的适用性。国家标准由国家住房和城乡建设部与国家市场监督管理总局联合发布，每几年会根据技术发展和工程实践进行修订更新。国内主要通风设计国家标准的基本信息如表 5-1 所示。

表 5-1　国内主要通风设计国家标准的基本信息

标准编号	标准名称	发布部门	实施日期	核心适用领域
GB 50736—2012	民用建筑供暖通风与空气调节设计规范	住房和城乡建设部、国家市场监督管理总局	2012 年 10 月 1 日	住宅、办公、商业等民用建筑通风设计
GB 50019—2015	工业通风与除尘工程设计规范	住房和城乡建设部、国家市场监督管理总局	2016 年 2 月 1 日	工业厂房粉尘、有害气体控制通风设计
GB 50016—2014	建筑设计防火规范	住房和城乡建设部、国家市场监督管理总局	2015 年 5 月 1 日	通风系统防火设计（含防排烟）
GB 50189—2015	公共建筑节能设计标准	住房和城乡建设部、国家市场监督管理总局	2015 年 10 月 1 日	公共建筑通风系统节能参数规定

（二）国际通用通风设计标准

国际通用通风设计标准由多个国际组织和地区性机构制定，这些标准在全球范围内具有广泛影响力并被许多国家采纳或参考。国际标准化组织制定的 ISO 标准在通风系统基础术语、性能测试方法等方面提供了统一框架，ISO 16890 系列标准（如 ISO 16890-1：2016）专注于空气过滤器的分类和性能评价，为通风系统中空气净化设备的选型提供了科学依据。美国采暖、制冷与空调工程师学会制定的 ASHRAE 标准在通风量计算和室内空气品质控制方面具有权威性，ASHRAE 62.1—2019 标准提出了基于人员活动和污染负荷的最小新风量计算方法，该方法通过考虑人员密度和污染物释放速率确定合理的新风供给量，确保室内空气污染物浓度控制在安全范围内。欧洲标准化委员会制定的 EN 标准在欧洲各国广泛应用，EN 13053：2021 标准规定了工业通风系统的能效等级评价方法，通过对系统全生命周期的能耗分析提出节能设计要求。世界卫生组织发布的《室内空气质量指南》（2021 年版）虽然不是强制性标准，但其中关于室内污染物限值的建议常被各国通风设计规范引用，作为确定通风量的重要参考依据。

（三）设计规范的适用范围与界限

设计规范的适用范围与界限是确保规范正确应用的基础，不同规范根据建筑类型、使用功能和系统特点划分了明确的适用对象。民用建筑通风设计主要遵循《民用建筑供暖通风与空气调节设计规范》（GB 50736—2012），该规范适用于住宅、办公、商业、教育、医疗等非生产性建筑，针对这些建筑的人员活动特点和空气品质需求，规定了不同功能房间的最小通风量标准，如办公室每人每小时的新风量不应低于 $30m^3$，病房不应低于 $40m^3$。工业建筑通风设计则以《工业通风与除尘工程设计规范》（GB 50019—2015）为主要依据，适用于产生粉尘、有害气体、余热或余湿的各类工业厂房，根据生产工艺的不同，规范对通风系统的形式选择、污染物控制效率提出了差异化要求，机械加工车间的粉尘控制需要采用局部排风系统，而化工车间的有毒气体处理则需要结合全面通风和净化设备。特殊场所通风设计需要同时满足多个规范的要求，如地下车库通风系统既要符合《民用建筑供暖通风与空气调节设计规范》（GB 50736—2012）中的换气次数规定，又要遵守《建筑设计防火规范》（GB 50016—2014）中的防排烟要求。规范之间的界限划分主要通过建筑用途和系统功能确定，当同一建筑包含多种功能区域时，应根据各区域的主要用途分别选择适用规范，若存在规范要求不一致的情况，应优先执行强制性条文更严格的规定。

（四）规范中的强制性条文与推荐性条文

规范中的条文根据其法律效力和执行要求分为强制性条文及推荐性条文，两者在工程设计中具有不同的地位和作用。强制性条文是保障工程安全、卫生、环保和公众利益的核心要求，必须严格执行，任何情况下都不得违反。这些条文通常涉及生命财产安全和基本功能保障，如《建筑设计防火规范》（GB 50016—2014）中规定，建筑高度超过 50m 的公共建筑防烟楼梯间应设置机械加压送风系统，该条文直接关系到火灾情况下人员疏散的安全，设计中必须按照规定的风压值和送风量进行系统设计。《民用建筑供暖通风与空气调节设计规范》（GB 50736—2012）中关于厨房排油烟机的排风量不应小于1000m³/h的规定，也是保障室内卫生条件的强制性要求，确保烹饪过程中产生的油烟能够有效排出。推荐性条文是对设计优化、节能降耗和使用功能提升的指导性建议，设计人员可结合工程实际情况选择采用。这些条文通常基于技术经济性和行业实践经验制定，如《公共建筑节能设计标准》（GB 50189—2015）中建议通风系统采用变频调速技术以适应负荷变化，该建议有助于降低系统运行能耗，但在工程投资有限或负荷波动较小的情况下，设计人员可选择其他节能措施。规范中强制性条文与推荐性条文的区分方式在国家标准中有明确规定，通常采用黑体字标示强制性条文，其他条文为推荐性条文，设计文件中应注明对强制性条文的执行情况，工程验收时强制性条文的符合情况是验收通过的必要条件，而推荐性条文的执行情况仅作为评价工程设计质量的参考因素。

第二节　机械通风设备选型与安装

一、机械通风设备选型方法与步骤

（一）选型依据

1. 设计参数分析

机械通风设备选型的首要依据是系统设计参数，这些参数直接决定设备的基本性能需求。设计参数主要包括通风量、系统阻力、空气处理要求等。通风量是指单位时间内需要通过通风系统排出或送入的空气体积，通常以“m³/h”为单位，用符号 Q 表示。系统阻力是空气在流经风管、阀门、风口等部件时产生的压力损失，包括沿程阻力和局部阻力，计算时需要综合考虑风管长度、管径、管件类型等因素。空气处理要求涉及空气的温度、湿度、洁净度等参数，不同场所对空气处理的要求不同，洁净车间需要更高的空气过滤等级，高温车间则需要考虑设备的耐高温性能。

2. 使用环境条件评估

使用环境条件是影响设备选型的重要因素，不同环境对设备的材质、结构、防护等级等有不同要求。环境温度是关键因素之一，高温环境下设备的电机、轴承等部件需要具备良好的耐热性能，避免因温度过高导致设备损坏或效率下降。环境湿度较高的场所，如地下室、浴室等，对设备应采用耐腐蚀材料或进行防腐处理，以防止金属部件锈蚀。存在腐蚀性气体或粉尘的环境，如化工车间、粉尘车间，需要选择具有相应防护能力的设备，采用密闭式风机或增加过滤装置。环境空间大小和布局也会影响设备的安装位置和尺寸选择，设备外形尺寸需与安装空间相适应，避免因空间限制影响设备安装和维护。

（二）设备型号与规格确定

1. 设备类型初步筛选

在明确选型依据后，需要根据系统功能需求和使用条件进行设备类型的初步筛选。机械通风系统中常用的设备类型包括离心式风机、轴流式风机、混流式风机、风阀、空气过滤器、消声器等。离心式风机适用于需要较高风压的系统，如远距离送风或高阻力风管系统；轴流式风机则适用于大风量、低风压的场合，如一般厂房的全面通风。风阀用于调节风量和控制气流方向，根据控制方式可分为手动风阀、电动风阀等；空气过滤器根据过滤效率不同分为粗效、中效、高效过滤器，选型时需根据空气洁净度要求确定。设备类型的初步筛选需要结合设计参数和使用环境，排除明显不符合要求的设备类型，缩小选型范围。

2. 性能参数计算与校核

设备类型确定后，需要进行详细的性能参数计算与校核，以确保设备性能满足系统需求。以风机选型为例，首先根据通风量 Q 和系统阻力 H 计算风机的额定风量及全压。通风量是指单位时间内需要通过通风系统排出或送入的空气体积，通常以“m^3/h”为单位。系统阻力是空气在流经风管、阀门、风口等部件时产生的压力损失，包括沿程阻力和局部阻力。风机的额定风量应大于系统设计通风量，考虑到系统可能存在的漏风损失，通常需预留 10%～15%的余量，用符号 $Q_{风机}$ 表示，计算式为

$$Q_{风机} = Q_{设计}[1 + (10\% \sim 15\%)] \tag{5-2}$$

计算得到总阻力后，风机的全压应大于系统总阻力，并预留一定余量，一般为 10%～20%，用符号 $H_{风机}$ 表示，计算式为

$$H_{风机} = H_{系统}[1 + (10\% \sim 20\%)] \tag{5-3}$$

除风量和风压外，还需校核风机的功率、效率、噪声等参数，确保设备在高效区运行。

3. 型号规格确定方法

在完成性能参数计算与校核后，需要根据计算结果选择具体的设备型号和规格。设备生产厂家通常会提供详细的产品样本，样本中包含不同型号设备的性能曲线、外形尺寸、安装要求等信息。选型时应根据计算得到的风量 $Q_{风机}$ 和全压 $H_{风机}$，在厂家样本的性能曲线图上找到对应的工作点，确保该工作点位于设备的高效工作区内，即效率不低于最高效率的 85%。同时，需核对设备的外形尺寸是否符合安装空间要求，设备重量是否在建筑结构承重范围内。对于电机功率，应根据风机的轴功率和传动效率计算所需电机功率，电机功率需大于轴功率，并考虑一定的安全系数，通常安全系数取 1.1～1.3。确定型号规格后，还需检查设备的材质、防护等级、绝缘等级等是否满足使用环境条件，确保设备长期稳定运行。

（三）设备匹配性与系统协调性分析

1. 设备性能与系统阻力匹配分析

设备性能与系统阻力的匹配是保证通风系统高效运行的关键。当风机的全压与系统阻力不匹配时，会导致实际通风量偏离设计值，系统无法达到预期的通风效果。若风机全压过大，系统实际风量会超过设计值，可能导致风管风速过高，产生噪声和振动，同时增加能耗；若风机全压过小，实际风量不足，无法满足通

风要求。在分析匹配性时，需绘制系统阻力特性曲线和风机性能曲线，两条曲线的交点即为系统的实际工作点。系统阻力特性曲线可根据风管尺寸、管件布置等参数计算得到，其数学表达式为

$$H = SQ^2 \tag{5-4}$$

式中，S 为系统阻力特性系数。

风机性能曲线由厂家提供，反映不同风量下的全压、功率、效率变化关系。通过比较工作点的风量和效率，判断设备性能与系统阻力是否匹配，必要时调整风管尺寸或更换风机型号以优化匹配关系。

2. 多设备联动协调性评估

在复杂的机械通风系统中，通常包含多台设备，如多台风机、风阀、空气处理机组等，这些设备之间的联动协调性直接影响系统整体性能。多设备联动协调性评估主要包括风量分配协调性和控制逻辑协调性。风量分配协调性是指各分支管道的实际风量应符合设计分配比例，通过调节风阀开度或改变风机转速实现。在排风系统中，多个排风点的排风量需根据污染物浓度分布进行分配，若某一排风点风量过大，会导致其他排风点风量不足，影响污染物控制效果。控制逻辑协调性是指设备之间的启停顺序、运行参数调节应符合系统控制要求，在空调通风系统中，空气处理机组应先于送风机启动，确保空气经过处理后再送入室内；当系统负荷变化时，风机转速和风阀开度应协同调节，维持系统总风量和各区域参数稳定。评估时需建立系统控制模型，模拟不同工况下的设备运行状态，验证联动逻辑的合理性。

3. 系统整体运行效率验证

系统整体运行效率是衡量设备选型合理性的综合指标，包括能量利用效率和通风效果效率。能量利用效率主要通过系统能效比评价，系统能效比定义为系统实际输出的有效通风量与消耗的总能量之比，用符号 EER_{sys} 表示，计算公式为

$$EER_{sys} = \frac{Q_{有效}}{W_{总}} \tag{5-5}$$

式中，$Q_{有效}$ 为系统实际提供的有效通风量；$W_{总}$ 为系统所有设备的总能耗。

通风效果效率是指通风系统对室内空气品质、温度、湿度等参数的控制效果，通过实际监测室内参数与设计目标值的偏差进行评价。在工业车间通风系统中，通风效果效率可表示为实际粉尘浓度与允许浓度的比值，比值越小说明通风效果越好。系统整体运行效率验证需结合实际运行数据和设计目标，若效率低于预期，需分析原因并优化设备选型，更换高效节能设备、优化系统布局等。

（四）选型常见问题与解决措施

1. 参数计算偏差问题

参数计算偏差是设备选型中最常见的问题之一，主要原因包括原始数据不准确、计算方法不当、忽略系统动态变化等。原始数据不准确表现为设计风量、系统阻力等参数计算所依据的基础数据错误，如房间体积测量偏差、污染物散发量估算不准等。计算方法不当可能是未正确选用阻力计算公式，或忽略了某些局部阻力部件，导致系统阻力计算值偏小。忽略系统动态变化是指未考虑通风量、阻力等参数在不同工况下的变化，如季节变化导致的空气密度变化，进而影响风机性能。解决参数计算偏差问题的措施包括加强原始数据调研与测量，确保基础数据的准确性；采用经过验证的计算方法和软件，使用流体力学计算软件进行系统阻力模拟；考虑系统动态变化因素，在参数计算中引入修正系数如温度修正系数、湿度修正系数等，使计算结果更接近实际运行工况。

2. 设备与环境适应性不足问题

设备与环境适应性不足表现为设备在特定环境条件下无法正常运行或寿命缩短，常见原因包括未充分考虑环境特殊因素、设备材质选择不当、防护措施缺失等。在沿海地区的通风系统中，若选用普通碳钢风机，海水中的氯离子会导致风机外壳和叶轮锈蚀，影响设备性能和使用寿命。解决措施首先是在选型阶段全面分析环境因素，包括温度、湿度、腐蚀性介质、粉尘浓度、海拔等；根据环境因素选择合适的设备材质，在腐蚀性环境中选用不锈钢或玻璃钢材质的风机，在高温环境中选用耐高温电机；增加必要的防护措施，安装防尘罩、防雨棚、腐蚀抑制剂等。对于已安装的设备，若发现适应性不足问题，可采取局部改造措施，更换设备部件、增加防护涂层，或根据实际情况更换适应环境的设备型号。

3. 型号选择与系统不匹配问题

型号选择与系统不匹配主要体现在设备性能参数、安装尺寸、接口标准等与系统要求不符，导致设备无法安装或系统运行异常。性能参数不匹配表现为风机风量、全压与系统需求偏差过大，选用的风机额定风量远大于设计风量，导致系统能耗增加；安装尺寸不匹配是指设备外形尺寸超出安装空间限制，或设备基础尺寸与建筑预留基础不符，无法进行安装；接口标准不匹配包括风管接口尺寸、法兰类型、电机电源接口等与系统其他部件不一致，影响连接密封性和安全性。解决措施包括在选型前详细核对系统设计图纸，明确设备安装空间、接口尺寸、电源参数等要求；选择具有多种规格型号的设备品牌，便于根据系统要求调整型号；与设备厂家进行技术沟通，定制符合系统特殊要求的设备。对于已出现的不匹配问题，可通过修改安装空间、更换接口部件、调整系统设计参数等方式进行解决，确保设备与系统协调运行。

二、机械通风设备安装技术要求

（一）安装前的准备工作

安装前的准备工作是确保机械通风设备安装质量的基础环节，需要从技术资料、现场条件和设备状态三个方面进行全面核查。技术资料核查应首先确认设计文件的完整性，包括通风系统施工图纸、设备安装说明书、产品合格证及相关技术参数表。施工人员需对照设计图纸核对设备型号、规格及安装位置，确保设备性能参数与设计要求一致，同时核查现行安装规范版本，确保施工过程符合最新行业标准。

安装现场条件确认需重点检查设备基础的施工质量，基础混凝土强度应达到设计要求，表面应平整且无裂纹、蜂窝等缺陷。基础尺寸偏差需符合规范要求，预留螺栓孔的位置和深度应与设备地脚螺栓匹配。现场还需清理杂物，确保安装区域有足够的操作空间，同时检查临时供电、照明及吊装设施是否满足施工需求。环境温度应控制在设备安装允许范围内，避免在极端温度或湿度条件下进行安装作业。

设备开箱检验与保管应在监理单位见证下进行，首先检查设备外包装是否完好，开箱后核对设备名称、型号、规格及数量，确认与装箱单一致。设备外观检查需关注机壳、叶轮等部件是否有变形、损伤，叶轮与机壳的间隙是否均匀。轴承、电机等关键部件需检查是否有锈蚀或损坏，润滑部位的油脂是否符合要求。检验合格的设备应妥善保管，大型设备需放置在平整的垫木上，避免直接接触地面导致锈蚀，小型部件应分类存放于干燥通风的库房内，防止受潮或损坏。

（二）通风机安装工艺流程

通风机安装需遵循规范的工艺流程，以保证设备运行的稳定性和安全性。基础验收与处理是流程的首要环节，基础混凝土强度需达到设计强度的75%以上，表面平整度偏差不应超过5mm/m。基础表面应清理干净，去除油污、浮浆及杂物，对于预留螺栓孔，需检查其位置偏差和垂直度，偏差超出允许范围时应进行机械修整。基础处理还需准备符合要求的灌浆材料，通常采用无收缩混凝土或灌浆料，其强度等级应比基础混凝土高一个等级。

通风机就位与找平应根据设备重量选择合适的吊装工具，吊装时需使用设备自带的吊环或专用吊具，避免直接捆绑机壳造成变形。设备就位后，使用水平仪在风机主轴和机壳加工面上进行水平度测量，纵向水平偏差不应大于0.1mm/m，横向水平偏差不应大于0.2mm/m。找平过程中可通过在设备底座下垫入薄钢板进行调整，薄钢板厚度不宜小于1mm，且数量不超过3块。

设备固定与电机安装需严格控制地脚螺栓的安装质量，螺栓规格应与设备匹配，紧固前需检查螺栓与孔壁的间隙，灌浆时应分层振捣密实，待灌浆料强度达到设计要求后再进行紧固，紧固力矩应符合设备技术文件规定。电机与风机的联轴器安装时，需调整同心度，径向位移允许偏差不应大于0.05mm，轴向倾斜允许偏差不应大于0.2mm/m。电机接线应符合电气设计要求，接线端子连接牢固，绝缘电阻测试值不应小于0.5MΩ。

试运转前的检查与调试，需先清理设备内部杂物，检查叶轮转动是否灵活，有无卡滞现象。对于润滑系统，应加注符合要求的润滑油，油位应在油标规定范围内。电气系统检查包括检查电源电压、相序及保护装置是否正常，接地电阻测试值不应大于 4Ω。手动盘车无异常后进行试运转，启动时应观察电流变化，空载运行 2h 后检查轴承温度，滚动轴承温度不应超过 80℃，滑动轴承温度不应超过 70℃，同时监测设备振动速度，其有效值不应大于 6.3mm/s。

（三）空气处理设备安装技术要点

空气处理设备安装需以框架调整为基础，确保设备整体结构稳定。设备框架安装时，首先检查型钢框架的型号和规格，确认其承载能力符合设计要求。框架组装应在平整的地面上进行，使用螺栓连接时需加防松垫片，紧固后检查框架的垂直度和水平度，垂直度允许偏差为 1mm/m，水平度允许偏差为 0.5mm/m。框架与基础的连接应牢固，采用膨胀螺栓固定时，螺栓埋入深度不应小于螺栓直径的 10 倍。

段体连接密封处理是防止空气泄漏的关键，组合式空气处理机组各功能段连接时，法兰面应平整，密封垫材质应根据空气介质特性选择，通常采用闭孔海绵橡胶或丁腈橡胶，垫片厚度宜为 3~5mm。安装垫片前需清理法兰面油污和杂物，垫片应与法兰尺寸匹配，不得凸入风管内。段体连接螺栓应按对角顺序均匀紧固，紧固力矩应适中，避免法兰变形导致密封失效。

功能段组件安装需根据不同组件的特性采取相应措施，过滤器安装前应清洁过滤器框架和滤料，确保滤料无破损，安装时滤料的折痕方向应与气流方向一致，边框与框架之间应采用密封胶密封，防止旁通漏风。喷淋段安装时，喷嘴应排列均匀，方向一致，喷嘴与水管连接应紧密，喷淋水泵与水管的连接应采用柔性接头，避免振动传递。加热盘管安装前需进行水压试验，试验压力为工作压力的 1.5 倍，且不应小于 0.6MPa，保压 30min 无泄漏。

设备整体调试检查需在安装完成后进行，首先检查各功能段之间的连接是否牢固，门和观察窗的密封性能是否良好。启动风机后，测量设备内部静压，与设计值的偏差不应超过±10%。检查各功能段的运行状态，过滤器前后压差应在规定范围内，喷淋段的水量和水温应符合设计要求，加热盘管的进出口水温差应达到设计值。设备运行时，整体振动速度有效值不应大于4.5mm/s，噪声值应符合设计标准。

（四）风阀与风口安装位置要求

风阀安装位置应满足系统功能和操作需求，防火阀应安装在防火分区隔墙两侧，距离墙表面不应大于200mm，安装时阀体上的温度熔断器应位于火灾危险性大的一侧。排烟阀应安装在排烟系统的管道上，与排烟风机的联动控制线应连接正确，确保火灾时能自动开启。调节风阀应安装在便于操作和观察的位置，通常设置在风管分支处或需要调节风量的部位，安装方向应与气流方向一致，阀片开启角度应能直观显示。

风阀操作机构安装需保证操作灵活，手动操作机构的安装高度宜为1.5~1.8m，当安装高度超过2m时应设置操作平台或延长操作杆。电动操作机构应固定牢固，与风阀的连接应可靠，操作信号应能准确反馈到控制系统，执行机构的动作行程应与风阀的开闭角度一致，全关位置时的漏风量应符合规范要求，对于防火阀，其漏风量在压差为700Pa时不应大于50m^3/（m^2·h）。

风口安装应与装饰工程配合，确保美观和性能。安装散流器时，应与顶棚或墙面装饰面平齐，边框与装饰面之间的缝隙应采用密封胶填充，避免漏风。百叶风口的叶片角度应一致，间距均匀，安装后叶片应能灵活转动，调节范围符合设计要求。安装条形风口时，应保证直线度，偏差不应大于3mm/m，全长偏差不应大于10mm。风口与风管的连接应紧密，采用法兰连接时，垫片材质应与系统空气介质相适应，采用插接连接时，插入深度不应小于20mm，并使用自攻螺钉固定。

风阀与风口性能调试需在系统联动试运行时进行，首先检查风阀的开闭状态，手动和电动操作应无卡滞现象，全开和全关位置应准确。调节风阀在不同开度下的风量应符合设计要求，通过改变阀片角度测量风量变化，其调节特性曲线应接近线性。风口风量测试应在系统稳定运行后进行，使用风速仪在风口截面均匀选取测点，计算平均风速后乘以风口有效面积得到风量，实测风量与设计风量的偏差不应超过±15%。

（五）设备与管道连接密封要求

法兰连接密封处理需保证法兰面的贴合质量，风管与设备法兰连接前，应检查法兰的平整度，当法兰平面度偏差超过 2mm 时，应进行修整。法兰之间的垫片应选用与系统工作温度和压力相适应的材料，空调系统可采用橡胶垫片，排风系统可采用石棉橡胶垫片，垫片的宽度应与法兰宽度一致，厚度宜为 3~4mm。螺栓安装应采用同一规格，沿法兰圆周均匀分布，紧固时应按对角顺序分次均匀拧紧，每个螺栓的紧固力矩都应相同，避免法兰产生翘曲变形，影响密封效果。

柔性短管安装应符合系统运行要求，用于设备与风管之间的柔性短管，其长度宜为 200~300mm，选用的材料应为不燃或难燃材料，且具有良好的伸缩性和抗老化性能。安装时柔性短管应保持自然状态，不得扭曲或拉伸过度，两端与法兰的连接应牢固，采用镀锌钢板条压紧，再用螺栓固定，固定点间距不应大于 100mm。在风机出口处的柔性短管，应避免承受风管重量，必要时应设置支架支撑风管。

密封材料选用与施工需根据系统介质特性确定，输送空气温度低于 70℃ 的系统可采用橡胶类密封材料，温度高于 70℃ 的系统应采用石棉类密封材料。密封材料施工前应检查其外观质量，不得有裂纹、气泡或破损，切割尺寸应准确，安装时应平整无褶皱，与法兰面紧密贴合。在法兰螺栓孔处，垫片应开孔，孔径应比螺栓直径大 2~3mm，确保螺栓穿过时不损坏垫片，影响密封性能。

连接部位质量检查应通过外观检查和压力测试进行，外观检查主要查看垫片是否平整，螺栓是否紧固到位，柔性短管是否有扭曲或破损。压力测试可采用漏光法或漏风量测试法，漏光法适用于低压系统，在黑暗环境中，用强光手电筒照射法兰连接部位，观察是否有光线泄漏，如有泄漏应重新紧固螺栓或更换垫片。漏风量测试适用于中高压系统，测试压力应为系统工作压力，漏风量应符合规范要求，对于低压系统，漏风量不应大于 $0.18m^3/(m^2 \cdot h)$（在 1000Pa 压力下）。

第三节　特殊场所通风解决方案

一、地下建筑通风解决方案

（一）自然通风与机械通风结合设计

地下建筑自然通风与机械通风结合设计需要充分考虑地下空间封闭性强和空气流通受限的特点。自然通风设计应优先利用建筑结构创造空气流动条件，合理设置通风竖井、风井或开敞空间，这些结构能够借助热压或风压原理促进空气交换。热压原理是指利用室内外空气温度差形成的密度差异使空气自然流动，当室内温度高于室外时，热空气上升，从上部开口排出，室外冷空气从下部开口进入。风压原理则依赖室外风力在建筑表面形成的压力差，通过合理布置进排风口位置使空气从高压区流向低压区。

机械通风系统配置需根据地下空间的使用功能和规模选择合适的风机类型及布置方式。常用的风机类型包括离心式风机和轴流式风机，离心式风机适用于风压要求较高的系统，轴流式风机则适用于风量大而风压较低的场合。结合设计的关键在于确定两种通风方式的运行模式。过渡季节，室外气象条件适宜时，可以自然通风为主，机械通风为辅，通过开启通风竖井和风井引入新鲜空气，降低机械通风设备的运行负荷。恶劣天气或室内负荷较高时，机械通风系统应自动切换为主导模式，确保室内空气品质和环境参数满足设计要求。设计中需要计算的关键参数包括通风量、空气交换次数和气流组织形式。通风量应根据地下建筑的使用性质和人员密度确定，人员密集场所如地下商场的通风量按每人每小时所需新风量计算，人员密度较低的场所如设备间可按空间体积和换气次数计算。空气交换次数是指每小时室内空气被置换的次数，不同类型的地下建筑有不同的最低要求，例如地下车库的换气次数通常不低于 6 次/h。气流组织形式需通过合理布置送排风口位置和尺寸，避免出现气流短路或死角，保证新鲜空气能够均匀分布到各个区域，污浊空气能够有效排出。

（二）排烟与通风系统联动控制

排烟与通风系统联动控制设计的核心是确保火灾情况下能够快速切换系统运行模式，优先保障人员疏散和烟气排除。控制逻辑需要明确正常运行和火灾工况的转换条件，正常运行时系统以满足室内通风需求为主，火灾发生时应立即切换到排烟模式。火灾探测器发出信号后系统应自动启动一系列动作关闭部分送排风口，防止烟气通过通风管道扩散到非火灾区域，同时启动排烟风机将烟气从建筑内排出。传感器布置应考虑烟气的流动特性选择，在烟气容易积聚的区域如吊顶下方、空间顶部或楼梯间等位置，这些区域的温度或烟雾探测器能够更早检测到火情，为系统联动争取时间。设备切换机制需包含风机启停顺序、风阀开闭状态以及与消防系统的信号传输。风机启停顺序应遵循先停送风机后启动排烟风机的原则，避免新风进入助长火势。风阀开闭状态需根据排烟分区确定，火灾区域的排烟阀打开，非火灾区域的风阀关闭。与消防系统的联动信号传输应采用可靠的通信协议，确保火灾报警控制器发出的指令能够准确传达到通风系统的控制模块，实现无缝协同工作。人员疏散通道的排烟优先级应高于其他区域，设计时需保证疏散楼梯间和前室的排烟风机优先启动，维持这些区域的负压状态，防止烟气侵入。

（三）地下车库通风系统优化设计

地下车库通风系统优化设计需同时满足人员呼吸需求和汽车尾气排放要求，通过多方面优化提升系统性能和节能效果。通风量计算是优化设计的基础，需综合考虑地下车库面积、层高、车位数量和汽车出入频率等因素。常用的计算方法包括换气次数法和污染物浓度控制法。换气次数法根据地下车库空间体积和规定的换气次数计算通风量，地下车库的最低换气次数通常为 6 次/h，当地下车库层高超过 3m 时按 3m 高度计算体积。污染物浓度控制法以地下车库内的 CO 浓度为指标，根据汽车尾气排放量和允许的 CO 最高浓度计算所需通风量。两种方法计算结果取较大值作为设计通风量。

气流组织优化需要合理布置送排风口的位置和数量，避免气流短路或死角。

送风口宜设置在车位上方或车道两侧，风口采用旋流或侧送形式使新鲜空气能够覆盖车位区域。排风口应设置在车道尽头、角落或汽车尾气容易积聚的位置，如车库出入口附近或坡道底部。送排风口的数量应根据风量和风速确定，确保气流能够按照设计路径流动，将污浊空气从排风口有效排出。设备节能运行可采用变频调速技术，通过传感器实时监测车库内的 CO 浓度或车流量，自动调节风机转速。当地下车库内车辆较少或 CO 浓度较低时降低风机转速，减少能耗；当车流量增加或 CO 浓度超过设定值时提高转速，满足通风要求。风机和风管的安装设计应考虑地下车库的空间限制，风机可采用吊装方式安装在吊顶上方或设备夹层内，风管宜采用扁圆形或贴壁安装形式，以减少占用净高。风管材料选择应兼顾强度和防腐性能，金属风管需进行防腐处理以应对地下潮湿环境，确保系统长期稳定运行。

二、易燃易爆场所通风解决方案

（一）爆炸危险区域划分与通风要求

爆炸危险区域划分是易燃易爆场所通风设计的基础前提，其目的是根据场所内易燃易爆物质的存在状态和释放可能性确定不同危险程度的区域范围。国家标准《爆炸危险环境电力装置设计规范》（GB 50058—2014）对爆炸危险区域的划分做出明确规定，将区域划分为 0 区、1 区和 2 区。0 区指连续出现或长期存在易燃易爆气体混合物的环境，1 区指在正常运行时可能出现易燃易爆气体混合物的环境，2 区指在正常运行时不太可能出现易燃易爆气体混合物且即使出现也仅是短时存在的环境。不同区域的通风设计需采取差异化措施以满足安全要求。

0 区环境由于易燃易爆物质持续存在，通风系统必须保证连续运行且换气次数达到极高水平，通常每小时换气次数不低于 12 次。通风气流应从非危险区域流向危险区域，确保危险物质浓度被持续稀释至安全限值以下。1 区环境在正常运行时可能出现易燃易爆物质，通风系统需具备可靠的连续运行能力，换气次数应不低于 8 次/h，同时需设置备用通风设备以应对主设备故障情况。2 区环境危险程度相对较低，但仍需保证每小时不少于 6 次的换气次数，通风系统可采用间歇运行方式，但需与危险物质检测装置联动，确保在物质浓度接近限值时自动启动。

（二）防爆型通风设备选型

防爆型通风设备选型需严格遵循场所的爆炸危险等级和介质特性，确保设备在运行过程中不成为点燃源。选型的核心原则是设备的防爆等级和温度组别必须与所在区域的危险等级相匹配。防爆等级需符合国家标准《爆炸环境》（GB 3836）的规定，常见的防爆形式包括隔爆型、增安型、本质安全型等，其中隔爆型设备通过外壳隔绝点燃源，适用于 1 区和 2 区环境；增安型设备通过降低正常运行时的火花风险，适用于 2 区环境。

通风设备的核心部件如风机、电机和控制元件均需满足防爆要求。防爆风机应选用叶轮与机壳无摩擦设计，避免机械火花产生，叶轮材质可采用铝合金或不锈钢以降低撞击火花风险。防爆电机需具备过热保护功能，其表面温度应低于所在区域易燃易爆物质的引燃温度，温度组别需根据物质的引燃温度确定，例如处理甲烷的场所应选用 T1 组电机，即表面温度不超过 450℃。设备的连接部件应采用防爆密封结构，电缆引入装置需使用防爆格兰头，确保粉尘和气体无法进入设备内部引发爆炸。

（三）通风系统防静电设计

易燃易爆场所通风系统中静电的产生和积累是引发爆炸事故的重要风险因素，防静电设计需从材料选择、系统结构和接地措施三方面综合考虑。通风管道和设备的材质选择直接影响静电的产生与消散，应优先采用导电性能良好的金属材料如镀锌钢板或铝合金，这些材料能够有效传导静电防止电荷积累。对于输送易燃易爆粉尘的系统，管道内壁应保持光滑，避免粉尘堆积，因为粉尘与管道内壁的摩擦会加剧静电产生。

通风系统的流速控制是防静电设计的关键参数，不同性质的易燃易爆物质对应不同的安全流速。输送可燃气体时，管道内气体流速应控制在 8m/s 以下；输送易燃易爆粉尘时，流速需根据粉尘粒径和密度确定，通常不超过 15m/s，以减少摩擦起电。系统中的所有金属部件必须进行可靠接地，包括管道、风机、风阀和过滤器等，接地干线应采用截面积不小于 16mm^{2}的铜导体，分支线截面积不小于 6mm^2，接地电阻应控制在 4Ω 以内，以确保静电能够快速导入大地。

（四）事故排风系统设计与控制

事故排风系统是易燃易爆场所应对突发泄漏事故的关键安全设施，其设计需保证在最短时间内将泄漏的易燃易爆物质排出室外，防止浓度达到爆炸极限。系统的风量计算应采用换气次数法，根据场所容积和危险物质特性确定换气次数，对于 0 区和 1 区场所，事故排风的换气次数不应低于 12 次/h；对于 2 区场所，换气次数不应低于 8 次/h。风量计算公式为

$$L = nV \tag{5-6}$$

式中，L 为事故排风量，m^3/h；n 为换气次数，次/h；V 为场所体积，m^3。

事故排风系统应采用独立设置方式，不得与正常通风系统共用风道或设备，以避免事故状态下危险物质通过共用系统扩散至其他区域。系统的吸风口应设置在易燃易爆物质容易积聚的位置，如地面附近或设备泄漏点下方，排风口应布置在室外空旷区域且远离明火和进风口，排风口高度应高出屋顶 2m 以上。控制方式需实现手动与自动结合，自动控制应与可燃气体检测报警系统联动，当检测到物质浓度达到爆炸下限的 25%时，系统应在 30s 内自动启动；手动控制装置应设置在危险区域外便于操作的位置，且具有明显的标识。

第四节　通风系统噪声控制

一、通风系统噪声来源与分析

（一）通风机噪声产生机理

通风机噪声是通风系统中最主要的噪声源之一，其产生机理涉及多个方面的复杂作用过程。气动噪声是通风机噪声的主要组成部分，产生于叶轮旋转过程中

叶片与空气的相互作用。当叶轮高速旋转时，叶片前缘不断切割空气质点，导致空气压力和速度的周期性变化，这种周期性脉动以声波的形式向周围空间传播。叶片表面的气流分离现象也会加剧气动噪声的产生，在叶片背面靠近出口处，气流容易形成边界层分离，产生大量不规则的漩涡，漩涡的产生和破裂过程会释放出湍流噪声能量。

机械噪声是通风机噪声的另一个重要来源，主要由通风机内部机械部件的运动摩擦和振动引起。轴承是机械噪声的主要发生部位之一，滚动轴承中滚动体与内外圈滚道之间的接触会产生周期性的冲击和摩擦，这种机械作用通过轴承座传递到机壳，引起机壳振动并辐射噪声。转子不平衡也是产生机械噪声的重要原因，当转子的质量中心与旋转中心不重合时，旋转过程中会产生离心惯性力，导致转子产生周期性振动，这种振动通过轴系传递到整个通风机结构，进一步放大噪声。

电磁噪声主要来源于通风机驱动电机的运行过程，是由于电机内部电磁力的波动引起铁芯振动而产生的噪声。在异步电动机中，定子绕组产生的旋转磁场与转子导条中的感应电流相互作用，会产生周期性变化的电磁力，这种电磁力作用在定子铁芯上，引起铁芯的周期性振动。电磁力的频率与电机的极对数和转速有关，当电磁力的频率与铁芯的固有频率接近时，会发生共振现象，导致电磁噪声显著增强。

（二）空气流动噪声特性分析

空气流动噪声是指通风系统中气流在管道和设备内部流动过程中产生的噪声，其特性与气流状态、管道结构和流动参数密切相关。湍流噪声是空气流动噪声的主要表现形式，产生于气流的湍流运动过程。当气流在管道内流动时，由于黏性力的作用，气流会呈现出不规则的湍流状态，湍流运动中存在大量不同尺度的漩涡，这些漩涡的形成、发展和破裂过程会引起周围空气质点的振动，从而辐射出噪声。湍流噪声的频率特性呈现宽频带特征，其声能主要分布在中高频范围内，随着气流速度的增加，湍流强度增大，噪声的总声压级也随之提高。

局部阻力部件处的噪声是空气流动噪声的另一个重要组成部分，产生于气流流经局部阻力部件时的流动状态变化。在通风系统中，弯头、三通、阀门和变径管等局部阻力部件会改变气流的流动方向或截面面积，导致气流在这些部位产生剧烈的扰动。以弯头为例，当气流流经弯头时，由于惯性作用，气流会向弯头外侧分离，形成漩涡区，漩涡的脱落和撞击会产生噪声，这种噪声的强度与弯头的曲率半径和气流速度有关，曲率半径越小，气流速度越高，产生的噪声越大。

气流速度是影响空气流动噪声强度的关键参数，噪声强度与气流速度之间存在明显的相关性。根据空气动力学原理，气流流动噪声的声功率级与气流速度的某次幂成正比，在工程实践中，通常采用经验公式描述这种关系。对于湍流噪声，其声功率级可表示为

$$L_W = K + 60\lg v \tag{5-7}$$

式中，K 为与管道截面形状和流动状态有关的常数；v 为气流速度。

从式（5-7）可以看出，当气流速度增加 1 倍时，声功率级会增加约 18dB，表明气流速度对噪声强度有显著影响。

（三）设备振动噪声传递路径

设备振动噪声传递路径是指通风系统中设备振动产生的噪声通过各种媒介传播到周围环境的过程，主要包括固体声传递和空气声辐射两种方式。固体声传递是振动能量通过固体结构传播的过程，常见于设备振动通过安装基座和连接部件向建筑结构传递。通风机运行时产生的振动首先通过机座传递到安装基础，安装基础的振动会进一步传递到楼板或墙体等建筑结构。建筑结构的振动会以弹性波的形式在结构内部传播，当振动波传播到结构表面时，会引起表面振动并向周围空气辐射噪声，这种通过固体结构传递后辐射的噪声往往具有较低的频率特性。

空气声辐射是设备表面振动直接引起周围空气质点振动而产生的噪声传递方式。通风机和管道等设备在振动过程中，其表面会推动周围空气质点做周期性振动，形成声波并向周围空间传播。设备表面的振动速度是影响空气声辐射强度的重要因素，根据声学理论，声功率级与振动速度的平方成正比，即

$$L_W = 10\lg \frac{\rho_0 c_0 S \bar{v}^2}{W_0} \tag{5-8}$$

式中，ρ_0 为空气密度；c_0 为声速；S 为辐射面积；$\overline{v^2}$ 为振动速度的平方平均值，W_0 为参考声功率。

传递路径中的衰减是振动噪声传递过程中的重要特性，指振动能量在传递过程中因各种因素导致的能量损失。振动在固体结构中传递时，会受到材料内阻尼、结构连接方式和支撑条件的影响而产生衰减。例如，在设备与基础之间设置弹性减振器可以增加振动传递路径的阻尼，使振动能量在传递过程中被吸收，从而降低传递到建筑结构的振动强度。管道系统中的支架也会影响振动传递衰减，采用弹性支架可以减少管道振动向建筑结构的传递，而刚性支架则会增强振动传递效果。

（四）管道系统再生噪声成因

管道系统再生噪声是指气流在管道内部流动过程中，由于管道结构和流动状态的相互作用而产生的新的噪声，其成因与管道内壁状态、局部构件和管道材料特性密切相关。管道内壁气流扰动是再生噪声的主要成因之一，当气流流经管道内壁时，内壁的粗糙度会对气流产生扰动作用。粗糙的内壁表面会增加气流的摩擦阻力，使气流在近壁区域形成更强烈的湍流运动，湍流漩涡的能量增大，导致噪声级升高。内壁表面的凸起或凹陷会改变局部气流的流动方向，形成小尺度的漩涡，这些漩涡的脱落和碰撞会产生额外的噪声。

局部构件气流分离现象是导致管道系统再生噪声的重要因素，常见于弯头、三通、变径管和阀门等局部阻力构件处。在弯头处，气流因惯性作用会向外侧壁面聚集，导致内侧壁面附近形成低压区，气流在低压区发生分离并形成漩涡区。漩涡区的气流不断产生和脱落，与壁面发生撞击，产生周期性的压力脉动，这种压力脉动以噪声的形式传播。三通处的气流分流会导致流速分布不均匀，主分支和支分支的气流相互干扰，形成复杂的流场结构，流场中的速度梯度增大，湍流强度提高，从而产生更高的噪声。

管道材料声学特性对再生噪声的形成和传播具有重要影响，不同材料的吸声、隔声性能差异会导致噪声在管道内的传播特性不同。吸声性能较好的管道材料如玻璃棉复合管，可以在气流产生噪声的同时吸收部分声能，减少噪声向外界的辐射。而刚性材料如钢管，其吸声性能较差，噪声在管道内传播时衰减较小，容易通过管道壁向周围环境辐射。管道材料的刚度也会影响再生噪声，刚度较大的材料在气流冲击下振动较小，辐射的噪声相对较低；刚度较小的材料则容易在气流激励下产生振动，从而放大再生噪声。

二、通风系统噪声控制技术与措施

（一）低噪声设备选型

低噪声设备选型是通风系统噪声控制的基础性措施，其核心在于通过选择本身噪声水平较低的设备从源头减少噪声产生。在通风系统中，通风机是主要的噪声源之一，因此通风机的选型需要重点关注其噪声性能参数。通风机的噪声大小通常与其气动性能、结构设计以及运行工况密切相关。在相同风量和风压条件下，应优先选择比 A 声级较低的通风机型号。比 A 声级是衡量通风机噪声水平的重要指标，它表示通风机在单位流量和单位全压下所产生的 A 计权声功率级，该参数能够在不同规格通风机之间进行噪声性能的比较。除了比 A 声级外，还需要考虑通风机的频谱特性，因为不同频率的噪声对人的主观感受和后续的控制措施选择有重要影响。

通风机的叶轮形式和转速也是影响噪声的关键因素。一般来说，前向叶型叶轮的通风机由于气流在叶轮内的流动损失较大，其噪声水平通常高于后向叶型叶轮的通风机。在满足系统风量和风压要求的前提下，应尽量选择后向叶型叶轮的通风机。同时，通风机的转速与噪声呈显著的正相关关系，转速越快，噪声越大。因此，在选型时应避免为了追求过大的风量或风压而盲目提高通风机转速，可以通过选择合适叶轮直径的通风机在较低转速下运行以达到所需的性能参数，从而降低噪声。

电动机作为通风机的驱动设备，其噪声同样不可忽视。电动机的噪声主要包括电磁噪声、机械噪声和冷却风扇噪声。在选择电动机时，应选择符合低噪声标准的产品，优先考虑采用优质轴承、精密加工定转子以及优化冷却风扇设计的电动机型号。此外，电动机与通风机之间的传动方式也会对噪声产生影响。对于直接传动方式，由于不存在中间传动环节的附加噪声，其噪声水平通常低于皮带传动等间接传动方式。因此，在条件允许的情况下，应优先采用直接传动方式。

除了通风机和电动机外，通风系统中的其他设备如空气处理机组、风阀等也可能产生噪声。空气处理机组中的过滤器、加热器、加湿器等部件在气流通过时会产生一定的噪声，选型时应选择气流阻力小、内部结构设计合理的产品。风阀的噪声主要产生于阀门开启度较小时，高速气流流经阀门局部阻力部件时可能会产生湍流噪声，因此在选择风阀时，应考虑其在不同开启度下的阻力特性和噪声水平，避免在系统运行中出现阀门长期处于小开度状态的情况。

（二）隔声与吸声设计

隔声与吸声设计是通风系统噪声控制中降低噪声传播和反射的重要技术手段。隔声设计主要通过采用具有一定隔声性能的材料和结构，阻止噪声能量向周围环境传递。在通风系统中，设备机房的隔声处理尤为关键。机房的墙体、楼板和顶板应采用厚重的围护结构，如采用实心砖墙或钢筋混凝土墙体，这些材料具有较高的面密度，能够有效阻隔空气声的传播。墙体的隔声性能通常用隔声量来表示，隔声量的大小与材料的面密度、弹性模量以及声波的频率有关，一般来说，面密度越大，隔声量越高，对于单层匀质密实墙，其隔声量可以用质量定律来估算，即

$$R = 20\lg m + 20\lg f - 48 \tag{5-9}$$

式中，R 为隔声量，dB；m 为墙体的面密度，kg/m^2；f 为入射声波的频率，Hz。

除了墙体本身的隔声性能外，墙体上的缝隙和孔洞会严重降低其隔声效果，因此在施工过程中必须对这些部位进行密封处理。对于需要穿越墙体的风管和管道，应在穿墙处设置隔声套管，并在套管与风管或管道之间的间隙填充弹性隔声材料。设备机房的门和窗也需要进行隔声设计，隔声门应采用厚重的门板，并设置密封胶条，隔声窗则应采用双层或多层中空玻璃，玻璃之间的空气层可以有效提高隔声性能。

吸声设计主要是在通风系统的噪声传播路径上或噪声接收空间内设置吸声材

料或吸声结构。通过吸声材料对声波的吸收作用将声能转化为热能，从而降低噪声水平。吸声材料的吸声性能通常用吸声系数来表示，吸声系数是指材料吸收的声能与入射到材料表面的总声能之比，其值为0~1，吸声系数越大，材料的吸声性能越好。常用的吸声材料包括多孔吸声材料、共振吸声结构等。多孔吸声材料如玻璃棉、岩棉、矿棉等，其内部具有大量相互连通的微小孔隙，当声波入射到材料表面时，声波会进入孔隙并引起孔隙内空气和材料纤维的振动，由于空气分子之间的黏滞阻力和材料纤维的摩擦作用，声能被转化为热能而耗散。

吸声材料的布置应根据噪声源的特性和空间的声学环境进行合理设计。在通风机房内，可以将吸声材料粘贴或悬挂在墙面和顶棚上，形成吸声饰面，也可以设置吸声屏障或吸声体。在风管系统内部，可以在风管内壁敷设吸声材料，以降低风管内气流噪声的传播。在选择吸声材料时，还需要考虑材料的防火性能、防潮性能、耐温性能以及环保性能等，确保其在通风系统的运行环境下能够长期稳定地发挥作用。

（三）消声器选型与安装技术

消声器是通风系统中控制气流噪声的专门装置，它能够在允许气流通过的同时，有效地降低气流噪声。消声器的选型需要根据通风系统的噪声特性、所需的消声量以及系统的空气动力性能要求进行综合考虑。首先需要确定通风系统的噪声源频谱特性，即不同频率下的噪声声压级，这可以通过现场测量或根据设备的噪声性能参数进行估算得到。然后根据所需的消声目标，即经过消声器处理后噪声需要达到的声压级，计算出各频率所需的消声量。消声器的消声性能通常用插入损失或传递损失来表示，插入损失是指在消声器安装前后，在指定测点处测得的噪声声压级之差，传递损失是指消声器入口处入射声功率级与出口处透射声功率级之差。在选型时，应选择消声量能够满足各频率消声要求，且空气阻力损失较小的消声器型号。

消声器的类型多种多样，根据其消声原理和结构形式的不同，可以分为阻性消声器、抗性消声器、阻抗复合式消声器、微穿孔板消声器等。阻性消声器主要利用吸声材料的吸声作用来消声，适用于中高频噪声的控制；抗性消声器则利用声波在传播过程中的反射、干涉等抗性作用来消声，适用于低频噪声的控制；阻抗复合式消声器结合了阻性和抗性消声器的特点，能够在较宽的频率范围内具有较好的消声效果；微穿孔板消声器则利用微穿孔板吸声结构来消声，具有清洁、耐高温、防潮等优点，适用于一些特殊环境。在选择消声器类型时，需要根据通风系统的噪声频谱特性、空气洁净度要求、使用环境条件等因素进行综合判断。

消声器的安装技术对其消声效果有着重要的影响。消声器应安装在通风机的出口或噪声源附近，以尽早降低噪声水平，减少噪声在风管中的传播和放大。消声器与风管之间应采用法兰连接，确保连接紧密，避免漏气。在安装过程中，应保证消声器的安装方向正确，按照消声器上的气流方向标识进行安装，不得反向安装。消声器的两端应设置柔性短管，以减少通风机振动通过风管传递到消声器上，从而避免消声器产生二次辐射噪声。柔性短管的长度一般为 150～300mm，其材质应具有良好的弹性和隔声性能。

安装消声器时应保证其水平或垂直安装的水平度和垂直度，避免因安装不平整而产生附加噪声或影响消声器的使用寿命。对于大型消声器，还需要设置专门的支架进行固定，支架与消声器之间应设置减振垫，以减少振动传递。消声器安装完成后，其内部的吸声材料和结构应保持完好，不得有松动、脱落等现象。在运行过程中，应定期对消声器进行检查和维护，清理内部的灰尘和杂物，确保其消声性能的稳定。

（四）减振器与软连接应用

通风系统中的设备如通风机、水泵等在运行过程中会产生振动，这些振动如果通过设备基础、管道等途径传递到建筑结构或其他部件上，会引起结构振动并辐射出噪声，这种噪声被称为振动噪声。减振器与软连接是控制振动传递和降低振动噪声的有效措施。减振器主要安装在设备的基础或支架上，通过其弹性变形来吸收设备产生的振动能量，减少振动向基础和建筑结构的传递。减振器的类型主要包括弹簧减振器、橡胶减振器、金属减振器等。弹簧减振器具有承载能力大、减振效果好、固有频率低等优点，适用于大型通风设备的减振；橡胶减振器则具有安装方便、成本较低、对高频振动的减振效果较好等优点，适用于中小型设备的减振。

在选择减振器时，需要根据设备的重量、转速、振动幅值等参数来确定减振器的型号、数量和安装位置。减振器的额定载荷应与设备的重量相匹配，一般每个减振器的实际承载重量不应超过其额定载荷的80%，以确保减振器具有良好的减振效果和较长的使用寿命。减振器的固有频率是影响其减振效果的关键参数，为了达到良好的减振效果，应使设备的扰动频率与减振器的固有频率之比大于$\sqrt{2}$，通常取2~5。减振器的安装数量应根据设备的重心位置和受力情况进行合理布置，以保证设备在运行过程中的稳定性，避免产生倾斜或晃动。

软连接主要用于设备与管道之间的连接，如通风机与风管之间、水泵与水管之间等，其作用是减少设备振动通过刚性连接传递到管道上，从而降低管道的振动和噪声辐射。软连接的材料通常为橡胶或帆布等柔性材料，具有良好的弹性和柔韧性。橡胶软连接具有较好的密封性能和减振效果，适用于大多数通风空调系统；帆布软连接则具有较好的耐高温性能，适用于高温烟气或空气的输送系统。软连接的长度应根据设备的振动幅度和安装空间进行确定，一般为100~200mm，过长或过短都会影响其减振效果。

在安装软连接时，应确保其与设备和管道的连接紧密，不得有漏气或漏水现象。在安装过程中软连接不应承受轴向拉力或弯矩，以免影响其使用寿命和减振效果。软连接与设备和管道之间应采用法兰连接，法兰之间应加密封垫片。在安装完成后，软连接应处于自然松弛状态，不得被拉伸或压缩。对于输送含有粉尘或腐蚀性介质的空气或气体的系统，软连接的材料应具有相应的耐磨损或耐腐蚀性能。同时，在运行过程中，应定期检查软连接的完好情况，如发现有破损、老化等现象，应及时进行更换。

第六章　建筑暖通空调系统的节能技术

第一节　热源节能技术

一、热源节能技术的基本原理

（一）热源节能的热力学基础

热源节能技术的热力学基础主要建立在热力学基本定律之上，这些定律为分析热源系统的能量转换过程和节能潜力提供了理论依据。热力学第一定律即能量守恒定律，指在任何能量转换或传递过程中，能量的总量保持不变，既不会凭空产生，也不会凭空消失，只能从一种形式转换为另一种形式，或从一个物体转移到另一个物体。在热源系统中，这意味着输入的能源（如燃料的化学能、电能等）会转换为输出的热能和系统运行中的各种能量损失，热源节能的核心就是减少这些不必要的能量损失，提高有效热能的占比。

热力学第二定律则揭示了能量转换的方向性和限度，指出在自然过程中，能量总是从高品位向低品位转化，且这个过程具有不可逆性。对于热源系统而言，能量转换过程中必然存在熵增，导致部分能量无法转化为有用功或有效热能。例如，燃料燃烧产生高温烟气，在放热过程中，由于温度差的存在，会有部分热量通过散热、排烟等方式损失，这些损失正是热力学第二定律所描述的不可逆过程的体现。因此，热源节能技术需要通过优化系统设计和运行参数，降低不可逆损失，提高能量转换的品位利用效率。卡诺循环作为热力学中的理想循环模型，其效率 $\eta_{卡诺}=1-T_{低}/T_{高}$（式中，$T_{高}$ 为高温热源温度；$T_{低}$ 为低温热源温度），为实际热源系统的效率设定了理论上限，实际系统效率需通过减少传热温差、优化燃烧过程等方式尽可能接近这个上限。

（二）热源系统能效评价指标

热源系统能效评价指标是衡量热源设备或系统节能效果的量化标准，通过这些指标可以直观比较不同热源系统的能量利用效率，为节能技术的选择和优化提供依据。常用的能效评价指标主要包括锅炉热效率、性能系数（COP）和综合能效比（EER）等。

锅炉热效率是针对燃烧式热源设备（如燃气锅炉、燃煤锅炉）的重要评价指标，指锅炉在运行过程中有效利用的热量与输入燃料的总热量之比，计算公式为

$$\eta=\frac{Q_{有效}}{Q_{输入}}\times 100\% \tag{6-1}$$

式中，$Q_{有效}$ 为锅炉输出的有效热量（如用于加热水或蒸汽的热量）；$Q_{输入}$ 为燃料完全燃烧释放的总热量。

锅炉热效率反映了燃料能量被有效利用的程度，效率越高，说明燃料能量损失越少，节能效果越好。

性能系数（COP）主要用于电动热泵类热源设备（如空气源热泵、地源热泵），指热泵输出的有效热量与输入电功率之比，表达式为

$$\mathrm{COP}=\frac{Q_{输出}}{W_{输入}} \tag{6-2}$$

该指标无单位。COP 值越大，表明热泵在消耗单位电能时能够获取的热量越多，能源利用效率越高。需要注意的是，COP 值受运行工况（如环境温度、出水温度）影响较大，通常需在标准工况下进行测定和比较。

综合能效比（EER）常用于空调系统中的制冷或制热工况，指系统在额定工况下输出的制冷量或制热量与输入电功率之比，单位为 kW/kW。与 COP 类似，

EER 也是衡量电动热源设备能效的重要指标，其数值高低直接反映系统在特定工况下的节能性能。

（三）影响热源系统能耗的主要因素

热源系统的能耗水平受到多种因素的综合影响，这些因素涉及设备本身性能、运行管理方式、外部环境条件等多个方面，明确各因素的作用机制是制定有效节能措施的前提。

1. 设备性能因素

热源设备的自身性能是影响系统能耗的基础因素，主要包括设备的额定效率、负荷调节能力和可靠性。额定效率是设备在设计工况下的能量转换效率，高效设备（如高效燃气锅炉、变频热泵）在相同输入能源条件下能输出更多有效热量，直接降低单位热量的能耗。负荷调节能力指设备在实际负荷偏离设计负荷时的效率稳定性，具备良好调节能力的设备（如模块化锅炉、变容量热泵）在部分负荷工况下仍能保持较高效率，而调节能力差的设备在负荷波动时易出现效率大幅下降，导致能耗增加。设备可靠性则通过减少故障停机和维修频率间接影响能耗，频繁故障会导致系统运行中断或低效运行，增加额外能耗。

不同类型热源设备的性能特点存在显著差异，其对能耗的影响也各不相同，具体如表 6-1 所示。

表 6-1　常见热源设备性能指标对比

设备类型	额定效率范围	负荷调节能力	可靠性	适用场景
高效燃气锅炉	90%~96%	部分负荷下效率稳定性较好	较高	中小型建筑供暖、生活热水
变频空气源热泵	250%~350%（COP）	变容量调节，部分负荷效率高	中等	气候温和地区供暖制冷
模块化锅炉	88%~94%	模块组合调节，适应负荷波动	高	负荷变化大的大型建筑

续表

设备类型	额定效率范围	负荷调节能力	可靠性	适用场景
传统电锅炉	95%~98%	调节简单，部分负荷效率低	高	电力供应充足的小型场所

2. 运行工况因素

运行工况是指热源系统实际运行时的参数条件，主要包括负荷匹配度、进出口参数和环境温度。负荷匹配度是实际热负荷与设备额定负荷的比值，当实际负荷远低于额定负荷时，设备易处于“大马拉小车”状态，燃烧效率或换热效率下降，如小型锅炉在低负荷运行时过量空气系数增大，排烟热损失增加。进出口参数（如供水温度、回水温度）直接影响传热温差和系统循环能耗，供水温度过高会增加散热损失，回水温度过低则可能导致设备内部结垢或腐蚀，降低传热效率。环境温度对热泵类设备影响显著，空气源热泵在低温环境下蒸发温度降低，COP 值下降，需消耗更多电能才能满足热负荷需求。

3. 维护管理因素

维护管理水平通过影响设备性能和系统运行状态间接影响能耗，主要包括定期清洁、参数调试和故障排查。换热器（如锅炉受热面、热泵蒸发器）表面积灰或结垢会增加传热热阻，降低传热效率，需定期清洁以保持良好的传热性能。系统运行参数（如燃烧器空燃比、水泵流量）的调试不当会导致设备偏离最佳运行状态，如空燃比过大或过小都会降低燃烧效率，增加燃料消耗。故障排查不及时会使小故障演变为大问题，如阀门泄漏导致系统失水，需频繁补水和加热，直接增加能耗。

二、高效热源设备类型与特性

（一）高效燃气锅炉

高效燃气锅炉是建筑热源系统中应用广泛的高效设备，其核心优势在于高热效率和良好的运行调节性能。

1. 热效率特性

高效燃气锅炉的热效率显著高于传统燃气锅炉，普通高效燃气锅炉热效率通常可达90%以上，而冷凝式燃气锅炉通过回收烟气中的显热和潜热，热效率可进一步提升至95%以上。这个过程中，燃烧产生的高温烟气在换热器内与水进行热交换，排烟温度降低至露点以下，使烟气中的水蒸气冷凝释放潜热，从而大幅减少排烟热损失，提高能源利用效率。

2. 结构设计特点

高效燃气锅炉在结构设计上注重燃烧效率和换热效果的优化。采用全预混燃烧技术的锅炉，通过精确控制空气与燃气的混合比例，实现完全燃烧，减少不完全燃烧产生的一氧化碳和热量损失。换热器多采用鳍片管或螺纹管结构，增加换热面积，同时选用耐腐蚀材料如不锈钢或钛合金，以适应冷凝水的酸性环境，延长设备使用寿命。此外，锅炉体型紧凑，模块化设计使其可根据热负荷需求灵活组合，适合不同规模的建筑应用。

3. 运行调节性能

高效燃气锅炉具备良好的负荷调节能力，其燃烧器可实现宽幅功率调节，通常调节比可达（1：5）~（1：10），能根据建筑实时热负荷变化自动调整燃烧功率。在部分负荷运行时，锅炉仍能保持较高的热效率，避免了传统锅炉在低负荷下效率大幅下降的问题。这种特性使得高效燃气锅炉在建筑热负荷波动较大的情况下，仍能稳定运行并降低能源消耗，尤其适用于间歇性供暖或热负荷变化频繁的建筑场景。

（二）空气源热泵

空气源热泵是一种利用空气中低位热能并通过电能驱动实现热量转移的高效热源设备，具有节能、环保和安装便捷等特点。

1. 能效特性

空气源热泵的能效通常用性能系数（COP）表示，即单位电能消耗所获得的热量。在标准工况（室外温度7℃，出水温度45℃）下，空气源热泵的COP值一般为 2.5~4.0，意味着消耗 1kW·h 电能可获得 2.5~4.0kW·h 的热量，与电加热设备相比，节能率可达 70%以上。其能效高低主要取决于室外空气温度，温度越高，COP 值越大，热量获取越容易；温度降低时，COP 值会有所下降，但通过技术优化可缓解这个问题。

2. 气候适应性表现

空气源热泵的气候适应性是其应用的关键因素。普通空气源热泵在室外温度低于 0℃时，蒸发器表面易结霜，导致换热效率下降，甚至影响正常运行。低温空气源热泵通过采用喷气增焓压缩机、双级压缩等技术，可在−25~−15℃的低温环境下稳定运行，COP 值仍能保持在 2.0 以上，有效扩大了其在寒冷地区的应用范围。此外，智能除霜控制技术可根据结霜情况自动启动除霜程序，减少除霜时间和能耗，进一步提升低温环境下的运行可靠性。

3. 运行稳定性特点

空气源热泵结构相对简单，主要由压缩机、蒸发器、冷凝器和节流装置组成，无燃烧过程，运行过程中不产生明火和废气排放，安全性较高。设备安装无须建设锅炉房或地下管沟，可直接放置在屋顶、阳台或地面，节省建筑空间和安装成本。日常维护工作量小，主要包括定期清洗换热器和检查电气系统，使用寿命可达 15 年以上。这些特点使得空气源热泵特别适合中小户型住宅、商业建筑等对安装条件和维护要求较高的场所。

(三) 地源热泵

地源热泵通过与大地进行热量交换实现供暖或供冷，具有能效稳定、环保性好的显著优势，是可再生能源利用的重要形式之一。

1. 换热系统特性

地源热泵的换热系统是实现热量传递的核心，主要包括地埋管换热器、地下水换热器和地表水换热器等形式。地埋管换热器应用最为广泛，竖直地埋管换热器通常钻孔深度为 50~150m，单孔换热功率与土壤热导率、钻孔直径和埋管长度密切相关；水平地埋管换热器则通过在地表下 1~2m 处铺设水平管道，适用于土壤层较厚且面积充足的场地。在设计前需进行土壤热响应测试，获取土壤热导率、比热容等参数，以确保换热系统的换热性能满足设计要求，避免因换热不足导致系统能效下降。

2. 能效稳定性表现

地源热泵的能效受地下温度影响较小，因为大地作为热源和热汇时，温度全年波动范围小，夏季地下温度低于室外空气温度，冬季地下温度高于室外空气温度，这使得地源热泵在全年运行中 COP 值较为稳定。通常情况下，地源热泵的 COP 值为 3.0~5.0，高于空气源热泵，且在极端气候条件下仍能保持较高的能效水平。长期运行时，需注意建筑物冷热负荷的平衡，若冬季取热量远大于夏季排热量，或反之，会导致土壤温度持续下降或上升，影响换热效率，因此需采取辅助热源或热汇等措施维持土壤热平衡。

3. 安装环境适应性

地源热泵的安装受地质条件和场地面积的影响较大。在岩石地层中安装竖直地埋管换热器时，需要专业的钻孔设备，施工难度和成本较高；在松散地层或富水地层中，则需注意钻孔的密封性，防止地下水污染。水平地埋管换热器对场地面积要求较高，通常每平方米占地面积可提供 10~30W 的换热量，因此适合郊区或场地开阔的建筑。此外，地源热泵系统初投资相对较高，但其运行费用低，长期使用经济性较好，适合寿命周期较长的建筑项目。

（四）生物质能热源设备

生物质能热源设备以生物质燃料为能源，通过燃烧或气化等方式将生物质能转化为热能，具有可再生性和低碳排放的特点。

1. 燃料适应性特点

生物质能热源设备可适应多种生物质燃料，包括生物质成型燃料（如颗粒、块状、棒状）、生物质燃气、农作物秸秆、林业废弃物等。生物质成型燃料是目前应用最广泛的燃料形式，其通过将松散的生物质原料压缩成型，提高了燃料密度，便于运输和储存，同时燃烧特性稳定，热值可达 16~20MJ/kg。不同类型的生物质能热源设备对燃料的适应性不同，生物质颗粒锅炉适用于粒径均匀的颗粒燃料，生物质气化炉则可将生物质原料气化为可燃气体后燃烧，适合处理秸秆、木屑等散装燃料。

2. 燃烧效率特性

生物质能热源设备的燃烧效率主要取决于燃烧技术和设备结构。采用分层燃烧技术的生物质锅炉，燃料在炉排上分层燃烧，上部新燃料吸收下部高温烟气的热量进行干燥、热解，中部挥发分燃烧，下部固定碳燃烧，实现燃料的充分燃烧，燃烧效率可达85%~90%。悬浮燃烧技术则通过将燃料粉碎后与空气混合，在炉膛内悬浮燃烧，适用于细颗粒燃料，燃烧效率更高。此外，设备配备的二次风系统可向炉膛内补充空气，促进未完全燃烧的可燃气体和碳颗粒进一步燃烧，减少灰渣含碳量，提高热能利用率。

3. 环保排放特性

生物质燃料在生长过程中吸收大气中的二氧化碳，燃烧时释放的二氧化碳可被植物再次吸收，形成碳循环，因此生物质能热源设备的碳排放远低于化石能源设备。生物质燃料含硫量低，通常小于0.1%，燃烧过程中二氧化硫排放量极少，可大幅减少酸雨形成风险。为进一步降低污染物排放，生物质能热源设备常配备除尘装置（如布袋除尘器、旋风除尘器）和脱硝装置（如选择性非催化还原技术），使颗粒物和氮氧化物排放浓度满足国家环保标准，成为替代燃煤锅炉的重要选择。

三、热源系统余热回收技术

（一）烟气余热回收技术

烟气余热回收技术是指通过特定换热设备将热源设备排放烟气中的热量回收并利用的技术手段。在建筑暖通空调系统的热源设备运行中，燃料燃烧产生的高温烟气通常直接排放，温度可达150~300℃，含有大量可回收的显热和部分潜热，直接排放会造成能源浪费并加剧环境热污染。

常用的烟气余热回收设备包括余热锅炉、热管换热器、蓄热式换热器和板式换热器等。余热锅炉通过烟气与水换热产生热水或蒸汽，可直接用于供暖或生活热水；热管换热器利用热管高效传热特性，在小温差下实现烟气与空气或水的热量交换，适用于中低温烟气回收；蓄热式换热器通过蓄热体交替吸热和放热实现连续回收，适用于间歇性运行的热源设备。

烟气余热回收技术的应用需根据烟气温度、流量、成分等参数选择设备和工艺流程。对于含硫量较高的烟气，需考虑设备防腐处理；对于温度波动较大的烟气，可采用蓄热式换热保证稳定性。合理设计的系统能使热源设备能源利用率提高 10%~30%，降低能耗和运行成本。

（二）冷凝热回收装置

冷凝热回收装置是回收热源设备燃烧产物或制冷系统冷凝过程中释放冷凝热的专用设备。燃气锅炉、燃气热水器等燃料燃烧时，燃料中氢元素与氧气生成水蒸气，排烟中水蒸气遇冷凝结会释放大量潜热即冷凝热。传统设备排烟温度高于水蒸气露点温度，冷凝热无法回收，而该装置通过降低排烟温度至露点以下，使水蒸气冷凝释放潜热，提高能源利用效率。

冷凝热回收装置的核心部件是换热器，常见结构有翅片管换热器、板式换热器和套管式换热器。翅片管换热器扩展受热面积可提高效率，适用于烟气与水换热；板式换热器由金属薄板叠加而成，结构紧凑、效率高，用于小流量、高需求系统；套管式换热器由内管和外管组成，流体逆向流动，换热效果稳定，适用于水质较差工况。

冷凝热回收装置运行效果与排烟温度、露点温度、换热介质流量等相关。排烟温度降至露点以下时，水蒸气冷凝，回收热量含显热和潜热，潜热占比 30%~50%。回收的冷凝热用于加热生活热水、预热锅炉补水或作为供暖辅助热源，减少一次能源的消耗。应用中需注意冷凝水酸性腐蚀，采用不锈钢、钛合金等耐腐蚀材料制作换热器，并设置排水和中和处理装置。

（三）排水余热回收利用

排水余热回收利用是对建筑生活排水、工业生产排水等排放水中低品位热能回收再利用的技术。建筑生活排水如淋浴、洗漱、厨房排水温度通常20~50℃，水量大且温度稳定，是重要的低品位余热资源。据统计，建筑生活排水余热占建筑总能耗10%~20%，有效回收可显著降低暖通空调系统能耗。

排水余热回收技术分直接换热式和间接换热式。直接换热式通过排水与待加热介质直接接触换热，效率高但需注意水质污染，适用于水质较好场景；间接换热式通过换热器将排水热量传递给中间介质，避免直接接触，安全性和卫生性更好，是建筑排水余热回收主要应用形式。常用间接换热设备有螺旋缠绕管式换热器、板式换热器和膜式换热器，螺旋缠绕管式换热器抗堵塞能力强，适用于含杂质多的排水；板式换热器效率高、易清洗，用于水质较好场景。

排水余热回收利用系统常与热泵技术结合，通过热泵将低品位热能提升至35~50℃，用于供暖、生活热水或泳池水加热。系统设计需考虑排水水量、水温、水质及变化规律，选择换热设备和热泵类型如空气源热泵、水源热泵，并设置过滤、沉淀和防堵塞装置保证稳定运行。排水收集采用集中收集、分质回收方式可提高效率，降低运行成本。

四、热源系统运行调节与优化

（一）变频调速技术应用

变频调速技术通过改变电机电源频率实现转速连续调节，是热源系统运行调节的核心技术之一。在热源系统中，循环水泵、送引风机等动力设备的传统定速运行模式常导致实际输出与负荷需求不匹配，造成大量能源浪费。变频调速技术可根据系统实时热负荷变化动态调整设备转速，使输出功率与需求功率保持一致，从根本上降低无用功消耗。

1. 水泵变频调节

循环水泵是热源系统的关键设备，其流量和扬程需与系统热负荷匹配。当热负荷降低时，通过变频装置降低水泵转速，可按水泵相似定律减少轴功率消耗。水泵轴功率与转速的三次方成正比，若转速降低20%，轴功率可降低约49%。实际应用中需结合系统水力计算结果，设置合理的转速调节上下限，避免因转速过低导致系统最不利环路工作压力不足，或转速过高引发管道超压风险。同时，变频调节需与系统定压装置协同工作，确保调速过程中系统压力稳定。

2. 风机变频调节

空气源热泵、燃气锅炉等热源设备的送风机和引风机，其风量需求随燃烧工况或换热负荷变化。采用变频调速技术可实时调节风机风量，例如在燃气锅炉低负荷运行时，降低引风机转速，减少排烟量，降低排烟热损失；空气源热泵在环境温度较高时，降低风机转速，减少空气流量，避免蒸发器过度换热导致的效率下降。风机变频调节还能减少设备启停次数，降低机械磨损，延长设备使用寿命，同时减少启停过程中的冲击电流，降低对电网的影响。

（二）智能控制系统设计

智能控制系统通过集成监测、决策与执行功能，实现热源系统运行的自动化与优化调节。系统以实时运行数据为基础，通过预设控制逻辑或智能算法动态调整设备运行参数，提升系统运行效率和稳定性。

1. 数据采集与处理模块

该模块由温度传感器、压力变送器、流量计、电能表等检测设备组成，用于采集热源设备进出口温度、系统循环流量、管网压力、燃料消耗量等关键参数。传感器选型需满足测量范围和精度要求，例如锅炉出水温度测量宜采用精度等级不低于0.5级的铂电阻传感器，压力测量选用量程为工作压力1.5~2倍的压力变送器。采集的数据经A/D转换后传输至控制器，控制器对数据进行滤波、校验和归一化处理，确保数据准确性和可用性。

2. 控制策略实现

智能控制系统的控制策略包括基础控制和优化控制两个层级。基础控制采用PID控制算法，通过比较设定值与实际测量值的偏差，调节执行机构输出，例如通过调节燃气阀开度控制锅炉出水温度。优化控制则基于系统数学模型或机器学习算法，结合历史运行数据和预测负荷，优化设定值参数。例如，采用模型预测控制算法，根据未来24h的气象预测数据和建筑热负荷预测结果，提前调整热源设备的运行参数，减少滞后调节造成的能源损失。控制策略需具备自适应能力，可根据设备性能衰减、管网特性变化等因素自动修正控制参数，确保长期稳定运行。

（三）多热源联动调节策略

多热源系统由两种或两种以上不同类型的热源设备组成，如燃气锅炉与地源热泵组合、太阳能集热器与空气源热泵联用等。联动调节策略通过合理分配各热源的负荷比例，充分发挥不同热源的技术优势，实现系统整体节能运行。

1. 基于效率特性的负荷分配

不同热源设备在不同工况下的效率存在差异，联动调节需优先启用高效热源。燃气锅炉的效率随负荷率升高而提高，通常在70%~90%负荷率区间运行效率最高；地源热泵的效率受土壤温度影响，夏季制冷效率高于冬季制热效率。调节策略应根据实时负荷率和环境参数，将主要负荷分配给当前效率最高的热源。例如，当系统总负荷低于地源热泵额定负荷的80%时，由地源热泵单独承担负荷；负荷超过80%时，启动燃气锅炉承担超出部分，确保地源热泵始终运行在高效区间。

2. 基于能源互补性的运行切换

多热源系统中的热源设备往往具有互补的环境适应性，联动调节需利用这种特性实现稳定运行。太阳能集热器受光照强度影响显著，阴雨天气产热量不足；空气源热泵在低温环境下效率下降明显。调节策略应设置明确的切换条件，例如当太阳能集热器出口温度低于45℃且持续1h时，自动启动空气源热泵辅助加热；当室外温度低于－8℃时，空气源热泵停止运行，由燃气锅炉单独供暖。同时，需设置热源间的过渡衔接程序，避免切换过程中系统温度波动过大，影响用户舒适度。

第二节 空调系统节能技术

一、空调系统节能的主要途径

（一）降低空调负荷

空调负荷是空调系统运行能耗的基础，降低空调负荷是实现系统节能的首要环节。空调负荷主要由围护结构传热负荷、室内散热源产生的负荷以及新风负荷三部分构成，针对各部分负荷特点采取针对性措施可有效降低总负荷。

1. 减少围护结构传热负荷

围护结构是室内外热量交换的主要途径，其传热性能直接影响空调负荷大小。通过提高围护结构的保温隔热性能，可显著减少传热负荷。具体措施包括增加墙体、屋顶和楼板的保温层厚度，选用热导率低的保温材料，如挤塑聚苯板、岩棉等，降低围护结构传热系数。同时，优化外窗设计，采用双层中空玻璃窗或Low-E 玻璃，减少窗户传热损失和太阳辐射得热，进一步降低围护结构带来的空调负荷。

2. 控制室内散热源

室内散热源主要包括人员散热、设备散热和照明散热，这些热量直接增加空调系统的冷负荷。在人员散热方面，通过合理规划室内人员密度，减少不必要的人员聚集，可降低人员散热量。设备散热控制需选用能效等级高的办公设备、家用电器等，降低设备运行时的散热量；同时，对发热设备采取局部排风措施，将热量直接排至室外，避免其进入空调区域。照明散热方面，优先采用 LED 节能灯具，减少照明功率密度，降低照明散热量对空调负荷的影响。

3. 优化新风负荷

新风负荷在空调总负荷中占比可达 20%～40%，合理控制新风量并回收排风能量是降低新风负荷的关键。根据室内人员数量和卫生标准，按最小新风量设计，避免过度供应新风增加负荷。同时，采用新风热回收装置，如全热交换器，回收排风中的显热和潜热，降低新风处理所需的冷量或热量。在过渡季节，可充分利用室外新风进行自然通风降温，减少空调系统运行时间，进一步降低新风负荷及系统能耗。

（二）提高系统能效比

系统能效比是衡量空调系统能源利用效率的核心指标，通过提升系统各环节的能效水平，可有效降低单位冷量或热量消耗的能耗。空调系统能效比的提高需从冷热源设备、水系统和风系统三个主要环节入手，采取技术措施优化各环节性能。

1. 提升冷热源设备效率

冷热源设备是空调系统的核心耗能设备，其效率直接决定系统能效比。选用高效冷热源设备是基础，如采用变频离心式冷水机组、螺杆式冷水机组或空气源热泵等，这些设备在额定工况下能效比（COP）较高。同时，根据空调负荷变化特点，优化冷热源设备的运行策略，如多台机组联合运行时，采用负荷匹配调节方式，使机组在高效区间运行，避免部分负荷下效率大幅下降。对于具备条件的建筑，可采用地源热泵、太阳能辅助加热等可再生能源技术，替代传统电加热或燃气加热，进一步提升冷热源系统的综合能效。

2. 优化水系统运行

水系统包括冷冻水系统、冷却水系统和热水系统，其输送能耗占空调系统总能耗的15%~30%，优化水系统运行对提高系统能效比至关重要。采用变频调速技术是降低水系统输送能耗的主要措施，通过在水泵上安装变频器，根据末端负荷变化调节水泵转速，改变水流量，实现变流量运行，减少阀门节流损失。同时，合理设计水系统管路，减少管道长度和局部阻力，选用低阻力阀门和管件，降低水系统阻力损失。定期清洗冷却水塔填料和冷凝器铜管，保持冷却水系统清洁，提高热交换效率，也有助于提升水系统运行能效。

3. 改善风系统性能

风系统主要包括送风管、回风管和空调箱等设备，其阻力损失和风机能耗直接影响系统能效。应合理设计风管尺寸和走向，避免过多的弯头、三通等局部构件，减少风管沿程阻力和局部阻力。选用高效低噪声风机，提高风机的全压效率，并根据空调区域风量需求，采用变频风机调节风量，避免风机在满负荷状态下长期运行。此外，定期清洗空调箱过滤器和表冷器，保持空气处理设备的清洁，减少空气流动阻力，确保风系统在高效状态下运行，从而提高风系统的能源利用效率。

（三）优化系统运行管理

空调系统的实际运行能耗不仅取决于设计和设备性能，还与运行管理水平密切相关。通过科学合理的运行管理措施，可确保系统在满足使用要求的前提下，实现能耗最低化。优化系统运行管理需从采用智能化控制策略、加强设备维护保养和建立完善的监控系统三个方面开展工作。

1. 采用智能化控制策略

智能化控制策略是实现系统优化运行的重要手段，通过采集室内外环境参数（如温度、湿度、照度、CO_2浓度等）和系统运行参数（如冷水机组负荷、水泵流量、风机转速等），利用自动控制系统实现设备的智能调节。例如，根据室外温度和室内负荷变化，自动调整冷水机组的设定温度、水泵和风机的运行频率，使系统输出与实际需求相匹配；根据室内CO_2浓度自动调节新风量，在保证室内空气质量的同时减少新风负荷。通过引入模糊控制、PID 控制等先进控制算法，提高系统调节精度和响应速度，避免过度调节导致的能耗浪费。

2. 加强设备维护保养

设备长期运行后，性能会因污垢、磨损、老化等原因逐渐下降，定期维护保养是保证设备高效运行的基础。对于冷热源设备，需定期清洗换热器管束，去除水垢和污垢，提高传热效率；检查制冷剂充注量，确保机组在最佳工质状态下运行。水系统维护包括定期清洗过滤器、除污器，防止管道堵塞；检查管道保温层，修复破损保温，减少冷热量损失；对水泵轴承进行润滑，更换磨损部件，降低水泵运行能耗。风系统维护需定期清洗空气过滤器、表冷器和加热器，保持空气流通顺畅；检查风管密封性，修补漏风部位，减少风量损失。通过系统的维护保养，可使设备性能保持在设计水平，避免因性能下降导致的能耗增加。

3. 建立完善的监控系统

建立完善的能耗监控系统是优化运行管理的前提，通过安装计量仪表和数据采集装置，实时监测空调系统各环节的能耗数据，如冷热源能耗、水泵能耗、风机能耗等，并将数据传输至中央监控平台。监控系统可对能耗数据进行统计分析，生成能耗日报、月报和年报，直观反映系统能耗变化趋势。同时，通过对比不同时段、不同区域的能耗数据，识别能耗异常点，分析异常原因，及时采取调整措施。此外，监控系统还可结合建筑使用规律，制定个性化的运行方案，如在非工作时段降低空调负荷或关闭部分设备，实现按需供能，进一步降低运行能耗。

二、空调水系统节能技术

（一）水泵变频调速技术

空调水系统中，水泵是主要的能耗设备之一，其能耗占系统总能耗的比例较高。传统水泵多采用定速运行方式，通过阀门节流调节流量以适应末端负荷变化。这种调节方式会导致管路系统中产生较大的节流损失，使得水泵实际运行效率降低，造成能源浪费。水泵变频调速技术通过改变水泵电机的供电频率，调节电机转速，进而改变水泵的流量和扬程，实现按需供能。

1. 变频调速的基本原理

水泵的流量、扬程与电机转速之间存在特定的比例关系。

根据相似定律，水泵的流量与转速成正比，即

$$\frac{Q_1}{Q_2}=\frac{n_1}{n_2} \tag{6-3}$$

扬程与转速的平方成正比，即

$$\frac{H_1}{H_2}=\left(\frac{n_1}{n_2}\right)^2 \tag{6-4}$$

轴功率与转速的立方成正比，即

$$\frac{P_1}{P_2}=\left(\frac{n_1}{n_2}\right)^3 \tag{6-5}$$

当末端负荷减小，所需流量降低时，通过降低电机转速，水泵的轴功率会显著下降，从而实现节能。当转速降低到额定转速的80%时，轴功率约为额定功率的51.2%，节能效果明显。

2. 变频调速系统的控制策略

变频调速系统的控制通常以系统压差或温差作为反馈信号。在变流量水系统中，常见的控制方式有压差控制和温差控制。压差控制是通过检测供回水干管之间的压差，当压差偏离设定值时，调节水泵转速，维持系统压差稳定，确保末端设备有足够的压头。温差控制则是根据供回水温度差的变化，判断末端负荷需求，进而调节水泵流量，使系统供冷量或供热量与实际负荷相匹配。实际应用中，需根据系统特点选择合适的控制策略，以提高调节精度和节能效果。

（二）水系统变流量运行

空调水系统的负荷并非恒定不变，而是随室外气象参数、室内人员数量、设备运行状况等因素动态变化。定流量水系统中，无论负荷如何变化，系统流量始终保持设计最大值，导致在部分负荷时，冷水机组、水泵等设备运行效率降低，能耗增加。水系统变流量运行通过调节系统流量，使流量随负荷变化而变化，从而降低输送能耗，提高系统整体效率。

1. 变流量系统的类型

根据系统中水泵与冷水机组的连接方式，变流量系统可分为一次泵变流量系统和二次泵变流量系统。一次泵变流量系统中，冷水机组与水泵串联，通过改变水泵流量直接调节进入冷水机组的水量，需确保冷水机组在变流量工况下稳定运行。二次泵变流量系统则将系统分为一次侧和二次侧，一次侧连接冷水机组和一次泵，维持定流量运行以保证冷水机组稳定；二次侧连接二次泵和末端设备，根据末端负荷变化调节二次泵流量，实现变流量运行。这种系统能更好地适应末端负荷的波动，提高运行灵活性。

2. 变流量运行的实现方式

变流量运行的实现主要依赖末端设备的流量调节和水泵的流量控制。末端设备如风机盘管、空调箱等，通过电动二通阀或三通阀调节进入设备的水量，当末端负荷减小时，阀门关小，系统总流量降低。此时，水泵通过变频调速或多台水泵并联运行时的数量（台）进行控制，降低系统流量。同时，为避免系统流量过低导致冷水机组蒸发器冻裂或效率下降，需设置最低流量保护措施，通常通过旁通管或变频器的最低频率限制实现。

（三）水系统平衡调节

空调水系统由多个支路和末端设备组成，各支路的阻力特性可能存在差异。在系统运行过程中，如果各支路流量分配不均，会导致部分末端设备流量过大，造成能源浪费，而部分末端设备流量不足，无法满足空调负荷需求，影响室内环境质量。水系统平衡调节是通过采取技术措施，使系统各支路流量达到设计值，实现水力平衡，确保系统稳定高效运行。

1. 水力不平衡的原因

水力不平衡主要由设计、施工和运行三个方面因素导致。设计阶段，如果管路布置不合理，各支路长度、管径差异过大，或阻力计算不准确，会导致初始阻力不平衡。施工阶段，管道安装时阀门开启度不一致、管道堵塞或局部阻力过大，如弯头、阀门数量过多，也会影响流量分配。运行阶段，末端设备的调节不当、水泵性能变化或过滤器堵塞等，同样可能破坏系统的水力平衡。

2. 平衡调节的技术措施

水系统平衡调节可分为静态平衡调节和动态平衡调节。静态平衡调节主要通过安装静态平衡阀实现，静态平衡阀是一种手动调节阀门，通过调节阀门开度而改变局部阻力，使各支路流量达到设计值。调节时，需按照一定的顺序，通常从最不利环路开始，利用专用仪器测量各支路流量，逐步调整阀门开度，直至流量满足要求。动态平衡调节则采用动态平衡阀或自力式流量控制阀，这类阀门能根据系统压差变化自动调节开度，维持通过阀门的流量恒定，不受系统其他支路流量变化的影响，适用于负荷波动较大或多支路并联的复杂系统。此外，在系统设计阶段，通过合理布置管路、优化管径选择和减少局部阻力，可从源头减少水力不平衡的可能性，降低后续调节难度。

三、空调风系统节能技术

（一）风机变频节能技术

空调风系统中，风机是主要的能耗设备之一。传统定速风机在运行过程中，无论系统实际负荷如何变化，电机始终以额定转速运转，此时若需调节风量，只能通过关小风阀等节流方式实现。这种调节方式会导致风机运行效率降低，同时造成大量的能量损耗。风机变频节能技术通过在风机电机上安装变频器，将工频电源转换为可调节频率的电源，从而实现电机转速的连续调节。当空调系统负荷降低时，变频器降低输出频率，电机转速随之下降，风机的风量和风压按比例减小，功率消耗则按转速的三次方关系降低，显著减少了不必要的能耗。在实际应用中，变频调速范围通常设置在30%～100%的额定转速之间，以确保风机在高效区运行，同时满足系统对风量的动态需求。

（二）变风量系统设计

变风量系统是通过调节送入房间的风量来适应室内负荷变化的空调风系统形式。与定风量系统相比，变风量系统能够根据不同房间的实时负荷需求，通过末端装置独立调节送风量，避免了系统整体按最大负荷设计造成的能量浪费。变风量系统设计的核心在于合理确定系统的风量调节范围和压力控制方式。风量调节范围需根据室内负荷的波动幅度确定，通常设计为额定风量的30%～100%，以保证在最小风量时仍能满足室内空气品质要求。压力控制方式主要包括定静压控制和变静压控制，定静压控制通过维持风管系统中某一固定点的静压不变来调节风机转速，而变静压控制则通过实时监测末端风阀的开度，动态调整系统静压，使风阀尽可能处于全开状态，进一步降低风机能耗。

（三）变制冷剂流量系统应用

变制冷剂流量系统是一种以制冷剂为传热介质，通过改变压缩机的制冷剂循环量来调节室内负荷的空调系统。该系统由室外机、室内机和连接管路组成，室外机中的压缩机根据室内机的负荷需求，自动调节制冷剂的流量，实现对不同房间的独立温度控制。在空调风系统中，变制冷剂流量系统通过室内机的风机将处理后的空气送入室内，其节能优势主要体现在两个方面：一是制冷剂直接在室内机中进行热交换，减少了传统空气-水系统中的二次换热损失；二是系统能够根据各房间的实际负荷动态调节制冷剂流量，避免了大系统集中运行时的“大马拉小车”现象。变制冷剂流量系统具有安装灵活、控制精度高的特点，适用于负荷变化较大的商业建筑和办公建筑等场所，在部分负荷工况下能够保持较高的运行效率。

四、空调系统热回收技术

（一）全热交换器应用

全热交换器是空调系统中实现新风与排风能量回收的关键设备，其核心功能是通过换热芯体在新风与排风之间进行热湿交换，从而降低空调系统处理新风的能耗。在夏季工况下，温度较低、含湿量较小的排风与温度较高、含湿量较大的新风通过芯体接触，排风吸收新风的热量和水分，使新风温度降低、含湿量减少；冬季工况则相反，温度较高、含湿量较大的排风加热和加湿温度较低、含湿量较小的新风，减少空调系统对新风的加热和加湿负荷。全热交换器的性能参数主要包括全热交换效率、显热交换效率和潜热交换效率，这些参数受芯体材料特性、迎风面积、空气流速等因素影响，常见的芯体材料有纸质、铝箔和高分子复合膜等，其中高分子复合膜材料具有较好的湿传递性能，全热交换效率通常可达到50%~80%。在安装全热交换器时，需确保新风和排风的气流路径相互独立，避免交叉污染，设备应尽量靠近外墙或屋顶布置，以缩短新风和排风管道的长度，减少风管阻力和热量损失。运行过程中，需定期检查换热芯体的清洁状况，防止积尘或堵塞影响换热效率，在寒冷地区还应设置防冻保护装置，避免冬季芯体因温度过低而冻结损坏。

（二）排风余热回收装置

排风余热回收装置主要用于回收空调系统排风中的显热能量，适用于对湿度控制要求不高的场所，如商业建筑、工业厂房等。常见的排风余热回收装置类型包括板式换热器、转轮式显热交换器和热管换热器。板式换热器通过金属板材将新风和排风分隔，热量通过板材传导实现传递，其结构紧凑、维护方便，但在高湿环境下易出现结露现象；转轮式显热交换器由多孔金属或陶瓷材料制成的转轮构成，转轮缓慢旋转，交替与新风和排风接触，通过固体蓄热实现热量传递，适用于大风量系统，显热回收效率较高；热管换热器则依靠管内工质的相变（蒸发和冷凝）传递热量，无须额外动力，具有较好的节能效果。排风余热回收装置的性能受换热面积、气流速度和进出口温差等因素影响，显热回收效率一般为40%~70%。在系统集成过程中，需根据空调系统的排风量和排风温度选择合适型号的回收装置，安装时应注意换热器的安装位置和气流方向，确保新风和排风能够充分接触换热，同时需设计旁通管路，当排风温度过低或过高、不适合回收热量时，可通过旁通管路直接排放排风，避免影响空调系统的正常运行。

（三）冷凝热回收技术

冷凝热回收技术是指在空调制冷循环过程中，将冷凝器释放的冷凝热量进行回收利用的技术，可有效提高空调系统的能源利用效率。空调系统制冷时，制冷剂在蒸发器中吸收室内热量蒸发为气体，进入压缩机压缩后成为高温高压气体，随后进入冷凝器向外界释放热量并冷凝为液体，这部分释放的热量即为冷凝热，通常通过冷却塔或风冷冷凝器排放到环境中。冷凝热回收技术通过在冷凝器系统中增设热回收换热器，将这部分热量转移至需要加热的流体中，如生活热水、泳池水或新风，实现热量的梯级利用。冷凝热回收系统主要由热回收换热器、循环水泵、温度控制器和阀门等组成，当存在热需求时，温度控制器启动循环水泵，将需要加热的流体引入热回收换热器与高温制冷剂进行换热，加热后的流体输送

至用水点或新风处理设备；当无热需求时，制冷剂通过旁通管路进入常规冷凝器散热。冷凝热回收效率可表示为

$$\eta_{冷凝}=\frac{Q_{回收}}{Q_{冷凝}}\times 100\% \tag{6-6}$$

式中，$Q_{冷凝}$ 为冷凝器释放的总热量；$Q_{回收}$ 为实际回收的热量。

实际应用中回收效率通常为 30%～60%。安装冷凝热回收装置时，需注意热回收换热器与原有制冷系统的匹配，避免因增加阻力而影响制冷效率，同时应设置压力和温度保护装置，防止冷凝压力过高或过低导致系统故障，确保回收热量的稳定供应和空调系统的安全运行。

五、空调系统智能控制与优化

（一）基于负荷预测的控制策略

基于负荷预测的控制策略是空调系统智能控制的核心技术之一，通过提前预测建筑空调负荷需求，实现系统运行参数的动态调整，从而避免传统控制方式中因响应滞后导致的能源浪费。负荷预测的准确性取决于数据采集的全面性和预测模型的合理性，需要综合考虑室外环境参数、建筑使用特性和历史运行数据等多方面因素。

1. 负荷预测模型的构建方法

负荷预测模型的构建需经历数据预处理、特征选择和算法训练三个主要步骤。数据预处理阶段需要收集建筑逐时负荷数据、室外温湿度、太阳辐射强度、建筑内人员数量和设备运行状态等原始数据，并对数据进行异常值剔除、缺失值填补和归一化处理，确保数据质量满足模型训练要求。特征选择过程中，需通过相关性分析筛选出对负荷影响显著的因素，如室外温度与负荷的相关性通常较高，而某些次要因素如风速可能对负荷影响较小，可适当忽略以简化模型。算法训练时，常用的方法包括时间序列分析、人工神经网络和支持向量机等，其中神经网络模型因能处理非线性关系而在负荷预测中应用广泛，通过历史数据训练模

型参数，使模型能够根据输入特征准确输出未来一段时间的负荷预测值。

2. 负荷预测在空调系统中的应用方式

负荷预测结果主要用于指导空调系统的启停控制和运行参数优化。在负荷低谷时段，如夜间或节假日，系统可根据预测负荷降低冷水机组的运行数量（台）或减小水泵的流量，避免设备在低负荷率下运行导致的能效下降。当预测到负荷高峰即将来临时，如工作日上午 9～11 点，系统可提前 0.5～1h 启动冷水机组和末端设备，进行预冷或预热，缩短系统达到设定温度的时间，减少高峰时段的负荷波动。此外，通过将实时负荷数据与预测负荷进行对比，可对预测模型进行动态修正，例如当实际负荷持续高于预测负荷时，适当调整模型中的温度影响系数，提高后续预测的准确性。

（二）模糊控制与 PID 控制结合

模糊控制与 PID 控制结合是将模糊逻辑的非线性处理能力与 PID 控制的精确调节特性相结合的复合控制方法，适用于空调系统这类具有大滞后、强耦合和参数时变特性的复杂控制对象。该方法能在系统运行条件发生变化时，自动调整控制参数，维持良好的控制效果。

1. 模糊 PID 控制的基本原理

模糊 PID 控制的核心是通过模糊控制器对传统 PID 控制器的比例系数、积分时间和微分时间进行在线自适应调整。模糊控制器以空调系统的设定温度与实际温度的偏差和偏差变化率为输入变量，将这两个变量模糊化为语言变量，如“负大”“负中”“负小”“零”“正小”“正中”“正大”等模糊子集，并根据专家经验和系统运行数据建立模糊规则库。例如，当偏差为“正大”且偏差变化率为“负小”时，表明系统需要快速减小偏差但需避免超调，此时应增大比例系数以加快响应速度，减小积分时间以减弱积分作用，增大微分时间以抑制超调。模糊控制器根据输入变量的模糊值和模糊规则进行推理，输出 PID 参数的修正量，使 PID 控制器的参数能实时适应系统的动态变化，从而在保证控制精度的同时提高系统的鲁棒性。

2. 模糊 PID 控制器的设计步骤

模糊 PID 控制器的设计首先需确定输入及输出变量的模糊论域和隶属度函数。偏差和偏差变化率的模糊论域通常根据系统的实际运行范围确定，如偏差论域可取［−5，5］，偏差变化率论域可取［−3，3］，并将其离散化为若干等级。隶属度函数常用三角形或高斯型函数，三角形隶属度函数计算简单，适合实时控制，而高斯型隶属度函数曲线平滑，控制效果更稳定。接着建立模糊规则库，规则的数量取决于输入变量的模糊子集数量，通常每个输入变量取 7 个模糊子集时，规则数量为 49 条。规则的制定需结合空调系统的控制经验，例如“若偏差为正大且偏差变化率为负大，则比例系数修正量为正大”。最后通过解模糊化将模糊控制器的输出转换为精确的 PID 参数修正值，常用的解模糊化方法有重心法，该方法通过计算模糊输出子集的重心坐标得到精确值，具有较高的控制精度。

（三）楼宇自控系统集成

楼宇自控系统集成是将空调系统与建筑内的照明、电梯、给排水等其他设备系统进行集中监控和协同管理的技术手段，通过数据共享和联动控制实现建筑整体能源效率的提升。楼宇自控系统集成能打破传统各系统独立运行的局限，实现信息互通和优化决策。

1. 楼宇自控系统的系统架构与组成

楼宇自控系统通常采用分层分布式架构，包括现场控制层、监控层和管理层三个层级。现场控制层由直接数字控制器组成，直接连接空调系统的传感器和执行器，负责采集设备运行参数如冷水机组的进出口水温、风机的风压和转速，以及执行控制指令如调节阀门开度和风机频率。监控层通过通信网络与现场控制层连接，运行监控软件实现对各设备运行状态的实时监测和远程控制，操作人员可通过人机界面查看设备运行数据、设置控制参数和处理报警信息。管理层则对整个系统的运行数据进行汇总分析，生成能源消耗报表、设备运行效率分析报告和维护计划，为建筑能源管理提供数据支持和决策建议。系统的通信网络通常采用

BACnet、Modbus 等工业标准协议，确保不同厂商设备之间的兼容性和数据传输的可靠性。

2. 楼宇自控系统在空调系统中的集成优化策略

楼宇自控系统通过与空调系统的深度集成，实现多设备协同运行和全局优化。在空间协同方面，系统可根据不同区域的负荷需求差异，调整各区域的空调送风量和送风温度，如会议室在人员密集时段提高送风量，而走廊等公共区域适当降低送风参数，避免能源浪费。在时间协同方面，系统能根据建筑的使用日程自动调整空调系统的运行时间，如办公建筑在非工作时段将空调温度设定值调高或调低，仅维持最低限度的运行，在工作时段前 1h 启动系统进行预调节，确保人员进入时室内环境达到舒适标准。此外，楼宇自控系统还可与可再生能源系统如太阳能集热系统联动，当太阳能集热系统提供的热量充足时，自动减少燃气锅炉的运行负荷，优先利用可再生能源，进一步降低空调系统的常规能源消耗。通过对系统运行数据的长期分析，楼宇自控系统还能识别空调设备的性能衰减和控制策略的优化空间，如当冷水机组的 COP 值持续下降时，发出维护提醒，确保设备始终运行在高效区间。

第三节　通风系统节能技术

一、通风系统节能的基本原则

（一）最小新风量控制

通风系统节能的首要环节是合理控制最小新风量，其核心在于在满足室内空气品质要求的前提下，避免新风量过大导致的不必要能耗。最小新风量是指为维持室内人员健康和工艺需求必须从室外引入的新鲜空气量，其数值需根据空间使用功能、人员密度、污染物散发特性等因素综合确定。在实际运行中若新风量低于最小值，可能导致室内 CO_2浓度升高、异味积聚等空气质量问题；若新风量过大则会增加空气处理设备的负荷，尤其是在极端气候条件下加热或冷却大量新风将显著提升系统能耗。因此最小新风量控制需建立动态调节机制，通过实时监测室内 CO_2浓度或人员数量，自动调整新风引入量，实现空气质量与能耗的平衡。

（二）通风系统能耗构成

通风系统的能耗主要由三部分构成，分别是风机能耗、空气处理能耗以及系统阻力附加能耗。风机能耗是通风系统最主要的能耗来源，指风机为克服空气流动阻力、输送空气所消耗的电能，其大小与风机的风量、风压以及效率直接相关，通常占通风系统总能耗的60%~80%。空气处理能耗是指对引入的新风进行加热、冷却、加湿或除湿等处理过程中消耗的能量，这部分能耗与室外空气参数、新风量以及处理设备效率密切相关，在寒冷地区冬季或炎热地区夏季空气处理能耗占比可能显著增加。系统阻力附加能耗则是由于风管设计不合理、部件选型不当等导致的额外能耗，这部分能耗虽不直接体现在设备功率上，但会增加风机的运行负荷，间接提升系统总能耗。

（三）节能设计标准要求

通风系统的节能设计需严格遵循现行国家及行业标准以确保系统在全生命周期内的能耗水平处于合理范围。相关标准通常从系统设计参数、设备选型、控制方式等方面提出具体要求，比如《公共建筑节能设计标准》（GB 50189—2015）明确规定了不同类型通风系统的风机单位风量耗功率限值，要求在设计阶段通过优化风管尺寸、减少局部阻力等措施将风机单位风量耗功率控制在标准限值以内。标准还对新风量调节提出要求，规定人员密集场所的通风系统应具备根据人员数量或 CO_2浓度自动调节新风量的功能，避免固定新风量运行导致的能耗浪费。同时标准强调系统效率的提升，要求优先选用高效节能型风机、电机及空气处理设备并通过合理的系统匹配设计确保各设备在高效工况下运行。

二、高效通风设备与材料

（一）高效低噪声风机选型

风机作为通风系统的核心动力设备，其运行效率对系统总能耗具有决定性影响。高效风机的选型需以系统设计风量和风压为基础，重点关注风机的全压效率特性。全压效率是衡量风机能量转换能力的关键指标，指风机有效输出功率与输入轴功率的比值，高效风机在额定工况下的全压效率通常应达到80%以上，且在70%～110%额定风量范围内仍能保持较高效率水平。选型时需通过绘制风机特性曲线与系统阻力曲线的交点，确定最佳工作点，避免因选型过大导致风机长期处于低效区运行，或选型过小无法满足系统风量需求。

低噪声性能是高效风机选型的另一个核心要求，风机噪声主要来源于空气动力噪声、机械噪声和电磁噪声，其中空气动力噪声占比最大。为降低噪声，应优先选择采用优化叶轮结构的风机，如机翼型叶片叶轮通过改善气流在叶道内的流动状态，减少涡流和湍流产生，从而降低空气动力噪声。同时，风机的比A声级是评价噪声水平的重要参数，比A声级指风机在单位风量（m^3/min）和单位全压（Pa）下的A声级噪声，比A声级越低表明风机在相同工况下的噪声控制效果越好，工程中高效低噪声风机的比A声级一般应控制在25dB（A）以下。

（二）节能型风阀与风口

风阀是通风系统中实现风量调节和气流控制的关键部件，传统风阀因结构设计缺陷，在调节过程中易产生较大局部阻力，增加风机能耗。节能型风阀通过优化阀体流道和叶片形状，可显著降低阻力损失。其核心在于叶片的流线型设计，流线型叶片能减少气流流经叶片时的绕流分离现象，降低局部阻力系数。试验数据显示，在相同风量条件下，采用流线型叶片的节能风阀局部阻力系数可比传统平板叶片风阀降低30%～50%。此外，节能型风阀还需具备良好的调节线性特性，即风量调节量与阀片开度呈近似线性关系，确保在不同负荷工况下均能实现精准调节，避免因调节过度或不足导致的能耗浪费。

风口的性能直接影响通风系统的送风效率和室内气流组织质量，节能型风口需满足送风均匀性好、送风损失小的要求。在结构设计上，节能型风口多采用多叶型或散流器型结构，通过合理设计叶片角度和间距，使送出的气流形成贴附射流或置换气流，减少气流与室内空气的混合损失。风口的出口风速分布均匀性也至关重要，风速分布不均会导致局部区域风速过高或过低，增加空调负荷，节能型风口的出口风速不均匀度应控制在15%以内。对于变风量系统，风口还需具备良好的风量适应能力，在风量变化时仍能保持稳定的送风特性，避免因气流组织恶化导致室内环境品质下降，进而增加系统的额外能耗。

（三）风管保温材料优化

风管是通风系统中输送空气的通道，风管保温不良会导致管内空气与外界环境发生热量交换，造成冷热量损失，增加空调系统负荷。风管保温材料的优化选择需综合考虑热导率、密度、吸水率和燃烧性能等关键参数。热导率是衡量保温材料保温性能的核心指标，热导率越小，保温效果越好。目前常用的高效保温材料如离心玻璃棉板，其热导率可低至0.032W/（m·K）以下，相比传统岩棉材料降低约20%。密度需兼顾保温性能和结构强度，密度过小会导致材料结构松散，抗压强度不足，易在施工和使用中变形；密度过大则会增加风管负荷，离心玻璃棉板的适宜密度通常为48~64kg/m^3。

保温层施工工艺对保温效果有直接影响，施工时需确保保温层与风管外壁紧密贴合，避免出现空气间隙，空气间隙会形成热桥，降低保温性能。保温层接缝处应采用错缝搭接方式，搭接宽度不小于50mm，并使用专用密封胶带密封，防止空气渗透。对于低温风管，需在保温层外设置隔汽层，隔汽层能有效阻止空气中的水蒸气渗入保温层内部，避免保温材料受潮后热导率增大，常用的隔汽层材料为铝箔复合膜，其水蒸气渗透阻应不小于1.5（m^2·h·Pa）/g。保温层厚度需根据风管内空气温度、环境温度及允许冷热量损失计算确定，通过优化厚度，可在满足节能要求的前提下，降低保温材料用量和工程造价。

三、按需通风控制技术

（一）CO_2浓度传感器控制

CO_2浓度传感器控制是按需通风技术中基于室内空气品质参数的调节方式。室内CO_2浓度通常与人员呼吸产生的污染物浓度直接相关，是反映室内人员活动强度和空气新鲜度的重要指标。在通风系统运行过程中，CO_2浓度传感器实时监测室内环境中的CO_2体积分数，并将检测数据传输至控制系统。控制系统根据预设的CO_2浓度阈值与实际检测值进行比较，动态调整新风送风量。当室内人员数量增加导致CO_2浓度超过设定阈值时，控制系统指令通风设备增大新风量，以加速室内污浊空气的排出和新鲜空气的引入；当人员减少或离开后，CO_2浓度逐渐降低至阈值以下时，系统自动减少新风量，避免不必要的能源消耗。这种基于CO_2浓度反馈的控制方式能够精准匹配实际通风需求，在保证室内空气品质达标的同时，显著降低通风系统的运行能耗。

（二）人员感应传感器应用

人员感应传感器应用是通过检测室内人员存在状态或数量来实现通风量按需调节的技术手段。人员感应传感器主要通过红外、超声波、微波或图像识别等技术原理，感知室内人员的活动情况，包括人员存在与否、人员数量变化等信息。传感器将检测到的人员状态信号转化为电信号传输至通风控制系统，系统根据预设的控制策略调整通风设备的运行参数。在人员密集的区域，传感器检测到较高的人员密度后，控制系统会指令通风系统提高新风送风量，以满足多人呼吸所需的新鲜空气；当传感器检测到室内人员离开或密度降低时，系统自动降低新风量甚至切换至低风量待机模式。与基于空气品质参数的控制方式相比，人员感应传感器应用更直接地关联人员实际需求，能够在人员短暂离开或低活动状态下快速响应并减少通风量，进一步提升通风系统的节能效果。

（三）变风量通风调节

变风量通风调节是按需通风控制技术中通过动态改变送风量以匹配实时负荷

需求的关键实现方式。变风量系统主要由变风量末端装置、风阀执行器、风量传感器和控制系统组成。在运行过程中，变风量末端装置根据室内负荷变化，通过调节风阀开度来改变送入房间的风量。当室内实际需求风量降低时，风阀开度减小，送风量相应减少，此时风机可通过变频调速技术降低转速，减少风机能耗；当需求风量增加时，风阀开度增大，风机转速提高以提供足够的风量。变风量通风调节能够实现不同区域、不同时段的个性化风量供给，避免传统定风量系统中“大马拉小车”的能源浪费问题。通过与CO_2浓度传感器、人员感应传感器等检测设备的联动，变风量系统可以更精准地实现按需送风，是通风系统节能技术中应用广泛且效果显著的控制方式。

四、自然通风与机械通风结合

（一）自然通风潜力评估

自然通风潜力评估是实现自然通风与机械通风有效结合的基础工作，其核心在于通过系统分析确定建筑在不同工况下可利用自然通风的程度与条件。评估过程需综合考虑室外气象条件、建筑自身形态特征及室内环境需求等多方面因素，为后续复合通风系统设计提供数据支撑。

1. 评估指标体系

自然通风潜力评估指标体系主要包括室外气象参数、建筑形态参数及室内环境参数三类核心指标。室外气象参数涉及温度、湿度、风速及风向等关键因素，这些参数直接决定自然通风的可行性与效果，例如夏季高温高湿天气可能限制自然通风的使用时段。建筑形态参数涵盖建筑朝向、开窗面积与位置、进深及中庭等空间布局特征，其中开窗面积与进深的比值会显著影响自然通风的渗透深度，进深过大会导致室内气流分布不均。室内环境参数则包括设计温度、CO_2浓度及空气流速等，用于判断自然通风是否满足室内人员的热舒适与空气品质要求。

2. 评估方法应用

自然通风潜力评估主要采用经验公式计算与数值模拟技术相结合的方法。经

验公式计算可快速估算自然通风量，常用的风压作用下通风量计算公式为

$$Q_w = C_w A \sqrt{\frac{2\Delta P}{\rho}} \tag{6-7}$$

式中，C_w 为风系数；A 为开窗面积；ΔP 为风压压差；ρ 为空气密度。

式（6-7）适用于初步评估简单建筑的自然通风潜力。数值模拟技术则通过CFD软件构建建筑三维模型，模拟不同室外工况下的室内气流组织，分析速度场、温度场及空气龄分布，能够更精准地评估复杂建筑形态下的自然通风效果，为优化开窗位置与面积提供依据。

（二）复合通风系统设计

复合通风系统设计是自然通风与机械通风结合的关键环节，通过合理的系统集成与控制策略，实现两种通风方式的协同运行，在保障室内环境质量的同时最大限度降低能耗。设计过程需明确系统的集成方式与控制逻辑，确保不同通风模式的平滑切换与高效运行。

1. 复合通风系统集成方式

复合通风系统集成方式主要有串联式结合与并联式结合两种类型。串联式结合将自然通风作为机械通风的前置处理环节，例如夏季利用夜间自然通风预冷建筑围护结构，降低日间机械制冷系统的负荷需求，通过自然通风与机械制冷的协同减少空调设备运行时间。并联式结合则使自然通风与机械通风系统独立设置，通过风阀、百叶等装置实现运行模式切换，过渡季节优先开启自然通风系统，当室外环境超出舒适范围或室内污染物浓度超标时，自动切换为机械通风系统，确保室内环境稳定。

2. 复合通风系统控制策略设计

复合通风系统控制策略设计以实时环境参数监测为基础，通过逻辑判断实现通风模式的智能调节。系统需设置室外温湿度传感器、室内 CO_2 浓度传感器及压差传感器，实时采集关键环境参数。控制逻辑需明确不同参数阈值下的运行模式，当室外温度处于18~26℃且风速不低于1.5m/s时，系统自动开启自然通风模式，关闭机械风机；当室内 CO_2 浓度超过1000mL/m^3 或室外温度超出舒适范围时，联动开启机械通风系统，补充新风量或调节室内温湿度，确保室内环境始终

满足设计要求。

（三）过渡季节通风策略

过渡季节室外温湿度适宜，是充分利用自然通风、减少机械通风能耗的关键时段，过渡季节通风策略需通过优化通风模式与运行参数，最大化自然通风的利用效率，同时保障室内环境的稳定性与舒适性。

1. 过渡季节通风模式优化

过渡季节通风模式优化重点在于实现自然通风与机械通风的多模式协同运行及气流组织优化。多模式协同运行可采用“自然通风+机械排风”的组合模式，利用建筑高度差形成的热压效应，通过顶部排风口自然排风，底部进风口引入室外新风，当自然通风驱动力不足时，开启机械排风系统辅助增强气流组织，提高通风效率。气流组织优化需合理布置进排风口位置，避免气流短路，确保新风能够流经主要功能区域，例如将进风口设置在人员活动区下部，排风口设置在房间顶部，形成竖向气流组织，提升室内空气置换效果。

2. 过渡季节通风运行参数调节

过渡季节通风运行参数调节包括开窗面积动态控制与风机运行频率调节两方面。开窗面积动态控制通过电动开窗器实现，根据室外风速与室内温度实时调节开窗角度，当室外风速过高导致室内风速超过 0.3m/s 时，可减小开窗面积以避免冷风感；当室外温度接近室内设计温度时，可增大开窗面积以充分利用自然通风。风机运行频率调节采用变频技术，根据室内外压差自动调整风机转速，在满足通风量需求的前提下降低风机能耗，例如当自然通风可满足 70%新风需求时，调节风机频率至额定频率的 50%，实现节能运行。

五、通风系统热回收技术

（一）全热交换器性能参数

全热交换器性能参数是评估其热回收能力和运行特性的核心指标，直接影响通风系统的节能效果和使用稳定性。

1. 热交换效率

热交换效率包括显热效率和全热效率，显热效率指回收的显热量与理论可回收总显热量的比值，全热效率则是回收的全热量（显热与潜热之和）与理论可回收总全热量的比值，这两个参数受交换器材质导热性能、空气流速、进排风温差及湿度差等因素影响，材质热导率越高、空气流速越稳定，热交换效率通常越高。

2. 空气处理量

空气处理量指单位时间内通过全热交换器的空气体积，单位为 m^3/h，该参数需与通风系统设计风量相匹配，若处理量过小会导致热回收不足，过大则可能造成设备超负荷运行，影响使用寿命。

3. 压力损失

压力损失即空气流经全热交换器时产生的阻力，单位为 Pa，压力损失过大会增加风机的能耗，设计时需结合系统总阻力进行设备选型，确保风机功率与压力损失相适应，以维持系统的经济运行。

（二）显热回收装置应用

显热回收装置在建筑通风系统中通过回收排风中的显热量实现节能，其应用需结合建筑类型、气候条件和系统需求综合确定。

1. 应用场景

广泛用于办公建筑、商业综合体、医院等需大量引入新风的场所，在这些建筑中，通风系统需持续排出室内空气并引入室外新风，显热回收装置可有效回收排风显热，降低新风处理能耗。

2. 适用条件

非常适用于温差较大而湿度影响较小的气候区，如我国北方寒冷地区，冬季室外温度低，排风与新风温差大，显热回收效率高；而在高湿度地区，若仅需回收显热，也可选用显热回收装置以避免潜热回收可能带来的结露问题。

3. 安装注意事项

安装时需保证进排风气流呈逆向流动，以提高热交换效率，同时应预留足够的维护空间，便于设备清洗和检修。此外，需采取措施防止进排风交叉污染，如设置空气密封隔板或选用具有抗菌功能的换热材料。

（三）热回收系统经济性分析

热回收系统经济性分析是判断其节能方案可行性的重要依据，主要从初始投资构成、运行成本节省和投资回收期计算三方面进行评估。

1. 初始投资构成

包括热回收设备购置费、安装工程费、管道及附件费、控制系统配套费等，其中设备购置费占比最大，不同类型的热回收装置价格差异显著，全热交换器因结构复杂，通常比显热回收装置成本更高。

2. 运行成本节省

通过回收排风中的热量，可减少空调系统加热或冷却新风所需的能耗，运行成本节省额等于未设置热回收系统时的新风处理能耗费用减去设置热回收系统后的新风处理能耗费用，具体数值与当地能源价格、系统运行时间、热回收效率等因素相关。

3. 投资回收期计算

指热回收系统初始投资与年运行成本节省额的比值，计算公式为

$$\text{投资回收期} = \text{初始总投资} \div \text{年运行成本节省额} \tag{6-8}$$

一般情况下，建筑通风系统热回收装置的投资回收期在3~8年，若建筑运行时间长、能源价格高或热回收效率高，投资回收期可缩短至3~5年，具有较好的经济可行性。

第七章　建筑暖通空调系统中的可再生能源技术与应用

第一节　太阳能工位送风空调系统

一、太阳能工位送风空调系统的组成与工作原理

（一）太阳能工位送风空调系统主要组成部分

太阳能工位送风空调系统是一种将太阳能利用与工位局部环境控制相结合的新型空调系统形式，其主要组成部分包括太阳能集热模块、能量转换与存储模块、工位送风末端模块以及辅助能源模块。太阳能集热模块负责收集太阳辐射能并将其转化为可用的热能或电能，为系统提供初始能源。能量转换与存储模块则承担着将收集到的能量进行转换，以满足空调系统运行需求，并在能量充足时进行存储，以备后续使用。工位送风末端模块是直接与室内环境和人员活动区域相关联的部分，其作用是将处理后的空气按照特定的方式和参数输送到各个工位，实现局部环境的精准调控。辅助能源模块在太阳能供应不足或系统需求高峰时启动，以保证系统运行的稳定性和连续性，确保室内环境参数维持在设定范围内。

（二）太阳能集热与转换环节

1. 太阳能集热器类型与选型

太阳能集热器是太阳能工位送风空调系统中收集太阳辐射能的核心设备，常见的类型主要有平板型集热器和真空管集热器（表 7–1）。平板型集热器通常由金属吸热板、透明盖板、保温层和外壳等部分组成，其工作原理是通过吸热板吸收太阳辐射能并将其传递给内部流动的工质，使工质温度升高。这种集热器具有结构简单、成本相对较低、安装维护方便等特点，适用于光照条件较好且对集热温度要求不是特别高的场合。真空管集热器则由许多真空玻璃管组成，每个真空管内都有一个吸收太阳辐射的内管，利用真空层减少热量损失，从而提高集热效率。真空管集热器在低温环境下的集热性能表现更优，能够在光照强度较弱或环境温度较低时仍保持较高的集热效率，因此在一些对集热效果要求较高或气候条件较为复杂的地区应用较为广泛。在实际选型过程中，需要综合考虑当地的气候条件、太阳辐射资源、系统所需的集热量以及投资成本等因素，选择最适合的集热器类型和规格，以确保系统能够高效、稳定地运行。

表 7–1　常见太阳能集热器类型及特性

集热器类型	结构组成	工作原理	优点	缺点	适用场景
平板型集热器	金属吸热板、透明盖板、保温层、外壳	吸热板吸收太阳辐射能并传递给工质	结构简单、成本较低、安装维护方便	集热效率受环境温度影响较大，低温时效果欠佳	光照条件好、对集热温度要求不高的场合
真空管集热器	多个真空玻璃管，内有吸热内管	利用真空层减少热损失，内管吸收辐射能加热工质	低温环境集热性能优，光照弱时仍高效	结构相对复杂、成本较高	对集热效果要求高、气候复杂的地区

2. 能量转换与存储系统

能量转换与存储系统在太阳能工位送风空调系统中起着承上启下的关键作用，它将太阳能集热器收集到的能量进行转换和存储，以满足空调系统不同工况下的能源需求。能量转换过程通常通过换热器来实现，当集热器中的工质吸收太阳辐射能温度升高后，进入换热器与空调系统中的载冷剂或载热剂进行热量交换，使载冷剂或载热剂温度发生变化，从而实现能量的转移和转换。对于需要电能驱动的部分设备，还可能涉及光伏发电技术，通过太阳能电池板将太阳辐射能直接转换为电能。能量存储则主要依靠储热水箱或其他储能装置来完成，当太阳能集热系统产生的能量超过空调系统即时需求时，多余的能量会被存储在储热水箱中，将水加热并保温存储；当太阳能供应不足或系统需求增加时，储热水箱中的热水再通过换热器释放热量，为空调系统提供能源。这种能量转换与存储机制能够有效平衡太阳能供应的间歇性和不稳定性，提高能源利用效率，保证系统的连续稳定运行。

（三）工位送风末端系统构成

1. 末端送风装置

末端送风装置是太阳能工位送风空调系统与室内环境直接交互的部分，其性能直接影响到工位区域的空调效果和人体舒适性。常见的末端送风装置包括圆形散流器、条形散流器、孔板送风口等多种形式，这些装置通常安装在工位上方或侧面，通过合理的设计和布置，将处理后的空气以特定的速度和方向送入工位区域。末端送风装置一般具有可调风量的功能，用户可以根据自身的舒适需求对送风量进行调节，以获得个性化的送风效果。同时，为了提高送风的均匀性和减少对室内整体气流组织的干扰，末端送风装置的出口风速和送风角度通常经过优化设计，能够形成稳定的气流流型，将冷空气或热空气准确地输送到人员活动区域，快速调节局部环境温度。在材料选择上，末端送风装置通常采用轻质、耐腐蚀、易清洁的材料制造，以保证其使用寿命和卫生性能，适应办公等室内环境的使用要求。

2. 气流组织设计

气流组织设计是工位送风末端系统的重要环节，其目的是通过合理规划空气在工位区域的流动路径和分布状态，实现局部环境的精准调控和良好的人体舒适性。在进行气流组织设计时，需要考虑送风温度、送风速度、送风量以及送风位置等多个因素。送风温度通常根据室内设计温度和人体舒适需求确定，一般略低于或高于室内设计温度，以形成有效的温度梯度，满足局部降温或供暖的要求。送风速度不宜过大，以免对人体造成吹风感不适，通常控制在较低的范围内，同时要保证空气能够到达人员活动区域并形成良好的混合。送风量则根据工位的热负荷计算确定，确保能够及时带走或补充热量，维持工位区域的温度稳定。送风位置的选择也至关重要，通常将送风口设置在人员头部上方或侧上方，使送出的空气能够先经过人体活动区域，再与室内其他空气混合，减少能量损失，提高空调效率。通过合理的气流组织设计，可以在工位区域形成一个舒适、稳定的微环境，同时减少对室内其他区域的影响，实现能源的高效利用。

（四）辅助能源系统配置

1. 辅助能源设备类型

辅助能源系统是太阳能工位送风空调系统不可或缺的组成部分，其作用是在太阳能供应不足或系统负荷高峰期时提供补充能源，确保系统能够持续稳定地满足室内空调需求。常见的辅助能源设备类型主要包括电加热器、燃气锅炉和空气源热泵等（表 7–2）。电加热器通过将电能直接转化为热能来加热工质，具有安装方便、控制简单、启动迅速等优点，但运行成本相对较高，适用于小型系统或作为临时应急辅助能源。燃气锅炉则是以天然气、液化气等可燃气体为燃料，通过燃烧产生的热量加热工质，其运行成本相对较低，供热能力较强，适用于对供热需求量较大的系统。空气源热泵是一种利用空气中的热能进行热量转换的设备，通过消耗少量电能驱动压缩机运行，实现从空气中吸收热量并传递给工质，具有高效节能、环保的特点，在不同气候条件下都有较好的应用前景。在选择辅助能源设备时，需要根据当地的能源供应情况、能源价格、系统负荷特性以及环保要求等因素进行综合考虑，选择经济、高效、可靠的辅助能源设备类型。

表 7-2　辅助能源设备类型及特性对比表

设备类型	工作原理	优点	缺点	适用场景
电加热器	将电能直接转化为热能	安装方便、控制简单、启动迅速	运行成本高	小型系统、临时应急
燃气锅炉	燃烧可燃气体产生热量，加热工质	运行成本较低、供热能力强	需燃气供应、安装有一定限制	供热需求大的系统
空气源热泵	消耗少量电能，从空气中吸收热量	高效节能、环保、适应多种气候	低温环境效率可能下降	不同气候条件下的各类系统

2. 能源切换与控制逻辑

能源切换与控制逻辑是保证太阳能工位送风空调系统中太阳能与辅助能源协调工作的关键技术，其主要目的是实现能源的优化利用和系统的稳定运行。通常通过自动控制系统对太阳能集热系统的运行状态、储热装置的存储量以及室内空调负荷进行实时监测和分析。当太阳能集热系统能够提供足够的能量满足当前空调负荷需求时，控制系统会优先使用太阳能，此时辅助能源设备处于关闭状态，以最大限度地利用可再生能源，降低运行成本。当太阳能集热系统提供的能量不足，无法满足空调负荷需求时，例如在阴雨天、夜间或光照强度较弱的情况下，控制系统会根据预设的控制策略自动启动辅助能源设备。辅助能源设备的启动和运行负荷会根据实际的能量缺口进行调节，以确保系统输出的能量能够与负荷相匹配，避免能源浪费。同时，控制系统还会考虑储热装置的存储情况，当储热装置中有足够的存储能量时，会优先使用储热能量，再启动辅助能源设备，进一步提高能源利用效率。通过合理的能源切换与控制逻辑，可以实现太阳能与辅助能源之间的无缝切换，保证系统的连续稳定运行和良好的经济性。

二、太阳能工位送风末端装置设计与安装技术

（一）工位送风口类型与性能要求

工位送风口的类型需根据工位布局和气流组织需求选择，常见类型包括圆形散流器、方形散流器、条缝形送风口和旋流送风口。圆形散流器具有结构对称的特点，通过调节叶片角度可改变送风方向，适用于需要全方位送风的独立工位；方形散流器通常安装在吊顶平面，送风均匀性较好，适合开放式办公区域等大面积工位布局场景；条缝形送风口呈长条形设计，送风射程较长且气流分布稳定，常用于工位排列整齐的生产车间或办公区；旋流送风口通过内部导流叶片使气流产生旋转运动，能增强与周围空气的混合效果，适用于存在局部热负荷的工位。性能要求方面，工位送风口的风量调节范围应满足不同季节或工位负荷变化的需求，一般调节比不小于 1∶3。送风速度需控制在 0.5～3m/s，风速过高易导致人体产生冷风感，过低则无法有效维持工位区域的温度分布。噪声水平是影响工位环境质量的重要指标，送风口运行时的声压级应不大于 35dB（A），以避免对人员工作产生干扰。空气分布特性指标 ADPI 是衡量气流组织效果的关键参数，其值应大于 80%，表示工位区域内大部分空间的空气温度和速度处于人体舒适范围内。

（二）送风参数确定与气流组织设计

送风参数的确定以工位热负荷为核心依据，送风量可通过热平衡原理计算得出，计算公式为

$$G=\frac{Q}{c_{\mathrm{p}}\rho\Delta t} \tag{7-1}$$

式中，G 为送风量；Q 为工位热负荷；c_{p} 为空气比定压热容；ρ 为空气密度；Δt 为送风温差。

送风温差的选择需考虑人体舒适感，夏季通常取 8～12℃，冬季取 6～10℃，应避免温差过大导致送风温度过低或过高引起人体不适。送风速度的确定需结合

送风口类型和安装高度，吊顶安装时送风口出口速度一般为 1.5~3m/s，桌面安装时可降低至 0.5~1.5m/s，以减少气流对人体的直接冲击。气流组织设计的目标是确保工位区域温度场和速度场的均匀分布，设计过程中需分析射流轨迹，避免射流受到障碍物阻挡或直接冲击人体。对于圆形散流器，射流轴心速度衰减规律可表示为

$$\frac{v_x}{v_0}=\frac{K}{\sqrt{\frac{ax}{d_0}}} \tag{7-2}$$

式中，v_x 为距离送风口 x 处的轴心速度；v_0 为出口速度；a 为湍流系数；d_0 为送风口直径，K 为常数（一般取 5.0~5.5）。

通过调整送风口安装角度和高度，使射流在到达工作区时速度降至 0.2~0.5m/s，以满足人体舒适要求。

（三）末端装置安装位置与固定方式

末端装置的安装位置需综合工位布局、人体活动范围和室内热源分布因素确定。在办公工位场景中，送风口宜安装在办公桌上方或侧面，距离人体头部 0.5~1.5m，避免直接对着面部或颈部送风，防止产生局部冷风感。对于存在局部热源的工位，如计算机主机、仪器设备等，送风口应设置在热源的上风侧，通过气流将热量及时带走，避免热量在工位区域积聚。安装高度方面，吊顶安装时送风口下沿距离地面宜为 2.5~3.5m，桌面安装时宜与桌面平齐或高出桌面 5~10cm，以保证送风气流能有效覆盖工位区域。固定方式需根据安装位置和建筑结构选择，吊顶嵌入式末端装置通过与吊顶龙骨连接固定，采用自攻螺钉或卡箍将装置框架与龙骨紧固，确保安装牢固且在运行过程中不产生振动。支架固定式适用于非吊顶区域，通过膨胀螺栓将金属支架固定在墙面或楼板上，支架的承重能力应不小于末端装置重量的 1.5 倍，以保证长期使用的稳定性。壁挂式末端装置直接通过螺栓固定在墙体上，安装高度需根据人体坐姿或站姿高度确定，确保送风方向符合气流组织设计要求。

（四）末端装置与主系统连接工艺

末端装置与主系统的连接涉及风管连接、密封处理和保温措施三个关键环

节。风管与末端装置的连接方式主要有法兰连接和软管连接，法兰连接适用于风量较大、系统压力较高的场合，连接时需在法兰之间垫入密封垫片，垫片材质应选用耐温、耐老化的橡胶或闭孔海绵，通过螺栓均匀紧固使法兰面紧密贴合，防止漏风。软管连接常用于末端装置与主风管之间存在少量位置偏差的情况，软管一般采用防火帆布或铝箔复合风管，长度控制在150~300mm，避免过长导致气流阻力增加而影响送风效果。密封处理是保证系统运行效率的重要步骤，连接完成后需对接口处进行密封处理，采用密封胶带或密封胶涂抹在接缝处，确保系统漏风率不大于3%。保温措施用于防止送风过程中空气温度变化和结露现象，保温材料可选用离心玻璃棉或橡塑海绵，厚度根据送风温度与环境温度差确定，一般为20~30mm，保温层需紧密包裹连接段风管和末端装置，接缝处用胶带密封，防止空气渗透和热量交换。连接完成后还需进行风量调试，通过调节末端装置的风阀，使各工位送风量达到设计值，确保系统运行效果符合设计要求。

三、系统运行控制与性能优化

（一）太阳能利用与辅助能源切换控制策略

太阳能利用与辅助能源切换控制策略是太阳能工位送风空调系统稳定运行的关键技术。该策略的核心目标是在保证室内热舒适的前提下，最大限度提高太阳能资源的利用率，同时确保在太阳能供应不足时系统仍能可靠运行。系统通过集成辐照度传感器、集热器出口温度传感器和室内负荷监测装置，构建多参数联动的控制逻辑。当太阳能集热系统的输出能量（如集热水温或空气温度）满足当前工位送风负荷需求，且持续时间达到设定阈值（通常为10~15min）时，控制系统会优先启用太阳能子系统，关闭燃气辅助加热器或电加热装置等辅助能源设备。

1. 太阳能优先利用控制逻辑

太阳能优先利用控制逻辑的实现依赖实时数据采集与动态判断机制。控制器会根据辐照度传感器采集的太阳辐射强度、集热器进出口温差计算实时集热效率，并与当前工位的实际热负荷（通过室内温度、湿度和人员密度传感器获取）进行对比。当集热效率与集热面积的乘积大于等于负荷需求时，系统进入太阳能独立运行模式，此时辅助能源设备处于待机状态。为避免短时辐照度波动导致的频繁切换，控制程序中设置了延迟触发机制，即只有当太阳能满足负荷的状态持续超过设定时间（一般不低于 5min），才会执行辅助能源关闭操作，减少设备启停损耗。

2. 辅助能源启动阈值设定

辅助能源启动阈值的设定需要综合考虑太阳能供应稳定性、室内热舒适要求和能源利用效率。阈值参数主要包括集热器出口最低温度阈值、辐照度下限阈值和室内温度偏差阈值。例如，当集热器出口水温持续 10min 低于 45℃（针对热水型太阳能系统），或辐照度传感器监测值连续 15min 低于 300W/m^{2}时，控制器判定太阳能供应不足，随即启动辅助能源。同时，若室内实际温度与设定温度的偏差超过±1.5℃且持续 5min，即使太阳能参数未达到阈值，系统也会启动辅助能源进行补偿，确保工位区域的热环境质量。

（二）基于负荷变化的动态调节方法

基于负荷变化的动态调节方法是提升太阳能工位送风空调系统运行适应性的重要手段。工位送风系统的负荷具有显著的时空分布特性，不同工位的人员数量、设备发热量和局部环境条件差异会导致负荷在短时间内发生波动。动态调节方法通过实时监测负荷变化，并据此调整系统的送风参数和运行模式，实现供需匹配，避免能源浪费。

1. 负荷实时监测与预测模型

负荷实时监测依赖布置在各工位区域的分布式传感网络，包括温度传感器、湿度传感器、人体红外传感器和功率传感器等。传感器以 1min 为间隔采集数据，通过物联网传输至中央控制器，经数据融合后计算出各工位的瞬时冷/热负荷。为提高调节的前瞻性，系统引入基于长短期记忆网络（LSTM）的负荷预测模型，该模型利用历史负荷数据、室外气象参数（温度、湿度、太阳辐射）和工作日程安排等信息，提前 30min 预测各工位的负荷变化趋势，为动态调节提供决策依据。

2. 送风参数动态调节策略

送风参数动态调节策略主要针对送风量和送风温度进行实时调整。当预测到某一工位负荷增加时，控制器会提高该工位送风末端的送风量（在设计风量范围内），若风量调节仍无法满足负荷需求，则降低送风温度（针对夏季）或提高送风温度（针对冬季）。对于负荷降低的工位，调节逻辑相反，优先降低送风量以减少输送能耗，必要时调整送风温度。为避免各工位调节相互干扰，系统采用解耦控制算法，通过独立的风阀和温度调节阀实现各末端的单独调节，确保局部负荷变化不影响其他工位的热舒适。

（三）系统能效提升技术措施

系统能效提升技术措施是通过优化设备运行方式、回收利用余能和改进控制算法等手段，降低太阳能工位送风空调系统的综合能耗。这些措施需结合系统的实际运行特性，从能量转换、输送和利用等多个环节进行能效优化。

1. 余热回收利用技术

余热回收利用技术主要针对系统运行过程中产生的排风余热和设备散热进行回收。在工位送风系统中，各工位的排风含有大量室内空气能量（夏季为冷量，冬季为热量），通过在排风管道设置板式热交换器或热管换热器，可实现排风与新风之间的热量交换。实验数据表明，采用余热回收装置后，新风处理能耗可降低 20%～30%。此外，对于太阳能集热系统中的循环泵、风机等设备，通过安装散热回收装置，将设备运行产生的热量用于预热集热工质，可进一步提高集热系统的输入能量。

2. 变频调速技术应用

变频调速技术主要应用于系统中的水泵和风机等动力设备。传统定速运行的水泵和风机在负荷变化时会通过节流或旁通调节流量，造成大量能量浪费。采用变频调速技术后，设备转速可根据实际负荷需求（如集热系统循环水量、送风系统风量）进行实时调节，使设备运行工况始终处于高效区。例如，当工位负荷降低至设计负荷的60%时，通过变频器将风机转速降低至额定转速的60%，此时风机功耗仅为额定功耗的21.6%（按风机功率与转速的三次方关系计算），显著降低输送能耗。

（四）运行故障诊断与处理

运行故障诊断与处理是保障太阳能工位送风空调系统长期稳定运行的重要环节。系统在运行过程中可能因设备老化、传感器漂移、工质泄漏或控制程序异常等原因出现故障，若不及时诊断和处理，可能导致系统能效下降甚至瘫痪。故障诊断与处理技术通过构建多层次的监测与响应机制，实现故障的早期识别、准确定位和快速恢复。

1. 常见故障类型识别

常见故障类型主要包括太阳能集热系统故障、辅助能源系统故障、送风末端故障和控制系统故障。太阳能集热系统故障表现为集热器效率显著下降（如集热器表面结垢、真空管破裂）或循环不畅（如水泵堵塞、阀门故障）；辅助能源系统故障包括燃气加热器点火失败、电加热器过载保护触发等；送风末端故障多为风阀卡涩、过滤器堵塞导致送风量不足；控制系统故障则可能出现传感器数据异常、通信中断或程序运行错误。通过监测各子系统的关键参数（如集热器进出口压差、辅助能源设备运行电流、末端风阀开度反馈），可实现对上述故障类型的初步识别。

2. 故障应急处理与恢复策略

故障应急处理与恢复策略采用分级响应机制。当监测到轻微故障（如过滤器堵塞、传感器漂移）时，系统自动发出预警信号，并启动相应的自修复程序，例如通过反冲洗装置清洁过滤器，或对传感器数据进行校准补偿。若发生严重故障（如集热器大面积损坏、辅助能源系统完全失效），系统立即切换至应急运行模式，启用备用能源（如市政热力或备用电源）维持关键工位的基本送风需求，同时通过人机交互界面显示故障位置和维修建议，通知运维人员进行现场处理。

故障排除后，系统会自动进行试运行，确认各项参数恢复正常后，方可切换回常规运行模式。

第二节　空气源热泵冷、热、热水三联供系统

一、空气源热泵三联供系统的工作原理与技术特点

（一）系统制冷、制热、制热水工作循环

1. 制冷循环

空气源热泵三联供系统的制冷循环基于蒸汽压缩制冷循环实现，核心是通过制冷剂的相变过程完成热量从室内向室外的转移。系统运行时，压缩机首先吸入来自蒸发器的低温低压气态制冷剂，通过机械做功将其压缩为高温高压气体。该高温高压气体随后进入冷凝器，与需要冷却的室内空气或水进行热交换，释放热量后冷凝为高压液体。高压液体经过节流装置节流降压，变为低温低压的气液混合物，进入蒸发器后吸收室内环境中的热量而蒸发为气态，再次被压缩机吸入，完成一个制冷循环。在制冷过程中，系统可同时回收冷凝器释放的部分热量用于制备生活热水，提高能源利用效率。常用的制冷剂包括 R22、R410A 等环保型工质，其热力性能直接影响循环效率。

2. 制热循环

制热循环与制冷循环的工作原理类似，但通过四通换向阀改变制冷剂的流动方向，实现热量从室外向室内的转移。此时，室外换热器充当蒸发器，吸收空气中的热量，而室内换热器则作为冷凝器，向室内释放热量。具体过程为：压缩机压缩后的高温高压气态制冷剂直接进入室内冷凝器，释放热量加热室内空气或水后冷凝为高压液体；高压液体经节流装置降压后进入室外蒸发器，吸收外界空气中的热量蒸发为气态，再由压缩机吸入压缩。当室外温度较低时，系统可能需要辅助加热装置来保证制热效果，避免因蒸发温度过低导致系统效率下降。辅助加

热装置通常采用电加热或燃气加热，根据不同地区的能源条件选择合适的类型。

3. 制热水循环

制热水循环可独立运行或与制冷、制热循环联合运行，核心是利用系统运行过程中产生的余热或直接通过制冷剂与水的热交换制备热水。在独立制热水模式下，室外换热器作为蒸发器吸收空气中的热量，压缩机压缩后的高温高压制冷剂进入专门的热水换热器，与冷水进行热交换，释放热量后冷凝为液体，经节流装置回到室外蒸发器，完成循环。在联合运行模式下，如制冷时，系统可将冷凝器释放的部分冷凝热引至热水换热器制备热水，而无须额外消耗能源；制热时，若热水需求优先，可调整制冷剂流向，使更多热量用于加热热水，再将剩余热量用于室内供暖。热水换热器的结构形式通常为壳管式或板式，根据换热量和安装空间选择。

（二）多功能切换运行模式

1. 切换控制方式

空气源热泵三联供系统的多功能切换主要通过控制系统根据用户需求和环境参数自动或手动调节实现。控制系统通常包含温度传感器、压力传感器、水流开关等检测元件，实时采集室内温度、热水箱温度、室外环境温度及系统运行压力等参数。当检测到室内温度偏离设定值或热水箱温度低于设定值时，控制器会发出指令，通过控制四通换向阀、电磁阀、水泵等执行元件的动作，改变制冷剂流向或水系统流量，实现制冷、制热、制热水模式的切换。系统的控制逻辑需兼顾各功能的优先级，例如在冬季优先满足供暖需求，夏季优先满足制冷需求，同时确保生活热水的稳定供应。控制方式可分为全自动控制和半自动控制，全自动控制适用于大型建筑，可通过楼宇自控系统实现集中管理；半自动控制适用于小型建筑，用户可通过控制面板手动选择运行模式。

2. 典型运行模式组合

系统常见的运行模式组合包括单独制冷、单独制热、单独制热水、制冷+制热水、制热+制热水等。单独制冷模式下，系统仅启动制冷循环，通过室内换热器向室内供冷，此时热水换热器不工作，冷凝热直接通过室外换热器排放。单独制热模式则启动制热循环，向室内供暖，热水换热器可根据需求选择是否运行。单独制热水模式下，系统独立运行制热水循环，满足生活热水需求，室内供冷供热系统关闭。制冷+制热水模式是系统的节能运行方式之一，此时制冷循环产生的冷凝热被回收至热水换热器，在满足室内供冷需求的同时制备热水，避免冷凝热直接排放到环境中造成能源浪费。制热+制热水模式下，系统优先保证热水制备，若制热需求较高，可通过调节制冷剂流量分配，使部分热量用于供暖，部分用于制热水，实现热量的合理分配。不同运行模式的切换时间应根据实际负荷变化平滑过渡，避免系统频繁启停而影响设备寿命。

（三）空气源热泵的环境适应性特点

1. 环境温度对系统性能的影响

空气源热泵的性能高度依赖室外环境温度，其制热性能系数（COP）随环境温度的降低而下降。在标准工况下，空气源热泵的 COP 通常为 2.5～3.5；当室外温度降至－5℃时，COP 可能下降至 1.8～2.2，此时系统制热效率降低，甚至需要辅助加热。低温环境下，室外换热器表面易结霜，霜层会增加热阻，进一步降低换热效率，因此系统需配备自动除霜功能，通过逆向循环或电加热除霜，确保换热器表面清洁。除霜过程中，系统会短暂停止制热，切换为制冷循环，利用压缩机排气热量融化霜层，除霜结束后恢复制热运行。在高温环境下，制冷循环的冷凝温度升高，压缩机耗功增加，COP 也会有所下降，但通常仍高于传统电制冷设备。为提高高温环境下的制冷性能，可采用高效冷凝器和变频压缩机，优化气流组织，降低冷凝温度。

2. 湿度条件的适应性表现

空气源热泵在高湿度环境下运行时，室外换热器（制热时）或室内换热器（制冷时）表面易产生冷凝水，若温度低于 0℃ 则形成霜层。在南方高湿低温地区，制热运行时结霜频率较高，除霜过程会导致系统短时间制热中断，影响室内舒适性。为提高湿度适应性，部分系统采用带辅助除霜的高效换热器，如亲水铝箔翅片换热器，可减少冷凝水附着，延缓结霜时间；同时优化除霜控制逻辑，根据结霜厚度和环境湿度自动调整除霜周期，避免无效除霜。在制冷高湿环境下，系统通过降低送风温度或增加除湿功能，可有效控制室内湿度，提高舒适性。除湿功能通常通过降低蒸发器温度，使空气中的水分冷凝析出，再通过再加热过程将空气温度回升至设定值，避免送风温度过低。

3. 极端天气下的运行稳定性

为应对极端天气，空气源热泵三联供系统需具备相应的保护和调节机制。在极端低温条件下，普通空气源热泵难以稳定运行，此时可采用低温型空气源热泵，通过优化压缩机结构、使用低沸点制冷剂及增加换热器面积等方式，提高低温制热能力。喷气增焓压缩机是常用的低温技术之一，通过在压缩过程中喷射中间压力的制冷剂蒸气，增加压缩机排量，提高制热容量和 COP。系统还可设置防冻保护，当室外温度过低或水系统温度低于 5℃ 时，自动启动循环泵或辅助加热，防止换热器冻裂。在极端高温条件下，系统通过增加风机转速、优化冷凝器结构等方式降低冷凝温度，避免压缩机因排气温度过高而停机保护。喷淋冷却技术可应用于高温环境，通过向冷凝器表面喷淋水雾，利用水的蒸发潜热强化散热，降低冷凝温度，提高制冷效率。

（四）三联供系统的能源综合利用优势

1. 能源梯级利用原理

空气源热泵三联供系统通过整合制冷、制热、制热水三种功能，实现能源的梯级利用。在能量转换过程中，系统根据不同负荷的温度需求分配能量：高温热能优先用于制备生活热水，中温热能用于室内供暖，低温冷量用于室内制冷。这种梯级利用方式避免了单一功能系统中高品位能源直接用于低品位需求的浪费，例如传统空调制冷时，冷凝热直接排放到环境中，而三联供系统可将这部分中高温热量回收用于制热水，使一份电能产生制冷和制热水两份效益，提高能源利用的综合效率。能源梯级利用的关键在于合理设计换热器的结构和制冷剂流量分配，确保不同温度等级的能量能够按需传递给相应的负荷侧。

2. 系统综合能效提升

与传统分设系统相比，三联供系统的综合能效比（CCOP）显著提升。传统分设系统中，空调制冷 COP 约为 3.0，燃气热水器热效率约为 0.9，电采暖能效比约为 1.0，综合能效较低；而三联供系统在制冷+制热水模式下，综合能效比可达到 4.0~5.0，即消耗 1kW · h 电能可产生 3kW · h 冷量和 1~2kW · h 热量。这是因为系统通过热回收技术将原本浪费的冷凝热或蒸发热带入有用负荷，减少了一次能源消耗。此外，系统采用变频技术调节压缩机转速和水泵流量，可在部分负荷工况下保持较高能效，进一步提升系统全年综合能效。变频压缩机能够根据负荷变化连续调节输出功率，避免传统定频压缩机频繁启停造成的能耗损失，尤其在负荷波动较大的建筑中节能效果更为明显。

3. 运行成本与碳排放降低

由于能源利用效率的提升，三联供系统的运行成本显著低于传统分设系统。以一栋中型办公楼为例，采用三联供系统后，年运行费用可降低 20%~30%，主要源于电费和燃气费的减少：制冷时回收冷凝热制热水，节省燃气费用；制热时利用空气源热量，比电采暖节省电费；部分负荷时变频调节减少能耗。在设备维护成本方面，三联供系统集成度高，减少了设备数量，降低了维护工作量和费用。在碳排放方面，三联供系统通过减少化石能源的使用和提高电能利用效率，可降低碳排放强度。若电力来自可再生能源，系统的碳排放可进一步降低，符合建筑节能与碳中和的发展趋势。根据相关研究，三联供系统相比传统分设系统可减少碳排放 15%~25%，具体数值取决于当地能源结构和系统运行效率。

二、系统安装工艺与质量控制要求

（一）热泵机组安装基础与固定要求

热泵机组安装基础与固定是确保系统长期稳定运行的首要环节，直接关系到机组运行时的振动控制和结构安全性。基础施工需根据机组型号、重量及安装环境选择合适的基础类型，同时严格控制施工质量以满足机组安装精度要求。

1. 安装基础类型与施工要求

常见的热泵机组安装基础包括混凝土基础和型钢基础两种类型。混凝土基础适用于大型机组或地面安装场景，其强度等级应不低于 C30，基础表面需进行抹光处理，平整度偏差控制在 2mm/m 以内。基础尺寸应比机组底座外缘各边大 100~150mm，以预留足够的操作空间和散热间隙。型钢基础多应用于中小型机组或架空安装情况，通常选用 10#~16#槽钢或等边角钢焊接制作，焊接前需进行调直处理，焊接后整体平面度偏差≤3mm，且所有焊接部位都需进行防锈处理，可采用喷砂除锈后涂刷两道防锈漆和一道面漆。

2. 机组水平度调整与固定件安装

机组就位前需先清理基础表面杂物，放置调整垫片，垫片宜选用厚度为 2~5mm 的钢板制作，同一位置垫片数量不应超过 3 片。使用精密水平仪（精度 0.02mm/m）检测机组纵向和横向水平度，调整时通过增减垫片厚度使水平度偏差均≤1mm/m，确保机组运行时各部件受力均匀。固定件采用地脚螺栓或膨胀螺栓，螺栓规格应根据机组重量计算确定，通常选用 M12~M20 的高强度螺栓，螺栓埋入基础深度不小于 10 倍螺栓直径，紧固时需使用扭矩扳手按设计力矩值（一般为 30~50N・m）对称均匀拧紧，防止因局部受力过大导致机组变形。

（二）制冷剂管路连接与密封性处理

制冷剂管路是空气源热泵三联供系统实现能量传递的关键通道，其连接质量和密封性直接影响系统的制冷、制热效率及运行可靠性，需从管路选材、连接工艺到密封性检测全过程进行严格控制。

1. 管路材质与管径选择

制冷剂管路应根据系统使用的制冷剂类型（如 R410A、R32 等）选择适配的无缝铜管，铜管纯度需达到 99.9%以上，且内壁应光滑，无氧化层、无裂纹和无凹陷。管径尺寸需通过水力计算确定，计算时需考虑制冷剂流量、流速及压力损失，一般情况下，吸气管道内制冷剂流速宜控制在 8~12m/s，排气管道宜控制在 15~25m/s，避免因管径过小导致流动阻力过大或管径过大造成制冷剂充注量增加及传热效率降低。

2. 管路连接工艺要求

制冷剂管路连接主要采用钎焊连接方式，焊接前需使用专用铜管割刀切割铜管，切口应平整无毛刺，并用绞刀清理管内壁氧化层。焊接时采用氧-乙炔火焰钎焊，焊料选用含银量35%以上的银基焊条，焊接过程中需向铜管内充入干燥氮气（流量0.5~1m^3/h）进行保护，防止高温氧化生成氧化膜堵塞管路。对于直径≤15mm的铜管可采用螺纹连接，螺纹连接处需使用制冷剂专用密封胶带，缠绕方向应与螺纹旋紧方向一致，缠绕长度为螺纹有效长度的1.5倍，严禁使用生料带等易脱落材料。

3. 密封性检测方法

管路连接完成后需依次进行压力试验和真空试验。压力试验介质为干燥氮气，试验压力应按系统设计工作压力的1.5倍确定，且不应低于0.8MPa，试验时缓慢升压至规定压力后关闭进气阀，保压24h，前6h压力降应≤0.03MPa，后18h压力降应≤0.02MPa。压力试验合格后进行真空试验，使用真空泵对系统抽真空，真空度需达到－0.1MPa（绝对压力≤133Pa），保压2h，真空度回升不应超过50Pa，确保系统无泄漏且内部干燥。

（三）水系统管道安装与保温工艺

水系统管道承担冷热水输送功能，其安装质量直接影响系统的水力平衡和运行能耗，保温工艺则关系到系统的冷热量损失控制，两者均需严格遵循相关规范要求。

1. 管道敷设与支架安装

水系统管道敷设应遵循“上热下冷、左供右回”的原则，明装管道成排安装时，直线段应保持平行，间距偏差≤5mm，弯曲段曲率半径应一致。管道支架应根据管道材质、管径及敷设方式选择合适的类型，钢管水平敷设时，支架间距应控制在2.5~3m，垂直敷设时为3~4m，支架与管道之间应垫入防腐木垫或橡胶垫，防止产生电化学腐蚀。支架安装前需进行放线定位，确保同一直线段支架中心线偏差≤10mm，支架安装完成后需进行防腐处理，涂刷两道防锈漆和一道与建筑装饰协调的面漆。

2. 管道坡度与排气、排水装置设置

为确保系统运行时不积存空气和便于检修排水，热水管道敷设坡度宜为0.003，冷水管道宜为0.002，坡度方向应利于排气和排水。在系统最高点（如管道上升段顶部）应设置自动排气阀，排气阀公称直径不应小于20mm，阀体底部需安装手动排污阀；在系统最低点（如管道下降段底部、设备底部）应设置排污阀，排污阀公称直径不应小于25mm，且应引至排水点。对于长度超过50m的水平直管段，应在中间位置增设排气装置，防止空气积聚形成气塞。

3. 保温材料选择与施工工艺

水系统管道保温材料应选用热导率低、防火性能好的闭孔型材料，常用的有橡塑海绵和离心玻璃棉，其热导率 λ 应≤0.03W/（m·K），氧指数≥32。保温层厚度需根据管道内介质温度、环境温度及允许热损失计算确定，一般情况下，冷热水管道保温层厚度为20~30mm，当环境湿度较大时应增加5~10mm。施工时，保温材料应与管道表面紧密贴合，接缝处采用专用胶水粘接，搭接宽度≥50mm，接缝间隙≤2mm，保温层外需缠裹一层铝箔防潮层，防潮层搭接宽度≥100mm，搭接处用铝箔胶带密封，防止水汽渗入影响保温效果。

（四）电气控制系统接线与调试

电气控制系统是空气源热泵三联供系统的“大脑”，负责协调各设备运行和参数调控，其接线质量和调试精度直接决定系统的自动化水平和运行稳定性，需严格按照电气设计规范和设备技术要求进行操作。

1. 电气接线工艺要求

电气控制系统导线应根据设计电流选择合适截面，铜芯导线截面积不应小于 $1.5mm^2$（控制回路）和 $2.5mm^2$（动力回路），导线颜色需符合相序标识要求，A相为黄色、B相为绿色、C相为红色、零线为蓝色、保护地线为黄绿双色。接线端子应选用铜质材料，导线与端子连接应采用冷压端子压接，压接处需牢固，无松动，裸露导体长度不应超过5mm，同一端子上导线连接数量不应超过2根。控制箱内端子排应按功能分区排列，每个端子均需标注编号，编号应与电气原理图一致，且清晰耐久。

2. 接地系统施工

系统接地采用TN-S系统，设置专用保护接地极，接地极可选用镀锌钢管（直径50mm，长度2.5m）或镀锌角钢（50mm×50mm×5mm，长度2.5m），垂直埋入地下，接地极间距≥5m，接地极顶部距地面≥0.6m。接地线选用截面积不小于4mm^{2}的铜芯导线，接地电阻应≤4Ω，使用接地电阻测试仪测量，若接地电阻不满足要求，可增加接地极数量或采用降阻剂处理。热泵机组外壳、控制箱金属外壳、管道支架等可导电金属部件均需与保护地线可靠连接，连接螺栓应加防松垫圈，确保接地连续性。

3. 控制系统调试流程

电气控制系统调试应按“先单机后联动、先手动后自动”的顺序进行。进行绝缘电阻测试时，使用500V兆欧表测量动力回路绝缘电阻，其值应≥0.5MΩ，控制回路绝缘电阻应≥1MΩ。单机调试时，手动操作各执行元件（如风机、水泵、电磁阀），检查其动作是否灵活，转向是否正确，运行电流是否在额定范围内。联动调试时，模拟系统不同运行模式（制冷模式、制热模式、热水模式），检查各传感器（温度传感器、压力传感器）信号是否准确，控制器输出是否正常，系统能否按设定参数自动切换运行状态。调试过程中需详细记录各参数（如进出水温度、运行压力、电流电压等），形成调试报告，确保所有功能符合设计要求后方可投入试运行。

三、系统运行调节与能效评估

（一）不同季节运行模式切换调节

空气源热泵的冷、热、热水三联供系统需根据不同季节的气候特征和用户负荷需求，进行运行模式的动态切换调节，以实现能源的高效利用。这种调节过程涉及换热器功能转换、制冷剂流向控制以及辅助设备的协同运行等关键环节，是保证系统在全年不同工况下稳定工作的基础。

1. 夏季运行模式调节

夏季环境温度较高，系统主要承担室内制冷和生活热水供应任务。此时，空气源侧换热器作为蒸发器运行，通过吸收室外空气中的热量完成制冷循环，而室内侧换热器则作为冷凝器，释放的冷凝热优先用于制备生活热水，当热水需求满足后，多余热量通过冷却塔排放。为确保制冷效率，需调节电子膨胀阀开度以控制制冷剂流量，使蒸发器出口过热度维持在5~8℃，避免过热度不足导致的压缩机液击风险或过热度过高引起的换热效率下降。同时，根据生活热水箱温度设定值（通常为50~60℃），通过三通换向阀调整冷凝热回收比例，当热水箱温度达到上限时，自动切换至冷却塔散热模式，保证制冷系统蒸发温度稳定在设计范围内。

2. 过渡季运行模式调节

过渡季（春、秋季）室外温度适中，用户冷、热负荷需求较低，系统需根据实际负荷灵活切换运行模式，并优先保障生活热水供应。当室外温度处于15~25℃时，系统可单独运行热泵热水模式，此时空气源侧换热器作为蒸发器吸收环境热量，生活热水换热器作为冷凝器制备热水。若出现短期制冷或制热需求，通过四通换向阀切换制冷剂流向即可临时启用空调模式，切换过程中需采用热水优先控制策略，即当热水箱温度低于设定下限（如40℃）时，优先运行热水模式，待水温达标后再切换至空调模式，以减少系统频繁启停造成的能效损失。

3. 冬季运行模式调节

冬季环境温度较低，系统主要承担室内供暖和生活热水供应任务，部分寒冷地区还需应对空气源侧换热器的结霜问题。此时，空气源侧换热器作为蒸发器吸收室外热量，室内侧换热器作为冷凝器释放热量满足供暖需求，同时通过热回收装置制备生活热水。为提升低温环境下的制热性能，系统通常启用压缩机喷气增焓技术，通过中间补气回路增加制冷剂流量，提高压缩机排气量和制热量，确保在−10℃以上环境温度下稳定运行。当空气源侧换热器表面温度低于0℃且相对湿度较高时，系统自动进入逆循环除霜模式，将高温高压制冷剂通入换热器融化霜层，除霜期间通过蓄热水箱释放储存的热量维持供暖连续性，除霜结束后迅速切换回制热模式，减少对室内温度的影响。

（二）部分负荷工况下的能效优化

空气源热泵的冷、热、热水三联供系统在实际运行中，由于用户负荷随时间和季节波动，大部分时间处于部分负荷工况，即实际负荷低于设计负荷。部分负荷工况下，系统能效易受负荷率、设备匹配度等因素影响而降低，因此需通过针对性的优化措施提升能源利用效率。

1. 部分负荷特性分析

部分负荷工况的形成主要与用户行为和室外气候有关。例如，夏季白天制冷负荷较高，夜间因人员减少和室外温度下降，负荷显著降低；冬季供暖负荷随室外温度降低而增大，随温度升高而减小；生活热水负荷则呈现早、晚高峰的间歇性特征。系统在部分负荷下运行时，若设备仍按额定工况运行，会出现“大马拉小车”现象，导致能效下降。当负荷率低于50%时，定频压缩机系统的能效比（EER）可能下降20%~30%，因此需根据不同负荷率范围制定差异化的优化策略。

2. 能效优化控制策略

变容量调节技术是部分负荷工况下的核心优化手段，通过变频压缩机改变制冷剂循环量，使系统输出能力与实际负荷动态匹配。当负荷率为30%~100%时，变频压缩机可通过调整运行频率（通常为30~120Hz）实现输出功率的连续调节，维持较高的COP（性能系数）。同时，需协同调节水泵和风机的运行参数，采用变频水泵根据末端负荷按比例调节水流量，避免传统定流量系统中阀门节流造成的能耗损失；空气侧风机则根据换热器的换热需求调节风速，提高空气侧换热效率。此外，当系统同时承担多种负荷（如制冷与热水、制热与热水）时，需通过负荷预测模型优化负荷分配，提前调整各负荷的供应优先级和运行参数，减少不同负荷间的相互干扰，提升系统整体能效。

（三）系统能效评价指标与测试方法

系统能效评价是衡量空气源热泵的冷、热、热水三联供系统性能的重要依据，需通过科学的评价指标和规范的测试方法，全面反映系统在不同运行模式下的能源利用效率，为系统优化和选型提供数据支持。

1. 主要能效评价指标

系统能效评价指标包括单项性能指标和综合性能指标。

单项性能指标中，制冷工况采用能效比

$$\mathrm{EER_c} = \frac{Q_c}{W_c} \tag{7-3}$$

式中，Q_c 为制冷量，kW；W_c 为制冷工况下系统总输入功率，kW。

制热工况采用性能系数

$$\mathrm{COP_h} = \frac{Q_h}{W_h} \tag{7-4}$$

式中，Q_h 为制热量，kW；W_h 为制热工况下系统总输入功率，kW。

热水制备工况采用热水性能系数

$$\mathrm{COP_w} = \frac{Q_w}{W_w} \tag{7-5}$$

式中，Q_w 为热水制热量，kW；W_w 为热水工况下系统总输入功率，kW。

综合性能指标采用全年综合能效比 AEER，通过加权平均不同运行模式下的能效指标计算，公式为

$$\mathrm{AEER} = \frac{Q_{c,\ \mathrm{annual}} + Q_{h,\ \mathrm{annual}} + Q_{w,\ \mathrm{annual}}}{W_{\mathrm{annual}}} \tag{7-6}$$

式中，$Q_{c,\ \mathrm{annual}}$、$Q_{h,\ \mathrm{annual}}$、$Q_{w,\ \mathrm{annual}}$ 分别为全年制冷量、制热量、热水制热量，kW·h；W_{annual} 为全年系统总耗电量，kW·h。

2. 能效测试方法

系统能效测试分为实验室测试和现场测试。实验室测试在环境舱内进行，可模拟不同室外温度、相对湿度等工况，通过高精度计量仪表测量制冷量、制热

量、输入功率等参数。测试时需遵循国家标准《商业或工业及类似用途的热泵热水机》（GB/T 21362—2023）的要求，控制室外环境温度（如制冷工况35℃、制热工况7℃），系统稳定运行30min后开始数据采集，连续采集3组数据取平均值。现场测试在实际安装地点开展，需记录室外气候参数、系统运行参数（如压缩机频率、水流量、进出口温度）及用户负荷数据，测试周期不少于72h以覆盖典型日负荷波动。测试中使用经过校准的温度传感器（精度±0.5℃）、压力传感器（精度±0.2%FS）、电磁流量计（精度±1%）和电功率表（精度±0.5%），确保数据准确性。

（四）长期运行维护与性能衰减预防

空气源热泵的冷、热、热水三联供系统的长期高效运行，依赖规范的日常维护和针对性的性能衰减预防措施。长期运行中，部件老化、结垢、泄漏等问题可能导致系统性能逐渐下降，需通过科学维护和预防策略延长使用寿命并维持能效水平。

1. 日常运行维护要点

日常维护需重点关注换热器、压缩机、制冷剂系统和辅助设备。空气源侧换热器每季度清洗一次，去除表面灰尘、杂物和油污，可采用高压水枪冲洗（水压≤0.3MPa）或专用翅片清洗剂，保证空气流通顺畅；水侧换热器（生活热水换热器、空调水换热器）每年进行一次化学清洗，使用5%~10%的柠檬酸或盐酸溶液去除内部水垢，清洗后用清水冲洗至中性，防止腐蚀。压缩机需定期检查运行声音和振动，出现异常噪声或振动时及时停机检修；每半年检查润滑油油位和油质，油位保持在视镜（1/2）~（2/3）位置，油质变黑或有杂质时及时更换。对于制冷剂系统，每月检查压力，制冷工况低压侧压力（R22制冷剂）保持在0.4~0.6MPa，制热工况高压侧压力保持在1.8~2.2MPa，压力异常时通过肥皂水或电子检漏仪查找泄漏点，修复后补充制冷剂至标准量。

2. 性能衰减预防措施

性能衰减预防需针对关键影响因素采取措施。冬季结霜是制热性能衰减的主要原因，除系统自带除霜功能外，可加装翅片间距优化装置（将常规 1.8mm 翅片间距增大至 2.5mm）减少霜层附着，或在换热器表面喷涂聚四氟乙烯疏水性涂层，降低霜层附着力，缩短除霜时间。部件老化方面，每两年检查接触器、继电器等电气部件触点，清洁氧化层；每半年为水泵、风机电机轴承加注润滑脂，防止磨损。此外，建立系统运行参数数据库，通过物联网技术实时监测 COP、EER 等能效指标，当指标连续三个月下降超过 10%时自动预警，提示进行全面性能检测和维护，及时解决潜在问题，预防性能持续衰减。

参考文献

[1] 陶求华，李峥嵘，王希星. 21 世纪高等教育建筑环境与能源应用工程系列教材暖通空调工程设计［M］. 北京：机械工业出版社，2024.

[2] 李自刚，张云，宁浩然. 民用建筑暖通空调设计指南［M］. 沈阳：辽宁科学技术出版社，2024.

[3] 吴敏. 暖通控制模型基础［M］. 重庆：重庆大学出版社，2024.

[4] 亓欣军，褚海生，周阳. 暖通工程设计与施工［M］. 延吉：延边大学出版社，2024.

[5] 徐洁，张振兴，柴海婧. 暖通工程与节能技术分析［M］. 汕头：汕头大学出版社，2024.

[6] 刘峥，董傲霜. 基于 BIM 技术的暖通给排水设计［M］. 上海：复旦大学出版社，2024.

[7] 王继红，蒋爽，王树刚. 稳态流体管网理论［M］. 2 版. 北京：应急管理出版社，2024.

[8] 刘心男，钟炜，马啸雨. 智能建造应用与实训系列 BIM 建模及高阶应用［M］. 北京：机械工业出版社，2024.

[9] 徐鑫. 暖通空调设计与施工数据图表手册［M］. 2 版. 北京：化学工业出版社，2024.

[10] 吴建国，李平，孙佳. 建筑暖通工程设计与安装措施探索［M］. 长春：吉林科学技术出版社，2024.

[11] 张妍妍，魏丰君，刘春花. 普通高等教育实验实践系列教材暖通空调 BIM

实训［M］. 北京：中国水利水电出版社，2024.
［12］周军莉，郭永辉，邓勤犁. 建筑环境与能源应用工程创新与实践［M］. 武汉：武汉理工大学出版社，2024.
［13］王雪琴，马晓雪，叶巍. 装配式建筑设备设计与施工［M］. 北京：北京航空航天大学出版社，2024.
［14］汤延庆. 供热管道与设备［M］. 北京：北京理工大学出版社，2024.
［15］于磊鑫，袁登峰，段桂芝. 建筑节能与暖通空调节能技术研究［M］. 哈尔滨：哈尔滨出版社，2023.
［16］刘圣春，刘斌，代宝民. 第十二届全国高等院校制冷及暖通空调学科发展与教学研讨会论文集［M］. 天津：天津大学出版社，2023.
［17］售毫秋，贺志清. 建筑施工及暖通工程技术［M］. 长春：吉林科学技术出版社，2023.
［18］谷卉颖，周夏. 暖通工程施工技术与管理研究［M］. 沈阳：辽宁科学技术出版社，2023.
［19］罗敏，伦炜，张楚锋. 建筑设备 CAD［M］. 北京：北京理工大学出版社，2023.
［20］晏致涛，余晓平，吴蔚兰. 土木与建筑类专业新工科系列教材建筑节能与新技术应用［M］. 重庆：重庆大学出版社，2023.
［21］刘魁星，丁研，刘哲. 建筑热环境与智能化［M］. 天津：天津大学出版社，2023.
［22］何佳，孙虎，雷俊花. 建筑安装工程识图与施工［M］. 北京：北京理工大学出版社，2023.
［23］梅晓莉，王波. 智能建筑楼宇自控系统研究［M］. 北京：中国纺织出版社，2023.
［24］陈煜，王莎，傅允准. 城市能源供应系统［M］. 哈尔滨：哈尔滨工业大学出版社，2023.
［25］刘春蕾. 暖通空调现代控制技术［M］. 北京：机械工业出版社，2023.
［26］党天伟，魏旭春. 暖通空调技术［M］. 天津：天津大学出版社，2023.
［27］要华林，张鹏颖，周晓娟. 建筑电气施工与暖通设计安装［M］. 哈尔滨：

哈尔滨出版社，2023.
[28] 赵强，王俊波，李志新．建筑暖通空调与绿色建筑研究［M］．哈尔滨：哈尔滨出版社，2022.
[29] 李响，桑春秀，王桂珍．建筑工程与暖通技术应用［M］．长春：吉林科学技术出版社，2022.
[30] 梁庆庆，张伟伟．酒店建筑暖通设计标准实施指南及工程实录［M］．上海：同济大学出版社，2022.
[31] 王利霞．暖通空调节能技术与应用研究［M］．北京：中国纺织出版社，2022.
[32] 高殿策，孙勇军．高层建筑中央空调系统稳健优化控制及诊断技术［M］．北京：科学出版社，2022.
[33] 王智忠，张鹤，李庆华．建筑给排水及暖通施工图设计常见错误解析［M］．合肥：安徽科学技术出版社，2022.
[34] 范渊源，董林林，户晶荣．现代建筑绿色低碳研究［M］．长春：吉林科学技术出版社，2022.
[35] 展海强，白建国．可持续发展理念下的绿色建筑设计与既有建筑改造［M］．北京：中国书籍出版社，2022.
[36] 方赵嵩，杨晚生，江燕涛．制冷技术［M］．北京：机械工业出版社，2022.
[37] 孙庆霞，刘广文，于庆华．BIM 技术应用实务［M］．2 版．北京：北京理工大学出版社，2022.
[38] 李俊梅．暖通空调实验原理与测试技术［M］．北京：北京工业大学出版社，2022.
[39] 张海龙，伍培，张东明．智能建筑技术［M］．北京：冶金工业出版社，2022.
[40] 严胤杰，刘滔，李振洪．建筑工程建设及工程设施安装研究［M］．长春：吉林科学技术出版社，2022.
[41] 刘昌明，彭丽．建筑设备工程［M］．武汉：武汉理工大学出版社，2022.